AF544518

EUL
VERLAG

Rechnungslegung und Wirtschaftsprüfung

Herausgegeben von Prof. (em.) Dr. Dr. h. c. Jörg Baetge, Münster, Prof. Dr. Hans-Jürgen Kirsch, Münster, und Prof. Dr. Stefan Thiele, Wuppertal

Band 47
Timo Hesse
Debt Restructuring – Eine Untersuchung der Abbildung finanzieller Sanierungsmaßnahmen nach HGB unter Berücksichtigung der IFRS
Lohmar – Köln 2014 • 332 S. • € 63,- (D) • ISBN 978-3-8441-0351-9

Band 48
Dominik Dettenrieder
Hedge Accounting in Industrieunternehmen nach IFRS 9
Lohmar – Köln 2014 • 320 S. • € 62,- (D) • ISBN 978-3-8441-0337-3

Band 49
Florian Gallasch
Die Bilanzierung von Versicherungsverträgen nach IFRS 4 Phase II – Das Bewertungsmodell für Erst- und passive Rückversicherungsverträge im Schaden- und Unfallbereich
Lohmar – Köln 2014 • 344 S. • € 63,- (D) • ISBN 978-3-8441-0374-8

Band 50
Christoph Pier
Die Bilanzierung landwirtschaftlicher Vermögenswerte nach IAS 41 und den Regelungsänderungen „Agriculture: Bearer Plants"
Lohmar – Köln 2015 • 288 S. • € 58,- (D) • ISBN 978-3-8441-0383-0

Band 51
Florian Steinbach
Der Kapitalisierungszinssatz in der Praxis der Unternehmensbewertung – Theoretische und empirische Analyse der Ermessensspielräume bei der Ermittlung objektivierter Unternehmenswerte nach IDW S 1
Lohmar – Köln 2015 • 296 S. • € 59,- (D) • ISBN 978-3-8441-0403-5

JOSEF EUL VERLAG

Reihe: Rechnungslegung und Wirtschaftsprüfung · Band 51
Herausgegeben von Prof. (em.) Dr. Dr. h. c. Jörg Baetge, Münster, Prof. Dr. Hans-Jürgen Kirsch, Münster, und Prof. Dr. Stefan Thiele, Wuppertal

Dr. Florian Steinbach

Der Kapitalisierungszinssatz in der Praxis der Unternehmensbewertung

Theoretische und empirische Analyse der Ermessensspielräume bei der Ermittlung objektivierter Unternehmenswerte nach IDW S 1

Mit einem Geleitwort von Prof. Dr. Stefan Thiele,
Bergische Universität Wuppertal

Bibliografische Information der Deutschen Nationalbibliothek

Die Deutsche Nationalbibliothek verzeichnet diese Publikation in der Deutschen Nationalbibliografie; detaillierte bibliografische Daten sind im Internet über <http://dnb.d-nb.de> abrufbar.

Dissertation, Bergische Universität Wuppertal, 2014

ISBN 978-3-8441-0403-5
1. Auflage Mai 2015

JOSEF EUL VERLAG GmbH
Brandsberg 6
53797 Lohmar
Tel.: 0 22 05 / 90 10 6-6
Fax: 0 22 05 / 90 10 6-88
E-Mail: info@eul-verlag.de
http://www.eul-verlag.de

Bei der Herstellung unserer Bücher möchten wir die Umwelt schonen. Dieses Buch ist daher auf säurefreiem, 100% chlorfrei gebleichtem, alterungsbeständigem Papier nach DIN 6738 gedruckt.

Geleitwort

Wird der Wert eines Unternehmens als Zukunftserfolgswert ermittelt, muss der Bewerter die künftigen finanziellen Überschüsse des Bewertungsobjekts mit dem „richtigen" Kapitalisierungszinssatz auf den Bewertungsstichtag diskontieren. Wie dieser „richtige" Kapitalisierungszins zu ermitteln ist, wird intensiv diskutiert – nicht ohne Grund, denn es handelt sich um eine Frage, die theoretisch spannend und zugleich in der Bewertungspraxis für die Höhe des errechneten Unternehmenswerts höchst relevant ist.

Für die Ermittlung objektivierter Unternehmenswerte sind in der Praxis die Vorgaben des IDW Standard 1 „Grundsätze zur Durchführung von Unternehmensbewertungen" (IDW S 1) zu beachten. Trotz dieser Grundsätze und der ergänzenden Hinweise des IDW verbleiben in der Praxis bei der Bestimmung des Kalkulationszinssatzes allerdings zahlreiche offene Fragen, für die der Bewerter im konkreten Bewertungsfall eine Antwort finden muss. Der Verfasser nimmt dies zum Anlass, zu analysieren, welche einzelnen Ermessensspielräume auch bei einer Beachtung der IDW S 1-Vorgaben verbleiben, welche Bedeutung diese haben und wie sie in der Praxis ausgefüllt werden.

Dabei gelingt dem Verfasser zum einen eine fundierte theoretische Analyse dieser Ermessensspielräume. Zum anderen – und darin liegt ein besonderer Wert des vorliegenden Werkes – untersucht der Verfasser empirisch, wie in der Praxis mit den genannten Ermessensspielräumen umgegangen wird. Die auf dieser Basis entwickelten Handlungsempfehlungen zur Ermittlung des Kapitalisierungszinssatzes und zur Darstellung der entsprechenden Sachverhalte im Bewertungsgutachten leisten einen Beitrag dazu, die Transparenz und damit die Akzeptanz von Unternehmensbewertungen weiter zu erhöhen. Damit liefert die vorliegende Untersuchung einen sehr wichtigen Beitrag zur theoretischen und praktischen Weiterentwicklung der Unternehmensbewertung. Ihr ist daher eine weite Verbreitung zu wünschen.

Münster, im Mai 2015

Prof. Dr. Stefan Thiele

Vorwort des Verfassers

Die vorliegende Arbeit entstand während meiner Tätigkeit als wissenschaftlicher Mitarbeiter am Lehrstuhl für Wirtschaftsprüfung und Rechnungslegung an der Bergischen Universität Wuppertal. Sie wurde im Juli 2014 vom Fachbereich Wirtschaftswissenschaft – Schumpeter School of Business and Economics – der Bergischen Universität Wuppertal als Dissertation angenommen.

An dieser Stelle bedanke ich mich bei allen, die mich bei der Anfertigung der vorliegenden Arbeit unterstützt haben. Insbesondere gilt mein Dank meinem Doktorvater, Herrn Prof. Dr. Stefan Thiele. Ihm danke ich für die Möglichkeit zur Promotion und für die vielen wertvollen fachlichen Hinweise, die zum erfolgreichen Abschluss dieser Arbeit beigetragen haben. Herrn Prof. Dr. Nils Crasselt danke ich herzlich für die Übernahme des Zweitgutachtens sowie für die zahlreichen wertvollen und konstruktiven Anregungen insbesondere während der Doktorandenseminare.

Auch meinen ehemaligen Kollegen am Lehrstuhl für Wirtschaftsprüfung und Rechnungslegung danke ich für ihre zahlreichen wertvollen Hinweise und Anregungen zu meiner Arbeit. Namentlich hervorzuheben sind dabei Matthias Hilser, Andreas Hußmann, Sascha Lambeck, Torsten Moser, Thorsten Ohliger, Ulf Spessert und Mathias Turowski. Den studentischen Hilfskräften des Lehrstuhls danke ich für Ihre Unterstützung bei der Literaturrecherche.

Der größte Dank gilt indes meiner Familie. Für ihre liebevolle Erziehung sowie für ihre fortwährende Unterstützung und ihren großartigen Rückhalt auf meinem bisherigen Lebensweg bedanke ich mich von ganzem Herzen bei meinen Eltern und bei meinem Bruder. Ebenso herzlich danke ich meiner Frau Carina, die mich während meines Studiums und während meiner Promotionszeit ebenfalls stets vorbehaltlos unterstützt hat. Sie hat durch ihre liebevolle Art und ihre grenzenlose Zuversicht stets den notwendigen Optimismus zum Gelingen dieser Arbeit verbreitet. Daher widme ich diese Arbeit meinen Eltern, meinem Bruder und meiner Frau Carina.

Wuppertal, im Mai 2015

Florian Steinbach

Inhaltsverzeichnis

Abbildungsverzeichnis

Tabellenverzeichnis

Abkürzungsverzeichnis

A

Abs.	Absatz
Abschn.	Abschnitt
AG	Aktiengesellschaft, auch: Die Aktiengesellschaft (Zeitschrift)
AKU	Arbeitskreis Unternehmensbewertung
APV	Adjusted Present Value
Aufl.	Auflage

B

BB	Betriebs-Berater (Zeitschrift)
BP	BewertungsPraktiker (Zeitschrift)
BFuP	Betriebswirtschaftliche Forschung und Praxis (Zeitschrift)
BZS	Basiszinssatz
bzw.	beziehungsweise

C

ca.	circa
CAC	Cotation Assistée en Continu
CAPM	Capital Asset Pricing Model
CDAX	Composite Deutscher Aktienindex
CFB	Corporate Finance biz (Zeitschrift)

D

d. h.	das heißt
DAI	Deutsches Aktieninstitut e. V.
DAX	Deutscher Aktienindex
DB	Der Betrieb (Zeitschrift)
DBW	Die Betriebswirtschaft (Zeitschrift)
DCF	Discounted Cashflow
DStR	Deutsches Steuerrecht (Zeitschrift)
DVFA	Deutsche Vereinigung für Finanzanalyse und Asset Management

E

e. V.	eingetragener Verein
EK	Eigenkapital
ES	Entwurf eines Standards
et al.	et alii
EUR	Euro (Währung)
EZB	Europäische Zentralbank

F

f.	folgende (Seite)
FAUB	Fachausschuss Unternehmensbewertung und Betriebswirtschaft
FB	Finanz-Betrieb (Zeitschrift)
FCF	Free Cashflow
Fn.	Fußnote
FN-IDW	IDW Fachnachrichten
Frankfurt a. M.	Frankfurt am Main
FK	Fremdkapital
FTE	Flow to Equity
FTSE	Financial Times Stock Exchange

G

GARCH	Generalized Autoregressive Conditional Heteroscedasticity
GE	Geldeinheit(en)
GLS	Generalized Least Squares

H

HFA	Hauptfachausschuss
Hrsg.	Herausgeber

I

i. d. F.	in der Fassung
i. d. R.	in der Regel
I/B/E/S	Institutional Brokers' Estimate System
IDW	Institut der Wirtschaftsprüfer in Deutschland e. V.
IVS	International Valuation Standards
IVSC	International Valuation Standards Council

K

Kap.	Kapitel
KW	Kalenderwoche
KZS	Kapitalisierungszinssatz

L

L. P.	Limited Partnership

M

M&A	Mergers and Acquisitions
MIA	Makrosammlung für die qualitative Inhaltsanalyse
Mio.	Millionen
MRP	Marktrisikoprämie
MSCI	Morgan Stanley Capital International

O

OLS	Ordinary Least Squares

R

Rn.	Randnummer

S

S	Standard
S.	Seite
SIC-Code	Standard Industry Classification-Code
sog.	so genannt(e)
Sp.	Spalte
ST	Der Schweizer Treuhänder (Zeitschrift)
STRIPS	Seperate Trading of Registered Interest and Principal Securities
StuB	Unternehmensteuern und Bilanzen (Zeitschrift)

T

TCF	Total Cashflow
Tz.	Textziffer

U

UM	Unternehmensbewertung und Management (Zeitschrift)
USA	United States of America
UW	Unternehmenswert

V

vgl.	vergleiche

W

WACC	Weighted Average Cost of Capital
WP	Wirtschaftsprüfer
WP-Gesellschaft	Wirtschaftsprüfungsgesellschaft
WPg	Die Wirtschaftsprüfung (Zeitschrift)

Z

z. B.	zum Beispiel
ZBB	Zeitschrift für Bankrecht und Bankwirtschaft
ZfB	Zeitschrift für Betriebswirtschaft
zfbf	Zeitschrift für betriebswirtschaftliche Forschung
ZfCM	Zeitschrift für Controlling und Management
ZSK	Zinsstrukturkurve

Symbolverzeichnis

α	Indexunabhängige Rendite
A_t	Aktienkurs zum Zeitpunkt t
β	Beta-Faktor
β_{FK}	Debt Beta-Faktor
β_{TS}	Beta-Faktor des Tax Shields
β_u	Beta-Faktor des unverschuldeten Unternehmens
β_v	Beta-Faktor des verschuldeten Unternehmens
Cov	Kovarianz
d_M	Dividende des Marktportfolios
E	Erwartungswert
exp	Exponentialfunktion
g	Wachstumsrate der finanziellen Überschüsse
GK	Gesamtkapital
i	Zinssatz des Fremdkapitals
i_e	Barwertäquivalenter Basiszinssatz
$i_{0,t}$	Spot Rate der Periode t
r^{nSt}	Rendite nach Steuern
r_{arithm}	Arithmetisches Mittel
r_{geom}	Geometrisches Mittel
r_d	Diskrete Rendite
r_s	Stetige Rendite
r_{EK}	Eigenkapitalrendite
r_{FK}	Fremdkapitalrendite
r_{GK}	Gesamtkapitalrendite

R^2	Bestimmtheitsmaß
r_f	Risikoloser Zinssatz
r_M	Rendite des Marktportfolios
σ_M	Rendite des Marktindex
σ_i	Rendite des Unternehmens i
$SÄ$	Sicherheitsäquivalent
τ_e	Abgeltungsteuersatz
τ_k	Kursgewinnsteuersatz
t	Zeitindex
T	Anzahl der Perioden
t_α	t-Wert mit Irrtumswahrscheinlichkeit α
U	Risikonutzenfunktion
UW	Unternehmenswert
V	Verschuldungsgrad
Var	Varianz
X_t	Zahlungsreihe
z	Risikozuschlag

1 Einleitung

11 Problemstellung und Zielsetzung der Arbeit

Die Unternehmensbewertung stellt innerhalb der Betriebswirtschaft ein intensiv diskutiertes Themenfeld dar. Inzwischen hat sich die Ansicht durchgesetzt, dass ein Unternehmen nicht „einen Wert" besitzt, sondern dieser abhängig vom Zweck der Bewertung variieren kann. In der funktionalen Unternehmensbewertungstheorie hat sich daher der Begriff der Zweckabhängigkeit des Unternehmenswertes etabliert. Als grundlegende Funktionen werden in diesem Zusammenhang die Entscheidungsfunktion, die Vermittlungsfunktion und die Argumentationsfunktion unterschieden.[1]

In der Praxis beschäftigen sich viele verschiedene Berufsgruppen mit der Bewertung von Unternehmen. Neben Steuerberatern, Mitarbeitern in Corporate Finance- und Mergers & Acquisitions (M&A)-Abteilungen, Investmentbankern, Private Equity-Akteuren und Unternehmensberatern sind in Deutschland hauptsächlich Wirtschaftsprüfer mit der Bewertung von Unternehmen betraut. Der Großteil der Wirtschaftsprüfer ist im Institut der Wirtschaftsprüfer in Deutschland e. V. (IDW) organisiert. Der von diesem Verein herausgegebene Standard „Grundsätze zur Durchführung von Unternehmensbewertungen (IDW S 1)"[2] stellt den maßgeblichen Standard für durch Wirtschaftsprüfer durchzuführende Unternehmensbewertungen dar.[3] In diesem sind, ergänzt durch weitere Verlautbarungen des IDW, die Grundsätze enthalten, nach denen eine Unternehmensbewertung zu erfolgen hat.[4]

1 Grundlegend zur funktionalen Unternehmensbewertung, vgl. MATSCHKE/BRÖSEL (2013), S. 52-86 und die dort aufgeführte Literatur.

2 Vgl. IDW S 1 i. d. F. 2008.

3 Zum Verbindlichkeitsgrad des Standards für Wirtschaftsprüfer und weitere im Bereich der Unternehmensbewertung tätige Berufsgruppen, vgl. Abschn. 323.

4 Neben dem IDW S 1 werden auch von anderen Organisationen Grundsätze zu Unternehmensbewertungen veröffentlicht, z. B. die „International Valuation Standards" (IVS) des International Valuation Standards Council (IVSC) oder die „Best Practice Empfehlungen der DVFA zur Unternehmensbewertung" der Deutschen Vereinigung für Finanzanalyse und Asset Management (DVFA) Expert Group „Corporate Transactions and Valuation". Für einen Überblick über weitere, internationale Standards zur Unternehmensbewertung, vgl. NICKLAS (2008).

Im Sinne der funktionalen Bewertungstheorie kann der Wirtschaftsprüfer bei einer Bewertung nach IDW S 1 die Funktion eines neutralen Gutachters, eines Beraters oder eines Schiedsgutachters einnehmen.[5] Die jeweils zugrunde gelegte Funktion des Bewertenden wirkt sich auf die anzuwendende Wertkonzeption des zu ermittelnden Unternehmenswertes aus. IDW S 1 unterscheidet dabei objektivierte Unternehmenswerte, subjektive Entscheidungswerte sowie Einigungswerte.

In der Praxis stellt die Ermittlung objektivierter Unternehmenswerte eine der wesentlichen Aufgaben im Bereich der Unternehmensbewertung dar. Als zugehörige Bewertungsanlässe seien beispielsweise Bewertungen aufgrund gesetzlicher Vorschriften oder Bewertungen für Zwecke der externen Rechnungslegung genannt.[6] Eine herausragende Stellung nehmen dabei sämtliche Bewertungen im Kontext gesellschaftsrechtlicher Strukturmaßnahmen ein.[7] Objektivierte Unternehmenswerte nach IDW S 1 zeichnen sich dadurch aus, dass sie einen intersubjektiv nachprüfbaren Wert darstellen, der sich auf Basis des bestehenden Unternehmenskonzeptes ergibt.[8] Der Unternehmenswert wird dabei grundsätzlich anhand von Zukunftserfolgswertverfahren berechnet. Hierzu zählen das in Deutschland weit verbreitete Ertragswertverfahren sowie die verschiedenen Varianten der Discounted Cashflow (DCF)-Verfahren. Alle Verfahren beruhen dabei auf denselben investitionstheoretischen Überlegungen.[9] Konzeptionell wird der Unternehmenswert bei Anwendung von Zukunftserfolgswertverfahren durch Diskontierung der geplanten finanziellen Überschüsse des Bewertungsobjektes mit einem das Risiko des zu bewertenden Unternehmens abbildenden Kapitalisierungszinssatz (KZS) auf den Bewertungsstichtag ermittelt.

Der Kapitalisierungszinssatz nimmt daher bei der Ermittlung objektivierter Unternehmenswerte eine besonders bedeutsame Stellung ein. Neben der Prognose der finanziellen Überschüsse und der zugehörigen Wachstumsrate, stellt er die wesentliche Komponente aller Zukunftserfolgswertverfahren dar. Die Notwendigkeit der sorgfältigen Ermittlung dieses Bewertungsparameters wird zudem durch dessen Hebelwirkung auf den zu ermittelnden Unternehmenswert deutlich. Eine kleine Änderung des Kapitalisierungszinssatzes hat meist eine große Änderung des Unternehmenswertes zur Folge.

In der Praxis der Unternehmensbewertung hat sich, vor allem bei der Ermittlung objektivierter Unternehmenswerte, das Capital Asset Pricing Model (CAPM) zur Bestimmung des Kapitalisierungszins-

5 Vgl. IDW S 1 i. d. F. 2008, Tz. 12.

6 Für eine ausführliche Übersicht über Bewertungsanlässe zur Ermittlung objektivierter Unternehmenswerte, vgl. WOLLNY (2012), S. 48-68.

7 Vgl. HACHMEISTER/RUTHARDT/LAMPENIUS (2011a) und HACHMEISTER/RUTHARDT/LAMPENIUS (2011b).

8 Vgl. IDW S 1 i. d. F. 2008, Tz. 29.

9 Ausführlich zu den investitionstheoretischen Grundlagen der Unternehmensbewertung, vgl. HERING (2006), S. 21-150.

satzes etabliert.[10] Die Eigenkapitalkosten eines Unternehmens stehen hierbei in linearem Zusammenhang zu dem Risiko des Unternehmens, welches durch den Beta-Faktor ausgedrückt wird. Neben dem Beta-Faktor werden noch der den risikolosen Zinssatz repräsentierende Basiszinssatz (BZS) und die Marktrisikoprämie (MRP) in den funktionalen Zusammenhang zwischen Eigenkapitalrendite und Risiko einbezogen. Der Vorteil der Verwendung des CAPM wird vor allem darin gesehen, dass sämtliche Parameter anhand öffentlich verfügbarer Kapitalmarktdaten bestimmt werden können und daher intersubjektiv nachprüfbar sind.[11] Aus diesem Grund wird die Verwendung des CAPM auch im IDW S 1 explizit empfohlen.[12]

Trotz dieser vermeintlichen Objektivität aufgrund der Ermittlung der einzelnen Parameter des CAPM auf der Basis historischer und aktueller Kapitalmarktdaten, müssen bei deren Ermittlung zahlreiche Entscheidungen durch den Bewertenden getroffen werden, so dass es ohne weitere, konkretisierende Vorgaben zu deren Bestimmung vorkommen wird, dass sich in der Praxis unterschiedliche Werte für die Parameter ergeben. Gerade bei der Ermittlung objektivierter Unternehmenswerte ist somit festzustellen, dass gutachterliches Ermessen bei der Auslegung bewertungsrelevanter Sachverhalte mit dem Erfordernis einer weitgehenden Objektivierung der Bewertung kollidiert.[13]

Der IDW S 1 stellt im Bereich der Unternehmensbewertung im Vergleich zu anderen internationalenen Standards den detailliertesten Standard dar, der darüber hinaus durch weitere Verlautbarungen des IDW zur objektivierten Unternehmensbewertung ergänzt wird.[14] Allerdings sind auch diese Vorgaben zur Ermittlung der einzelnen Parameter des CAPM an vielen Stellen noch so allgemein gehalten, dass dem Bewertenden zahlreiche Ermessensspielräume bei der Beurteilung der entsprechenden Sachverhalte und der anschließenden Umsetzung der Vorgaben eröffnet werden.[15] Diese Ermessensspielräume wurden bislang im Schrifttum zur Unternehmensbewertung nicht systematisch untersucht und bilden daher den Mittelpunkt der vorliegenden Analyse.[16]

10 Das CAPM wurde nahezu zeitgleich von SHARPE (1964), LINTNER (1965) und MOSSIN (1966) entwickelt. Eine nähere Darstellung des Modells folgt in Abschn. 252.

11 Vgl. JONAS (2008b), S. 828.

12 Vgl. IDW S 1 i. d. F. 2008, Tz. 92.

13 Vgl. KRUSCHWITZ/LÖFFLER/MANDL (2011), S. 174 Fn. 21.

14 Vgl. HAYN/LAAS (2012), S. 152.

15 Zur dieser Arbeit zugrunde liegenden Definition von Ermessensspielräumen, vgl. Abschn. 14.

16 In vielen Veröffentlichungen zur Unternehmensbewertung werden die für den Bewerter auftretenden Ermessensspielräume bei der Ermittlung einzelner Parameter erwähnt, wobei teilweise auch andere Begriffe verwendet werden. Vgl. dazu beispielsweise CASTEDELLO/DAVIDSON/SCHLUMBERGER (2004), S. 369 „Wahlmöglichkeiten“, LOCHNER (2011), S. 692 „Stellschrauben“, KEUPER/DJUKANOV (2008), S. 70 „Manipulationshebel“, DÖRSCHELL et al. (2008), S. 1155 „Stellgrößen“ oder BERNER et al. (2005), S. 711 „Entscheidungstatbestände“. Anschließend folgt in einigen

Zielsetzung der vorliegenden Arbeit ist die Beantwortung der grundlegenden Forschungsfrage, welche theoretischen Möglichkeiten bestehen, um die Ermessensspielräume bei der Ermittlung des Kapitalisierungszinssatzes für objektivierte Zwecke nach IDW S 1 auszufüllen und welche dieser Möglichkeiten in der Praxis der Unternehmensbewertung angewendet werden. Die Arbeit gliedert sich somit in zwei miteinander verbundene Teilaspekte. Zunächst werden die auftretenden Ermessensspielräume theoretisch analysiert, indem die Vorgaben des IDW S 1 als Maßstab zur Ermittlung objektivierter Werte herangezogen werden. Anhand der Vorgaben werden die Ermessensspielräume bei der Bestimmung von BZS, MRP und Beta-Faktor identifiziert und systematisiert. Es folgt eine Analyse, in der gezeigt wird, welche Möglichkeiten in der Theorie der Unternehmensbewertung bestehen, um die identifizierten Ermessensspielräume auszufüllen. Die verschiedenen Verfahren und Modelle werden dargestellt, erläutert und in Bezug zu dem Zweck der Ermittlung objektivierter Unternehmenswerte gesetzt. Abschließend wird analysiert, welche Auswirkungen die Wahl der verschiedenen Verfahren und Modelle zur Ausfüllung der Ermessensspielräume auf den ermittelten Unternehmenswert haben. Hierdurch wird deutlich, welchen Werteffekt bestimmte Entscheidungen haben, wodurch eine Aussage ermöglicht wird, ob es sinnvoll wäre, den entsprechenden Ermessensspielraum durch Vorgabe eines bestimmten Verfahrens oder Modells einzuschränken.

Die empirische Analyse der auftretenden Ermessensspielräume hat die Zielsetzung, zu überprüfen, welche Verfahren und Modelle in der Praxis der Unternehmensbewertung eingesetzt werden, um die Ermessensspielräume bei der Ermittlung objektivierter Unternehmenswerte auszufüllen. Darüber hinaus werden die Einflussfaktoren auf die Entscheidungen der Praxis ermittelt, um Rückschlüsse ziehen zu können, warum bestimmte Verfahren oder Modelle eingesetzt werden. Nach der Erhebung, Auswertung und Darstellung der entsprechenden Daten der Praxis folgt eine gegenüberstellende Einschätzung der in der Praxis verwendeten Verfahren und Modelle mit den in der Theorie entwickelten Möglichkeiten. Als Ergebnis dieser Analyse werden anschließend weiterführende Empfehlungen zu den Vorgaben zur Ermittlung des Kapitalisierungszinssatzes für objektivierte Zwecke herausgearbeitet, die eine transparente Darstellung der Bewertungsergebnisses ermöglichen und damit die Zielsetzung der Ermittlung objektivierter Werte, einer intersubjektiv nachprüfbaren Wertermittlung, sicherstellen.

Zur Erhebung der erforderlichen Daten zur Analyse der praktischen Ermittlung des Kapitalisierungszinssatzes werden Interviews mit Experten im Bereich der Unternehmensbewertung geführt. Hierzu werden Vertreter der größten Wirtschaftprüfungsgesellschaften (WP-Gesellschaften) in Deutschland

Fällen eine Analyse eines Teilsaspekts der entsprechenden Ermessensspielräume. Eine zusammenfassende und systematische Übersicht über die einzelnen Ermessensspielräume fehlt indes.

befragt. Die Vorgehensweise genügt dabei den Methoden, Standards und Gütekriterien empirischer Sozialforschung.[17] Auf diese Weise wird ein tiefer und reliabler Einblick in die Praxis der Unternehmensbewertung ermöglicht. Weiterhin werden sowohl die Verfahren und Methoden zur Ausfüllung der identifizierten Ermessensspielräume als auch die damit zusammenhängenden Einflussfaktoren erhoben und anschließend anhand der qualitativen Inhaltsanalyse ausgewertet.[18]

Die grundlegende Forschungsfrage der vorliegenden Arbeit, welche theoretischen Möglichkeiten bestehen, um die Ermessensspielräume bei der Ermittlung des Kapitalisierungszinssatzes für objektivierte Zwecke nach IDW S 1 auszufüllen und welche dieser Möglichkeiten in der Praxis der Unternehmensbewertung angewendet werden, wird anhand folgender Teilfragen beantwortet:

- Welche Vorgaben enthält der IDW S 1 zur Ermittlung des Kapitalisierungszinssatzes für objektivierte Zwecke?
- Welche Ermessensspielräume ergeben sich aus diesen Vorgaben bei der Ermittlung der einzelnen Parameter des KSZ?
- Welche Methoden und Verfahren werden in der Bewertungstheorie diskutiert, um diese Ermessensspielräume auszufüllen?
- Welchen Effekt auf die Höhe des zu ermittelnden Unternehmenswertes haben diese Methoden und Verfahren?
- Wie werden die Ermessensspielräume bei der Bestimmung des Kapitalisierungszinssatzes in der Praxis der Unternehmensbewertung ausgefüllt?
- Welche Faktoren haben einen Einfluss darauf, in welcher Weise die Ermessensspielräume bei der praktischen Ermittlung des Kapitalisierungszinssatzes ausgefüllt werden?
- Welche Empfehlungen lassen sich aus der Gegenüberstellung der theoretischen Analyse der Ermessensspielräume und der in der Praxis angewendeten Vorgehensweisen zur Ermittlung des Kapitalisierungszinssatzes formulieren?

---

17 Viele bislang durchgeführte Studien zur Unternehmensbewertung haben sich nicht an diese Standards gehalten, weshalb im Schrifttum vielfach Kritik geäußert wurde, vgl. beispielsweise BECK (1996), S. 1 oder FISCHER-WINKELMANN (2009), S. 353.

18 Zur Theorie zur Durchführung von Experteninterviews, vgl. Abschn. 42. Zur qualitativen Inhaltsanalyse als Auswertungsmethode von Experteninterviews, vgl. Abschn. 443.

12 Gang der Untersuchung

Zur Beantwortung der dargestellten Teilfragen ist die vorliegende Arbeit folgendermaßen aufgebaut: Zunächst wird in Kap. 2 auf die konzeptionellen Grundlagen des Kapitalisierungszinssatzes eingegangen. Hierzu wird vorab das Konzept des objektivierten Unternehmenswertes nach IDW S 1 vorgestellt und in den Kontext der funktionalen Unternehmensbewertung eingeordnet. Anschließend werden die Äquivalenzprinzipien, die eine sachlogische Entsprechung von Zähler- und Nennergröße des Bewertungskalküls sicherstellen, diskutiert. In dem Zusammenhang der Risikoäquivalenz wird dabei vertiefend auf die Risikozuschlags- und die Risikoabschlagsmethode eingegangen. Danach folgt eine Darstellung des Zusammenhangs zwischen angewendeten Bewertungsverfahren und korrespondierendem Kapitalisierungszinssatz. Hierbei werden alle praxisrelevanten Zukunftserfolgswertverfahren erläutert. Abschließend folgt eine Übersicht über die beiden in der Praxis dominierenden Modelle zur Bestimmung des Kapitalisierungszinssatzes. Dabei werden das CAPM und das daraus entwickelte Tax-CAPM, bei dem zusätzlich persönliche Steuern berücksichtigt werden, diskutiert.

In Kap. 3 folgt die theoretische Analyse der Ermessensspielräume bei der Ermittlung des Kapitalisierungszinssatzes. Hierzu wird zunächst der IDW S 1, dessen Konzeption, Zielsetzung und zeitliche sowie inhaltliche Entwicklung ausführlich dargestellt. Anschließend werden die Vorgaben zur Ermittlung der einzelnen Parameter des Kapitalisierungszinssatzes zur Bestimmung objektivierter Unternehmenswerte detailliert diskutiert. Diese Analyse orientiert sich an dem Aufbau des IDW S 1 und umfasst daher zunächst allgemeine Vorgaben zur Berücksichtigung des Risikos und persönlicher Steuern und behandelt anschließend spezielle Vorgaben zur Ermittlung von BZS, MRP und Beta-Faktor.

Anhand dieser Vorgaben werden im folgenden Abschnitt die sich daraus für den Bewertenden ergebenden Ermessensspielräume identifiziert und analysiert. Hierzu erfolgt für jeden der zu ermittelnden Parameter eine eigenständge Analyse der Methoden und Verfahren zur Ausfüllung der entsprechenden Ermessensspielräume. In diesem Zusammenhang wird jeweils eine Analyse der Auswirkungen der Ausfüllung der Ermessensspielräume auf den zu ermittelnden Unternehmenswert durchgeführt. Hierzu werden die sich bei Anwendung der unterschiedlichen Methoden und Verfahren zur Ausfüllung der Ermessensspielräume ergebenden Unternehmenswerte gegenübergestellt.

In Kap. 4 werden die Ermessensspielräume bei der Ermittlung des Kapitalisierungszinssatzes für objektivierte Zwecke empirisch untersucht. Die Ausfüllung der Ermessensspielräume bei der Ermittlung der Parameter des Kapitalisierungszinssatzes in der Praxis wird hierbei anhand von Interviews mit Experten im Bereich der Unternehmensbewertung überprüft. Zu der Teilnahme an dieser Untersuchung konnten Vertreter aller in Deutschland überregional tätigen WP-Gesellschaften gewonnen werden. Da das Führen von Experteninterviews als Forschungsmethode nur selten in der betriebswirtschaftlichen Forschung angewendet wird, folgt zunächst ein Überblick zu den theoretischen Grundlagen. Anschließend werden die Planung und die Durchführung der empirischen Untersuchung dargestellt, bevor auf die Analyse der geführten Interviews mittels der qualitativen Inhaltsanalyse eingegangen wird.

Danach werden die Ergebnisse der empirischen Untersuchung ausführlich dargestellt. Hierbei werden die anhand der Interviews gewonnenen Erkenntnisse zur Ausfüllung der Ermessensspielräume in der Praxis der Unternehmensbewertung zunächst dargestellt und anschließend diskutiert. Neben der Darstellung der in der Praxis verwendeten Methoden zur Ermittlung der einzelnen Parameter des Kapitalisierungszinssatzes, wird ausführlich auf zwischen den befragten WP-Gesellschaften abweichende Verfahren zur Ausfüllung der Ermessensspielräume eingegangen. Die in diesem Zusammenhang in den Interviews geäußerten Argumente für ein abweichendes Vorgehen werden dabei ebenfalls diskutiert. Abschließend werden aus den Ergebnissen der theoretischen und empirischen Analyse der Ermessensspielräume Empfehlungen zur Konkretisierung der Vorgaben des IDW S 1 bezüglich der Ermittlung der Parameter des CAPM sowie der transparenten Darstellung in den entsprechenden Bewertungsgutachten formuliert.

In Kap. 5 werden die zentralen Ergebnisse der vorliegenden Arbeit thesenförmig zusammengefasst. Der Gang der Untersuchung ist in Abbildung 1.1 dargestellt.

13 Stand der Forschung

Die Anzahl an Publikationen zur Unternehmensbewertung ist kaum mehr zu überblicken. Dabei sind neben den nur auf die Theorie der Unternehmensbewertung bezogenen Publikationen auch viele praxisbezogene Ausführungen zu finden. Auffallend ist, dass bislang nur relativ wenige empirische Untersuchungen publiziert wurden. Da sich die vorliegende Arbeit mit den Ermessensspielräumen bei der praktischen Ermittlung des Kapitalisierungszinssatzes für Zwecke der objektivierten Unternehmensbewertung und deren empirische Überprüfung anhand von Experteninterviews beschäftigt, wird im Folgenden ein Überblick über einige bislang veröffentlichte empirische Untersuchungen im Bereich der Unternehmensbewertung gegeben, um dem Leser eine bessere Einordnung der vorliegenden Arbeit zu ermöglichen. Unterschieden werden die Untersuchungen nach der angewendeten Methodik.

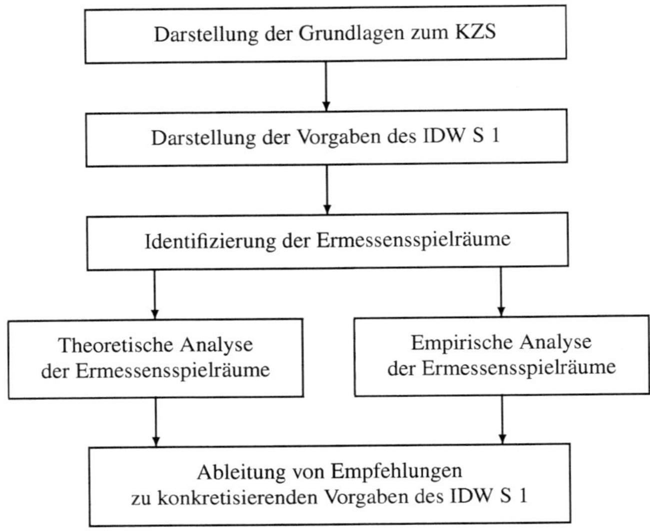

Quelle: Eigene Darstellung.

Abbildung 1.1: Gang der Untersuchung

Dabei sind in den Untersuchungen Auswertungen von Fragebögen, Analysen von Bewertungsgutachten und Auswertungen von Interviews mit Praktikern aus dem Bereich der Unternehmensbewertung zu finden.

Die bislang am meisten verwendete Methode stellt die Auswertung von Fragebögen dar. Diese wurden, je nach Zielsetzung der Analyse, an WP-Gesellschaften, Steuerberatungsgesellschaften, Unternehmensberatungen, Investmentbanken und Industrieunternehmen versendet. Im Folgenden werden einige dieser Untersuchungen in Hinblick auf deren Zielsetzung diskutiert.

PEEMÖLLER/BÖMELBURG/DENKMANN analysieren in ihrer Untersuchung im Jahr 1994, welche Bewertungsverfahren in der Praxis der Unternehmensbewertung eingesetzt werden. Hierzu werden Vertreter aller oben genannten Berufsgruppen angeschrieben.[19] Weiterhin ist es Zielsetzung ihrer Analyse,

19 Vgl. PEEMÖLLER/BÖMELBURG/DENKMANN (1994).

die verschiedenen Auffassungen über die Erfolgsgrößen, die Möglichkeiten zur Erfassung des Risikos und den Einbezug von Strategien und Synergien zu untersuchen. Eine ähnliche Analyse wurde fünf Jahre später von PEEMÖLLER/KUNOWSKI/ HILLERS durchgeführt. Hierbei liegt der Fokus auf der Beantwortung der Frage, welche Bewertungsverfahren bei internationalen M&A-Transaktionen herangezogen werden.[20] Hierzu werden verschiedene im M&A-Bereich tätige Unternehmen nach deren Methodik und Vorgehensweisen bei der Unternehmensbewertung befragt.

PEEMÖLLER/MEYER-PRIES untersuchen 1995 die Praxis der Unternehmensbewertung bei dem steuerberatenden Berufsstand.[21] Hierbei liegt die primäre Zielsetzung wiederum darin, die angewendeten Bewertungsverfahren zu ermitteln. Weiterhin wird in der Befragung auf die Bewertungsanlässe, die Erfolgsgröße sowie den Kapitalisierungszinssatz eingegangen. Dieselbe Berufsgruppe befragt FISCHER-WINKELMANN/ BUSCH in seiner im Jahr 2009 durchgeführten Untersuchung.[22] Die Zielsetzung und damit verbunden der Detailierungsgrad dieser Untersuchung unterscheidet sich indes von der voher erwähnten Untersuchung. Neben den in der Praxis angewendeten Bewertungsverfahren ist es das Ziel, die praktische Anwendung des IDW S 1 zu untersuchen. Hierbei wird auf die einzelnen Parameter des Bewertungskalküls und mögliche Methoden zu deren Ermittlung eingegangen. Anzumerken ist, dass diese Untersuchung zahlreiche Aspekte der einzelnen Parameter der Unternehmensbewertung diskutiert, sich indes nur ein kleiner Teil der Untersuchung den Fragen zum Kapitalisierungszinssatz widmet, so dass nur relativ kurz auf die zahlreichen Ermessensspielräume bei dessen Ermittlung eingegangen wird.[23]

BRÖSEL/HAUTTMANN analysieren in ihrer empirischen Untersuchung die Verwendung unterschiedlicher Bewertungsverfahren in Verhandlungssituationen im Lichte der funktionalen Unternehmensbewertung.[24] Zielsetzung der Studie ist es, die Anwendung der funktionalen Bewertungstheorie in der Praxis der Unternehmensbewertung anhand der Ermittlung von Konzessionsgrenzen und Unternehmenswerten für Verhandlungszwecke zu überprüfen. Aufgrund dieser Zielsetzung der Untersuchung wird nur am Rande auf die Ermittlung des Kapitalisierungszinssatzes in den verschiedenen Verfahren eingegangen.

20 Vgl. PEEMÖLLER/KUNOWSKI/HILLERS (1999).

21 Vgl. PEEMÖLLER/MEYER-PRIES (1995).

22 Vgl. FISCHER-WINKELMANN/BUSCH (2009).

23 Vgl. FISCHER-WINKELMANN/BUSCH (2009), S. 649-651.

24 Vgl. BRÖSEL/HAUTTMANN (2007a) und BRÖSEL/HAUTTMANN (2007b). Ausführlich zu der Konzeption der funktionalen Unternehmensbewertung mit den Funktionen der Ermittlung von Entscheidungswerten, Arbitriumwerten und Argumentationswerten, vgl. MATSCHKE/BRÖSEL (2013), S. 131-758.

Im Jahr 2009 wurde von HENSELMANN/BARTH ebenfalls eine empirische Studie zur Praxis der Unternehmensbewertung durchgeführt.[25] Diese verfolgt wiederum primär die Zielsetzung, die Verbreitung der in der Praxis verwendeten Unternehmensbewertungsverfahren zu analysieren.[26] Weiterhin wird auf die Anwendung von Multiplikatorverfahren und die Verwendung des Ertragswertverfahrens eingegangen.[27] Detaillierte Fragen zur Ermittlung des Kapitalisierungszinssatzes werden nicht gestellt.

Die einzige empirische Untersuchung, die sich explizit mit der Ermittlung des Kapitalisierungszinssatzes für Zwecke der Unternehmensbewertung befasst, wurde im Jahr 1995 von PRIETZE/WALKER durchgeführt.[28] Diese untersuchen, wie die Theorie zur Bestimmung des Kapitalisierungszinssatzes in der Praxis umgesetzt wird und stellen die Ergebnisse und Einflussfaktoren ausführlich dar. Anzumerken ist, dass dieser Studie nur noch äußerst wenig Relevanz zugebilligt werden kann, da sich sowohl die Theorie als auch die Praxis zur Ermittlung des Kapitalisierungszinssatzes innerhalb der letzten Jahre enorm weiterentwickelt haben. In der Studie geben beispielsweise nur knapp die Hälfte der Befragten an, das CAPM zu kennen, wobei wiederum nur wenige es tatsächlich verwenden. Demgegenüber stellt das CAPM heutzutage, trotz aller Kritik, das nahezu ausschließlich in der Praxis verwendete Modell zur Ermittlung des Kapitalisierungszinssatzes dar.[29]

Als weitere Methodik zur empirischen Untersuchung der Praxis der Unternehmensbewertung wurden in verschiedenen Studien Bewertungsgutachten analysiert. Hierbei wurden fast ausschließlich Gutachten zu Squeeze-Out-Fällen untersucht, da diese größtenteils öffentlich zugänglich waren. Im Folgenden werden einige dieser Untersuchungen in Hinblick auf ihre Zielsetzung diskutiert.

Die empirische Untersuchung von RATHAUSKY stellt in Bezug auf die angewendete Methodik einen Sonderfall dar, da sowohl Fragebögen an Praktiker der Unternehmensbewertung versendet und anschließend ausgewertet wurden als auch zahlreiche Bewertungsgutachten in die Analyse einbezogen wurden.[30] Diese Vorgehensweise hat den Vorteil, dass die von den Praktikern getroffenen Aussagen in der Fragebogenanalyse den tatsächlichen, in den Bewertungsgutachten dokumentierten Ergebnissen gegenübergestellt werden können. Primäres Ziel der Untersuchung ist es, zentrale Motive für die an

25 Vgl. HENSELMANN/BARTH (2009b).

26 Zu ähnlichen Untersuchungen zur Unternehmensbewertung in der Schweiz, vgl. die zusammenfassende Übersicht in HELBLING (1998), S. 192-200 sowie KNÜSEL (1992), KNÜSEL (1994) und HÜTTCHE (2012).

27 Vgl. dazu auch HENSELMANN/BARTH (2009a).

28 Vgl. PRIETZE/WALKER (1995).

29 Vgl. BALLWIESER (2008), S. 105.

30 Darüber hinaus wurden zahlreiche weitere private und öffentlich verfügbare Quellen in die Analyse einbezogen, vgl. die Auflistung bei RATHAUSKY (2008), S. 50.

einem Squeeze-Out beteiligten Parteien zu identifizieren. Auf die Parameter des angewendeten Kapitalisierungszinssatzes wird dabei insoweit eingegangen, alsdass die in den Bewertungsgutachten zu findenden Aussagen bezüglich deren Ermittlung kritisch betrachtet werden.[31]

Da ein Squeeze-Out einen typischen Anlass für die Ermittlung eines objektivierten Unternehmenswertes darstellt, konnten die entsprechenden Gutachten herangezogen werden, um die Ermittlung der einzelnen Parameter zu analysieren. HACHMEISTER/KÜHNLE/LAMPENIUS untersuchen daher die zum Einsatz kommenden Methoden sowie Einzelfragen zur Ermittlung der künftigen finanziellen Überschüsse und des Kapitalisierungszinssatzes.[32] Da die zugrunde liegenden Gutachten über einen Zeitraum von sechs Jahren angefertigt wurden, liegt der Schwerpunkt der Analyse auf einem Zeitvergleich der einzelnen Parameter. Die Studie zeigt beispielsweise anschaulich, wie sich die Höhe des BZS im Laufe der Zeit entwickelt hat.[33] Vergleichbare Untersuchungen führten MUNKERT und RATHAUSKY durch, die ebenfalls Squeeze-Out-Gutachten in Hinblick auf die Ermittlung der einzelnen Parameter untersuchen.[34] Anzumerken ist hierbei, dass durch die Analyse von vorliegenden Gutachten nur die dort zu findenden Informationen in die Auswertung aufgenommen werden können. Somit können die Einflussfaktoren zur Wahl einer bestimmten Methode und sämtliche im Gutachten nicht dargestellten Ausführungen zur Ermittlung einzelner Parameter nicht in die Analyse einbezogen werden.

Eine etwas andere Zielsetzung hatten die methodisch vergleichbaren Studien von LAMPENIUS/OBERMEIER/SCHÜLER und BASSEMIR/GEBHARDT/LEY, die zwar ebenfalls Squeeze-Out-Gutachten heranziehen, aber den Effekt des Bewertungsfehlers bei Diskontierung mit einem barwertäquivalenten BZS analysieren.[35] Zielsetzung der beiden Studien ist es somit nicht, die Ermittlung einzelner Komponenten des Bewertungskalküls zu analysieren, sondern den Werteffekt der Ausnutzung eines Ermessensspielraumes auf die Höhe des sich ergebenden Unternehmenswertes zu ermitteln.

HACHMEISTER/RUTHARDT/LAMPENIUS und METZ haben ähnliche in diesem Zusammenhang stehende Untersuchungen durchgeführt.[36] Diese untersuchen gerichtliche Entscheidungen zu gesellschaftsrechtlichen Spruchverfahren. Zielsetzung beider Untersuchungen ist es, die Methoden zur Ermittlung

31 Vgl. RATHAUSKY (2008), S. 125-148.

32 Vgl. HACHMEISTER/KÜHNLE/LAMPENIUS (2009).

33 Vgl. HACHMEISTER/KÜHNLE/LAMPENIUS (2009), S. 1241.

34 Vgl. MUNKERT (2005) und RATHAUSKY (2008).

35 Vgl. LAMPENIUS/OBERMAIER/SCHÜLER (2008) und BASSEMIR/GEBHARDT/LEYH (2012). Zur Wahl des Diskontierens mittels eines barwertäquivalenten BZS oder periodenspezifischen Spot Rates, vgl. Abschn. 341.7.

36 Vgl. HACHMEISTER/RUTHARDT/LAMPENIUS (2011a), HACHMEISTER/RUTHARDT/LAMPENIUS (2011b) und METZ (2007).

einzelner Komponenten des Bewertungskalküls darzustellen und zu erläutern. Darüber hinaus werden die in der Praxis vorherrschenden Methoden in Bezug zu den Vorgaben des IDW S 1 und den in der Theorie diskutierten Möglichkeiten gesetzt. Während sich die Analyse von METZ hierbei auf den BZS beschränkt, beziehen HACHMEISTER/RUTHARDT/LAMPENIUS auch die MRP, den Beta-Faktor und den Wachstumsfaktor in ihre Studie ein.

Neben den bisher aufgeführten Studien, die als Methodik entweder Fragebögen oder vorliegende Gutachten ausgewertet haben, wurden in einigen Fällen auch (zusätzlich) Interviews mit Praktikern der Unternehmensbewertung geführt und anschließend ausgewertet. Diese Studien werden im Folgenden in Hinblick auf ihre Zielsetzung und die Ausgestaltung der Interviewsituation diskutiert.

SUCKUT führt für seine Untersuchung insgesamt 17 Interviews mit Praktikern aus Industrieunternehmen und Unternehmensberatungen zum Thema Unternehmensbewertung.[37] Zielsetzung der Interviews ist es, die bei der Bewertung internationaler Akquisitionen eingesetzten Bewertungsverfahren zu identifizieren und Unterschiede zwischen Bewertungen im nationalen und internationalen Umfeld herauszustellen. Die Interviews werden dabei neben einer Fragebogenanalyse eingesetzt, um das übergeordnete Ziel der Untersuchung, die Entwicklung eines Leitfadens für internationale Unternehmensbewertungen, zu erreichen.

BECK verfolgt mit seiner Untersuchung ein ähnliches Ziel. Auch in dieser Analyse steht die Übertragbarkeit der Theorie der Unternehmensbewertung auf den Praxisfall einer Akquisition im Mittelpunkt.[38] Als Methodik zur Beantwortung dieser Frage werden Fragebögen eingesetzt. Darüber hinaus werden zwei Interviews mit Experten geführt, um die Analyse zu vertiefen. Die Fragen beziehen sich dabei fast ausschließlich auf die angewendeten Bewertungsverfahren und deren Eignung im konkreten Praxisfall. Nur am Rande wird auf die Ermittlung einzelner Parameter bei Anwendung von Zukunfterfolgswertverfahren eingegangen.

Auffallend bei den beiden zuletzt genannten Untersuchungen ist indes, dass die geführten Interviews in beiden Fällen nur als zusätzliche Methodik zur Analyse von Fragebögen herangezogen wurden. Es ist anzunehmen, dass aus diesem Grund auf eine ausführliche Schilderung der Interviewsituation verzichtet wurde und lediglich die Ergebnisse der Interviews dargestellt wurden. Weiterhin wurde weder auf die Theorie der empirischen Sozialforschung noch auf die Einhaltung entsprechender Gütekriterien Bezug genommen. Somit kann zusammenfassend festgehalten werden, dass die gezeigten Unter-

37 Vgl. SUCKUT (1992).

38 Vgl. BECK (1996).

suchungen bezüglich der geführten Interviews nur äußerst eingeschränkt den Standards empirischer Sozialforschung genügen.

Der Kapitalisierungszinssatz war darüber hinaus in der jüngeren Vergangenheit Untersuchungsgegenstand verschiedener Dissertationen. Auch diese unterscheiden sich in Hinblick auf das Untersuchungsziel und die verwendete Methodik. Um die vorliegende Arbeit besser in diese Reihe von Publikationen einordnen zu können, werden diese im Folgenden diskutiert. Dabei wird in chronologischer Reihenfolge des Erscheinens der Dissertationen vorgegangen.

WIESE diskutiert in seiner sehr ausführlichen Untersuchung den modularen Aufbau des Kapitalisierungszinssatzes bei Anwendung des CAPM.[39] Ziel seiner Untersuchung ist, ein Rahmenmodell zu finden, das die aus verschiedenen Modellwelten stammenden Komponenten ohne theoretische Widersprüche verbindet. Dabei wird zudem auf die Erfassung persönlicher Steuern unter unsicheren Erwartungen in dem damals in Deutschland gültigen Steuersystem eingegangen. Weiterhin wird die Übertragung des einperiodigen CAPM auf eine mehrperiodige Variante diskutiert, die es zudem erlaubt, stochastische Wachstumsraten zu erfassen.

REESE widmet sich in seiner Untersuchung dem BZS und der MRP.[40] Dabei werden bezüglich des BZS Möglichkeiten diskutiert, diesen aus einer Zinsstrukturkurve (ZSK) abzuleiten. Darüber hinaus werden die damit verbundenen Probleme gezeigt. Bei dem Themenkomplex der MRP werden zwei verschiedene Ansätze zu deren Ermittlung dargestellt und analysiert. Einerseits wird die in der Praxis vorwiegend angewendete Methode der vergangenheitsorientierten Schätzung der MRP aus historischen Kapitalmarktdaten diskutiert. Andererseits wird ausführlich auf die Schätzung impliziter Kapitalkosten eingegangen.

REBIEN behandelt ebenfalls die einzelnen Parameter des CAPM.[41] Nach einer Darstellung der verschiedenen Methoden zur Ermittlung des BZS werden zwei alternative Vorschläge zur Bestimmung des Risikozuschlags diskutiert. Zum einen wird die Ermittlung anhand historischer Kapitalmarktdaten und zum anderen die Bestimmung anhand fundamentaler Faktoren des Bewertungsobjektes erläutert. Aus diesen Überlegungen werden Möglichkeiten entwickelt, die Auswahl der Ermittlungsmethode des Risikozuschlags unter Einbezug der gegebenen Rahmenbedingungen auf einen konkreten Bewertungsfall zu übertragen.

39 Vgl. WIESE (2006b).
40 Vgl. REESE (2007).
41 Vgl. REBIEN (2007).

BARK analysiert in ihrer Untersuchung, neben einer ausführlichen Diskussion der verschiedenen Ausprägungsformen des CAPM, die Interdependenzen der einzelnen Parameter dieses Modells.[42] Es werden in einer empirischen Analyse die gegenseitigen Abhängigkeiten von BZS, MRP, Beta-Faktor und Wachstumsfaktor herausgearbeitet. Dabei zeigen sich vielfältige Interdependenzen der untersuchten Parameter, welche anschließend dargestellt und näher erläutert werden.

LÜTKESCHÜMER untersucht in seiner Arbeit Finanzierungsrisiken bei der Ermittlung des Kapitalisierungszinssatzes.[43] Der mittels einer Peer Group-Analyse ermittelte Beta-Faktor muss an die künftige Kapitalstruktur des Bewertungsobjektes angepasst werden. Die hierzu in der Literatur entwickelten Anpassungsformeln werden kritisch diskutiert, wobei detailliert auf die den Anpassungsformeln zugrunde liegenden Annahmen eingegangen wird. Anschließend folgt eine Operationalisierung der einzelnen in die Anpassungsformel einfließenden Parameter, womit operable Handlungsvorgaben für eine Umsetzung in die Praxis der Unternehmensbewertung gegeben werden.

Wie zu erkennen ist, unterscheiden sich die dargestellten Untersuchungen zum Kapitalisierungszinssatz nicht nur bezüglich der grundlegenden Forschungsfrage, sondern auch in Bezug auf die gesamte Konzeption und die angewendete Methodik. Festzustellen ist indes, dass der Praxisbezug einen immer größeren Stellenwert einnimmt. Rein theoriegetriebene Forschungen, die keine Anwendung in der Praxis der Unternehmensbewertung finden, sind nur noch selten zu beobachten. Dennoch wurden bislang noch keine Interviews mit Experten im Bereich der Unternehmensbewertung geführt, um die Ermittlung des Kapitalisierungszinssatzes nach den Vorgaben des IDW S 1 in Verbindung mit den jeweiligen Einflussfaktoren auf die Entscheidungsbildung zu analysieren. Die vorliegende Untersuchung ergänzt daher die vorgestellten Untersuchungen um diesen Aspekt und schließt somit diese Forschungslücke.

14 Definition von Ermessensspielräumen

Die vorliegende Arbeit untersucht die Ermessensspielräume bei der Ermittlung des Kapitalisierungszinssatzes für objektivierte Unternehmenswerte nach IDW S 1. Daher ist es zunächst notwendig, den dieser Arbeit zugrunde liegenden Begriff des Ermessensspielraumes zu definieren. Dieser ist eng an den Begriff des Ermessensspielraumes für bilanzpolitische Zwecke angelehnt, weshalb im Folgenden

42 Vgl. BARK (2011).
43 Vgl. LÜTKESCHÜMER (2012).

kurz auf die Instrumente der Bilanzpolitik eingegangen wird, bevor anschließend die Übertragung auf die Unternehmensbewertung folgt.

Unter Bilanzpolitik wird die bewusste und zielgerichtete Gestaltung des Jahresabschlusses im Rahmen des rechtlich Zulässigen verstanden.[44] Anzumerken ist dabei, dass die Bilanzpolitik immer unter einer bestimmten Zielsetzung betrieben wird. Die Ziele können beispielsweise die Beeinflussung der Bilanzadressaten zugunsten des Unternehmens, die Beeinflussung der Ausschüttungen an die Anteilseigner oder die Verringerung der Steuerlast sein.[45]

Die der Unternehmensleitung zur Verfügung stehenden bilanzpolitischen Instrumente können auf unterschiedliche Weise systematisiert werden.[46] Nach der Grundlage des Aktionsparameters werden Wahlrechte, Spielräume und Sachverhaltsgestaltungen unterschieden.[47] Explizite Wahlrechte liegen dann vor, wenn es dem Bilanzierenden freigestellt ist, für welche der im Gesetz festgelegten Abbildungsalternativen eines bestimmten Sachverhaltes er sich entscheidet.[48] Implizite Wahlrechte stellen aus der Rechtsprechung bzw. der Praxis abgeleitete Vorgehensweisen aufgrund unbestimmter Rechtsbegriffe oder weit gefasster Normen dar.[49] Spielräume entstehen durch die Unmöglichkeit, alle denkbaren Abbildungsalternativen zu erfassen und gesetzlich zu normieren.[50] Diese sind daher von dem Bilanzierenden bei der konkreten Ausgestaltung in Hinblick auf die Erkenntnisse in Wissenschaft, Rechtsprechung und Praxis zu würdigen und zu interpretieren.[51] Durch die Gewährung solcher Spielräume ist es für den Bilanzierenden möglich, bei der Beurteilung bestimmter Sachverhalte die Besonderheiten des Unternehmens sachgerecht abbilden zu können.[52]

Die Spielräume gliedern sich wiederum in Subsumtionsspielräume, welche vorliegen, wenn ein gegebener Sachverhalt nicht eindeutig unter einen bestimmten Tatbestand fällt und Konklusionsspielräu-

---

44 Grundlegend zur Bilanzpolitik, vgl. BAUER (1981), PFLEGER (1991), S. 21 und WÖHE (1992), S. 51-67. Mitunter wird auch von Rechnungslegungs- oder Jahresabschlusspolitik gesprochen, um deutlich zu machen, dass nicht nur die Bilanz, sondern auch alle weiteren Bestandteile des Jahresabschlusses in die zielgerichtete Gestaltung der entsprechenden Daten einbezogen werden, vgl. ZIESEMER (2002), S. 3.

45 Vgl. PFLEGER (1991), S. 23 und PEEMÖLLER (2003), S. 175.

46 Vgl. KUSSMAUL/LUTZ (1993), S. 399-401.

47 Vgl. ZIESEMER (2002), S. 17. Sachverhaltsgestaltungen werden im Folgenden nicht weiter betrachtet, da diese bei Unternehmensbewertungen für objektivierte Zwecke nicht relevant sind.

48 Vgl. VEIT (2002), S. 7.

49 Vgl. PFLEGER (1991), S. 35.

50 Vgl. DETERT (2008), S. 49 und MARETTEK (1976), S. 515.

51 Vgl. KUSSMAUL/LUTZ (1993), S. 401.

52 Vgl. ZIESEMER (2002), S. 21.

me, welche vorliegen, wenn einem Tatbestand eine bestimmte Rechtsfolge nicht eindeutig zugeordnet werden kann.[53] Letztere lassen sich wiederum in Verfahrensspielräume einerseits und Individualspielräume andererseits unterteilen.[54] Verfahrensspielräume bestehen in dem Fall, wenn verschiedene Verfahren zur Abbildung eines Sachverhaltes zur Verfügung stehen und in der anzuwendenden Rechtsnorm keine der genannten Methoden explizit genannt wird.[55] Aufgrund der vergleichbaren Wirkung von expliziten Wahlrechten und Verfahrensspielräumen, werden letztere auch als faktische Wahlrechte bezeichnet.[56] Individualspielräume ergeben sich aus unvollkommenen Informationen über künftige Ereignisse und Entwicklungen.[57] In vielen Fällen müssen von dem Bilanzierenden künftige Entwicklungen prognostiziert werden, wodurch sich subjektive Spielräume ergeben.[58]

Bei der Übertragung dieser Überlegungen auf die vorliegende Untersuchung zur Ermittlung objektivierter Unternehmenswerte ist festzustellen, dass die Ziel- bzw. Zweckgebundenheit der Bilanzpolitik keine exakte Entsprechung findet. Der Bewertende tritt als neutraler Gutachter auf, ohne die Absicht, den Unternehmenswert in eine von der Unternehmensleitung des Bewertungsobjektes gewünschte Richtung zu steuern.[59] Dieser Fall könnte bei der Ermittlung subjektiver Entscheidungswerte auftreten, um beispielsweise in Kauf- oder Verkaufsituationen die eigene Verhandlungsposition zu stärken.[60] In Analogie zur Bilanzpolitik könnte dann von Bewertungspolitik gesprochen werden. Die Analyse der in diesem Fall auftretenden Ermessensspielräume ist indes nicht die Zielsetzung der vorliegenden Untersuchung.

Dennoch lassen sich die dargestellten Instrumente der Bilanzpolitik auf die Situation der Bewertung von Unternehmen übertragen. Als grundlegender Maßstab werden die Vorgaben des IDW S 1 zur Ermittlung objektivierter Unternehmenswerte herangezogen.[61] Aufgrund der Konzeption des Standards, dessen Zielsetzung es ist, einen Rahmen festzulegen, innerhalb dessen die auf den Einzelfall bezoge-

53 Vgl. BAUER (1981), S. 72-76.

54 Vgl. DETERT (2008), S. 50 und PFLEGER (1991), S. 34.

55 Vgl. VEIT (2002), S. 7.

56 Vgl. KUSSMAUL/LUTZ (1993), S. 401. Daher werden die faktischen Wahlrechte zusammen mit den expliziten Wahlrechten als wahlrechtsorientierte Bilanzpolitik bezeichnet, vgl. VEIT (2002), S. 8. Zur Übertragung faktischer Wahlrechte auf die Unternehmensbewertung, vgl. LORSON et al. (2012), S. 1621 f.

57 Vgl. BAETGE/KIRSCH/THIELE (2012), S. 118 und ZIESEMER (2002), S. 21.

58 Daher werden vor allem die Individualspielräume als geeignetes Instrument für bilanzpolitische Zwecke angesehen, vgl. PFLEGER (1991), S. 35.

59 Zur Anwendung des Beta-Faktors als Parameter zur Manipulation des Unternehmenswertes, vgl. KEUPER/DJUKANOV (2008), S. 69-71.

60 Vgl. BRÖSEL/HAUTTMANN (2007b), S. 306-308.

61 Ausführlich zum IDW S 1, dessen Zielsetzung, Vorgaben und Verbindlichkeitsgrad, vgl. Abschn. 32 und 33.

ne Bewertung durchgeführt werden muss, ergeben sich für den Bewertenden bei der Ermittlung des Kapitalisierungszinssatzes ebenfalls sowohl Wahlrechte als auch Spielräume.[62] Wahlrechte liegen immer dann vor, wenn in den Vorgaben des IDW S 1 eine Methode empfohlen wird, zugleich aber in der Theorie der Unternehmensbewertung auch andere anerkannte Verfahren bestehen, um den entsprechenden Sachverhalt abzubilden.[63] Spielräume liegen dann vor, wenn in den Vorgaben des IDW S 1 keine explizite Methode zur Abbildung des Sachverhaltes enthalten ist.[64]

Ein Ermessensspielraum im Sinne dieser Arbeit liegt somit immer dann vor, wenn bei der Ermittlung objektivierter Unternehmenswerte zu einem bewertungsrelevanten Sachverhalt entweder keine explizite Vorgabe durch den IDW S 1 zu dessen Abbildung enthalten ist oder verschiedene gleichberechtigte Methoden oder Verfahren zu dessen Abbildung genannt werden. Diese umfassen somit die oben dargestellten Wahlrechte, Verfahrens- und Individualspielräume, welche in einer konkreten Bewertungssituation von dem Bewertenden auszufüllen sind.

62 Vgl. RÄNSCH (1984), S. 202.
63 Vgl. PFLEGER (1991), S. 34.
64 Vgl. DÖRSCHELL/FRANKEN/SCHULTE (2012), S. 49.

2 Theoretische Grundlagen zur Ermittlung des Kapitalisierungszinssatzes

21 Ermittlung objektivierter Unternehmenswerte nach IDW S 1

Nach dem Zweckadäquanzprinzip ist der mit der Bewertung verbundene Zweck maßgeblich für die der Bewertung zugrunde zu legenden Annahmen und Prämissen.[1] Im IDW S 1 werden daher drei verschiedene Funktionen des Bewerters unterschieden, die Auswirkungen auf den zu ermittelnden Unternehmenswert haben.[2] Demnach kann der Bewerter eine der folgenden Funktionen wahrnehmen:[3]

- neutraler Gutachter,
- Berater oder
- Schiedsgutachter.

In der Funktion eines neutralen Gutachters wird das Wertkonzept des objektivierten Unternehmenswertes herangezogen, um den Unternehmenswert zu ermitteln. Als Berater ist es die Aufgabe des Wirtschaftsprüfers, einen subjektiven Entscheidungswert zu ermitteln. Wird der Wirtschaftsprüfer als Schiedsgutachter tätig, so hat er einen Einigungswert zwischen Parteien einer Konfliktsituation festzustellen.[4] Objektivierte Werte werden vor allem bei der Bewertung aufgrund gesetzlicher Vorschriften, wie dem Squeeze-Out, oder bei Bewertungen für Zwecke der externen Rechnungslegung, wie dem Impairment-Test, ermittelt.[5] Die Wertkonzeption des objektivierten Unternehmenswertes wird von Tei-

1 Vgl. MATSCHKE/BRÖSEL (2013), S. 801.

2 Vgl. IDW S 1 i. d. F. 2008, Tz. 12.

3 Zu einer detaillierten Gegenüberstellung der Kölner Funktionslehre und der Funktionslehre nach IDW S 1, vgl. HAYN (2003), S. 51-74.

4 Vgl. IDW S 1 i. d. F. 2008, Tz. 12.

5 Für eine ausführliche Auflistung und Beschreibung möglicher Bewertungsanlässe zur Ermittlung objektivierter Werte, vgl. WOLLNY (2012), S. 48-68.

len des Schrifttums kritisch betrachtet.[6] Diese richtet sich vor allem darauf, dass es im Sinne funktionaler Unternehmensbewertungstheorie nach der Kölner Funktionslehre neben den drei Hauptfunktionen einer Bewertung keinen „objektivierten" Unternehmenswert geben könne. Weiterhin würden entscheidende Wertdeterminanten vernachlässigt, was die Aussagefähigkeit des objektivierten Wertes mindere.[7]

Trotz dieser Kritik wird bei der vorliegenden Arbeit das Konzept des objektivierten Unternehmenswertes als grundlegende Wertkonzeption herangezogen. Daher wird im Folgenden auf die wesentlichen Annahmen bei der Ermittlung objektivierter Unternehmenswerte nach IDW S 1 eingegangen.[8] Zu den einzelnen im IDW S 1 enthaltenen Vorgaben bezüglich der Bestimmung der Parameter des Kapitalisierungszinssatzes sei auf Abschn. 33 verwiesen.

Zielsetzung der Ermittlung eines objektivierten Unternehmenswertes ist es, einen intersubjektiv nachprüfbaren Zukunftserfolgswert zu bestimmen, der unabhängig von den individuellen Nutzenvorstellungen der betroffenen Parteien ist und somit als „typisierter" Unternehmenswert interpretiert werden kann.[9] Daher müssen bei der Ermittlung des objektivierten Unternehmenswertes Prämissen gesetzt werden, die unabhängig von den konkreten Wertvorstellungen der betroffenen Parteien sind. Im Einzelnen gilt:

- Es ist anzunehmen, dass das am Bewertungsstichtag vorliegende Unternehmenskonzept fortgeführt wird.
- Es sind alle realistischen Zukunftserwartungen in Bezug auf Marktchancen und -risiken des Unternehmens bei der Wertermittlung einzubeziehen.[10]

---

6 Vgl. dazu vor allem FISCHER-WINKELMANN (2003) und FISCHER-WINKELMANN (2006) sowie die Vertreter der Kölner Funktionslehre, z. B. MATSCHKE/BRÖSEL (2013), S. 782 f. und die dort aufgeführte Literatur.

7 Vgl. BRÖSEL (2003), S. 134.

8 Auf eine vollständige Darstellung aller Annahmen wird allerdings verzichtet. Hierzu eignen sich beispielsweise die detaillierten Ausführungen bei PEEMÖLLER/KUNOWSKI (2012), S. 292-298 oder bei MATSCHKE/BRÖSEL (2013), S. 782-794.

9 Vgl. WP Handbuch 2014, Abschn. A Tz. 19. Die geforderte Objektivität betrifft dabei sowohl die Person des Bewerters als auch die zu treffenden Annahmen bei der Bewertung. Zu beachten ist, dass dies indes nicht mit der Ermittlung eines „objektiven" Wertes gleichzusetzen ist.

10 Aus diesem Grund wird bei der Beschreibung der Wertkonzeption im Schrifttum oft die Formulierung gefunden, das Unternehmen sei zu bewerten, „wie es steht und liegt", vgl. HAYN (2003), S. 52 f., PEEMÖLLER/KUNOWSKI (2012), S. 291 oder SEPPELFRICKE (2012), S. 8. Diese Formulierung ist indes in den Verlautbarungen des IDW nicht enthalten.

- Zur Ermittlung der künftigen finanziellen Überschüsse sind nur solche Maßnahmen der Unternehmensleitung einzubeziehen, die zum Bewertungsstichtag entweder schon eingeleitet oder zumindest im Unternehmenskonzept dokumentiert sind.[11]

Anwendung findet der objektivierte Unternehmenswert vor allem bei gesetzlich geregelten Bewertungsanlässen, z. B. bei Abfindung von Gesellschaftern aufgrund gesellschaftsrechtlicher Strukturmaßnahmen, da hierbei ein von den subjektiven Grenzpreisen der betroffenen Parteien unabhängiger Wert ermittelt werden muss.[12]

Bezüglich des Einbezugs persönlicher Steuern wird zwischen der Ermittlung objektivierter Informationsgrundlagen im Zuge unternehmerischer Aktivitäten und Bewertungen aufgrund vertraglicher oder gesellschaftsrechtlicher Bestimmungen unterschieden.[13] Während bei der Ermittlung von Informationsgrundlagen eine mittelbare Typisierung der persönlichen Steuerbelastung eines Anteilseigners gefordert wird, ist bei vertraglichen oder gesellschaftsrechtlichen Bewertungsanlässen eine unmittelbare Typisierung des Anteilseigners zu unterstellen.[14]

Bei der mittelbaren Typisierung wird davon ausgegangen, dass die finanziellen Überschüsse des Bewertungsobjektes und der Alternativanlage einer vergleichbaren persönlichen Besteuerung unterliegen,[15] wodurch diese nicht explizit im Bewertungskalkül erfasst werden muss.[16] Dagegen wird bei unmittelbarer Typisierung eine inländische unbeschränkt steuerpflichtige natürliche Person als stellvertretender Anteilseigner herangezogen.[17] Die Annahmen bezüglich der Höhe der persönlichen Steuerbelastung sind auf Konsistenz zur Ermittlung der künftigen finanziellen Überschüsse des Bewertungsobjektes und der Alternativanlage zu prüfen.[18]

11 Vgl. IDW S 1 i. d. F. 2008, Tz. 32.

12 Vgl. MATSCHKE/BRÖSEL (2013), S. 479. Indes ist es in der Praxis aufgrund verschiedener Aspekte nahezu unmöglich, einen solchen Wert zu bestimmen. Beispielsweise ist anzunehmen, dass die betroffenen Parteien nicht ihre wahren Grenzpreise offenlegen würden, um die Abfindungshöhe zu ihren Gunsten zu beeinflussen, vgl. WOLLNY (2012), S. 42. Es wird daher im Schrifttum diskutiert, ob der Börsenkurs als Grundlage zur Abfindungsbemessung besser geeignet ist als ein anhand von Zukunftserfolgswertverfahren ermittelter Unternehmenswert, vgl. BETZER/THIELE/BUDZINSKI (2011) und SCHULTE/KÖLLER/LUKSCH (2012).

13 Vgl. WP Handbuch 2014, Abschn. A Tz. 110-117.

14 Vgl. IDW S 1 i. d. F. 2008, Tz. 30 f.

15 Vgl. IDW S 1 i. d. F. 2008, Tz. 30.

16 Vgl. PEEMÖLLER/KUNOWSKI (2012), S. 292.

17 Vgl. IDW S 1 i. d. F. 2008, Tz. 31.

18 Vgl. WOLLNY (2012), S. 70. Detailliert zu den Äquivalenzprinzipien bei der Unternehmensbwertung, vgl. Abschn. 22. Zu einem ausführlichen Überblick über die Unterschiede zwischen mittelbarer und unmittelbarer Typisierung, vgl. JONAS (2008b).

Die bisher beschriebenen Grundsätze zur Ermittlung objektivierter Unternehmenswerte sind, zusammen mit den Vorgaben bezüglich der Erfassung von Synergieeffekten, der zugrunde zu legenden Ausschüttungsannahme und der Bestimmung des Kapitalisierungszinssatzes, in Abbildung 2.1 zusammengefasst.[19]

Grundsätze zur Ermittlung objektivierter Unternehmenswerte nach IDW S 1		
Zu erfassender Aspekt	**Tz.**	**Nach IDW S 1 geforderte Erfassung**
Bestimmung des KZS	92	Verwendung des CAPM (mittelbare Typisierung) oder des Tax-CAPM (unmittelbare Typisierung)
Bei der Wertermittlung zu berücksichtigende Maßnahmen	32	Berücksichtigung der zum Bewertungsstichtag entweder schon eingeleiteten oder zumindest im Unternehmenskonzept dokumentierten Maßnahmen
Einbezug persönlicher Steuern	43-47	Mittelbare Typisierung bei Ermittlung von Informationsgrundlagen und unmittelbare Typisierung bei vertraglichen oder gesetzlichen Bewertungsanlässen
Synergieeffekte	33 f.	Berücksichtigung unechter Synergieeffekte
Ausschüttungsannahme	35-37	Berücksichtigung des individuellen Unternehmenskonzeptes in der Detailplanungsphase. Berücksichtigung des Ausschüttungsverhaltens der Alternativanlage in der Terminal Value-Phase

Quelle: Eigene Darstellung, in Anlehnung an MATSCHKE/BRÖSEL (2013), S. 793.

Abbildung 2.1: Grundsätze zur Ermittlung objektivierter Unternehmenswerte nach IDW S 1

22 Darstellung der Äquivalenzprinzipien

221. Überblick

Bei der Unternehmensbewertung mittels Zukunftserfolgswertverfahren werden die finanziellen Überschüsse des Bewertungsobjektes mit denen einer Alternativanlage verglichen. Der Kapitalisierungszinssatz stellt somit eine Handlungsalternative zu der potentiellen Eigentümerposition dar.[20] Damit das Ergebnis der Bewertung aussagekräftig ist, müssen die aus der Alternativanlage zu erwartenden

19 Vgl. dazu auch die Ausführungen bei PEEMÖLLER/KUNOWSKI (2012), S. 292-298.

20 Vgl. BALLWIESER (2011), S. 84.

finanziellen Überschüsse denjenigen des Bewertungsobjektes in allen wesentlichen Strukturmerkmalen äquivalent sein. Dies sind speziell die Unsicherheit, die Breite und die zeitliche Struktur der finanziellen Überschüsse.[21] Eine vollständige Übereinstimmung der finanziellen Überschüsse des Bewertungsobjektes und der Alternativanlage bezüglich sämtlicher Strukturmerkmale wird aufgrund der individuellen Gegebenheiten des Bewertungsobjektes in der Praxis i. d. R. nicht zu realisieren sein. Dennoch bilden die geforderten Äquivalenzprinzipien die theoretische Grundlage zur Bestimmung des Kapitalisierungszinssatzes und werden daher im Folgenden erläutert.[22]

222. Laufzeitäquivalenz

Äquivalenz in Hinblick auf die zeitliche Struktur der zu diskontierenden finanziellen Überschüsse des Bewertungsobjektes bedeutet, dass die Alternativanlage und das zu bewertende Unternehmen die gleiche Laufzeit aufweisen.[23] Nur wenn diese Forderung der Laufzeitäquivalenz erfüllt ist, kann sichergestellt werden, dass sich Marktzinsänderungen in gleicher Weise auf das Bewertungsobjekt und die Alternativinvestition auswirken.[24] Dann ist gewährleistet, dass der sich ergebende Wert ökonomisch sinnvoll als Unternehmenswert interpretiert werden kann. Da in der Praxis meist von einer unendlichen Lebensdauer des Bewertungsobjektes ausgegangen wird, aber am Kapitalmarkt keine Möglichkeit zur Investition in ein zeitlich unbegrenzt laufendes Finanzinstrument existiert, müssen Annahmen bezüglich einer Anschlussverzinsung getroffen werden, um die Laufzeitäquivalenz herzustellen.[25]

223. Kapitaleinsatzäquivalenz

Die geforderte Kapitaleinsatzäquivalenz besagt, dass sich Alternativanlage und Bewertungsobjekt in Bezug auf die durch den Anteilseigner erbrachten Arbeitsleistungen entsprechen müssen.[26] Da die Alternativanlage meist anhand von Kapitalmarktdaten bestimmt wird und die dieser zugrunde liegenden finanziellen Überschüsse unabhängig vom Einsatz eigener Arbeitskraft sind, dürfen auch die der Bewertung zugrunde liegenden finanziellen Überschüsse des Bewertungsobjektes nur durch den Ein-

21 Vgl. WAGNER et al. (2006), S. 1014.
22 Vgl. REBIEN (2007), S. 22.
23 Vgl. BALLWIESER/LEUTHIER (1986), S. 608.
24 Vgl. WOLLNY (2012), S. 102.
25 Vgl. REBIEN (2007), S. 22. Zur Ermittlung der Anschlussverzinsung, vgl. Abschn. 341.6.
26 Vgl. BALLWIESER/LEUTHIER (1986), S. 608.

satz von Kapital erzeugt werden.[27] Der ermittelte Unternehmenswert darf somit nur die finanziellen Überschüsse berücksichtigen, die aus der Beteiligung an dem zu bewertenden Unternehmen resultieren. Werden von einem Anteilseigner zugleich Geschäftsführungsaufgaben wahrgenommen und wurde bislang kein Unternehmerlohn in der Ergebnisrechnung berücksichtigt, muss dieser kalkulatorisch bestimmt und abgezogen werden.[28]

224. Geldwertäquivalenz

Grundsätzlich können die Planungsrechnungen eines Unternehmens in realen oder nominalen Größen aufgestellt sein. In der Praxis sind diese meist in Form einer Nominalrechnung zu finden, d. h. künftige Kaufkraftverluste werden nicht abgebildet.[29] Das Kriterium der Geldwertäquivalenz fordert, dass sowohl die finanziellen Überschüsse als auch der Kapitalisierungszinssatz einheitlich in einer Real- oder einer Nominalrechnung ermittelt werden.[30] Wird diese Forderung konsistent umgesetzt, ergibt sich bei beiden Varianten der gleiche Unternehmenswert.[31] Mit dem Kriterium der Geldwertäquivalenz hängt ebenfalls das Kriterium der Währungsäquivalenz zusammen. Um eine sinnvolle Vergleichbarkeit zwischen den finanziellen Überschüssen des Bewertungsobjektes und der Alternativanlage zu gewährleisten, müssen sich beide Größen auf die gleiche Währung beziehen.[32] Hierauf ist vor allem bei der Ermittlung des Kapitalisierungszinssatzes anhand des CAPM mithilfe internationaler Kapitalmarktdaten zu achten.[33]

225. Risikoäquivalenz

225.1 Grundsätzliches zum Einbezug des Risikos

Aufgrund ungewisser künftiger Geschäftsentwicklungen sind die aus den Planungsrechnungen des zu bewertenden Unternehmens ermittelten finanziellen Überschüsse stets mit Unsicherheit verbunden.

27 Vgl. BALLWIESER (2011), S. 92.

28 Vgl. WP Handbuch 2014, Abschn. A Tz. 257. Als Maßstab wird hierbei die Vergütung einer nicht an dem Unternehmen beteiligten Geschäftsführung angesehen.

29 Vgl. BALLWIESER (2011), S. 92.

30 Vgl. WOLLNY (2012), S. 123.

31 Vgl. BALLWIESER/LEUTHIER (1986), S. 608.

32 Vgl. WP Handbuch 2014, Abschn. A Tz. 351.

33 Vgl. DÖRSCHELL et al. (2008), S. 1160-1162.

Als Risiko (oder auch Unsicherheit oder Ungewissheit) wird bei der Unternehmensbewertung sowohl die positive als auch die negative Abweichung der künftigen finanziellen Überschüsse von deren Erwartungswert verstanden.[34] Im Bewertungskalkül kann die Unsicherheit dadurch erfasst werden, dass entweder verschiedene Szenarien mit unterschiedlichen Eintrittswahrscheinlichkeiten geschätzt oder explizite Wahrscheinlichkeitsverteilungen der künftigen finanziellen Überschüsse prognostiziert werden.[35]

Damit sich ein sinnvoller Unternehmenswert ergibt, müssen die erwarteten Zahlungsströme des zu bewertenden Unternehmen und der Alternativanlage eine äquivalente Unsicherheitsdimension aufweisen.[36] Der Unsicherheitsbegriff in der Unternehmensbewertung umfasst operative Risiken und Kapitalstrukturrisiken.[37] Operative Risiken resultieren aus der allgemeinen betrieblichen Tätigkeit und der damit verbundenen Übernahme unternehmerischer Unsicherheit.[38] Diese lassen sich wiederum in das Marktrisiko und das leistungswirtschaftliche Risiko einteilen.[39] Das Kapitalstrukturrisiko umfasst sämtliche aus anteiliger Fremdfinanzierung des Unternehmens resultierende Risiken.[40]

Die Theorie der Unternehmensbewertung sieht zwei unterschiedliche Möglichkeiten vor, die Risikoäquivalenz zwischen Zähler- und Nennergröße des Bewertungskalküls herzustellen.[41] Zum einen kann ein Abschlag von dem Erwartungswert der finanziellen Überschüsse vorgenommen und die daraus resultierende Größe mit einem sicheren Kapitalisierungszinssatz auf den Bewertungsstichtag diskontiert werden (Risikoabschlagsmethode).[42] Zum anderen können die Erwartungswerte der finanziellen Überschüsse mit einem um einen Risikozuschlag erhöhten Kapitalisierungszinssatz diskontiert werden (Risikozuschlagsmethode).[43] Im Folgenden werden die beiden Methoden zur Herstellung der Risikoäquivalenz dargestellt.

34 Vgl. ERNST/SCHNEIDER/THIELEN (2012), S. 56. Damit unterscheidet sich der Risikobegriff in der Unternehmensbewertung von dem allgemeinen Sprachgebrauch, in dem als Risiko meist nur die negative Abweichung von Erwartungen verstanden wird, vgl. BAETGE et al. (2012), S. 379.

35 Vgl. BALLWIESER (2011), S. 67.

36 Vgl. BALLWIESER/LEUTHIER (1986), S. 609 und BAETGE/KRAUSE (1994), S. 434.

37 Vgl. DÖRSCHELL/FRANKEN/SCHULTE (2012), S. 14.

38 Vgl. ADERS/WAGNER (2004), S. 31.

39 Zu einer detaillierten Auflistung verschiedener Risikofaktoren, vgl. HELBLING (1998), S. 423-428.

40 Vgl. LÜTKESCHÜMER (2012), S. 46 sowie Abschn. 24.

41 Vgl. BALLWIESER (2011), S. 77-84.

42 Vgl. DRUKARCZYK/SCHÜLER (2009), S. 49-51.

43 Vgl. WOLLNY (2012), S. 97.

225.2 Risikoabschlagsmethode

Bei Anwendung der axiomatisch aufgebauten BERNOULLI-Theorie wird auf die individuelle Risikopräferenz eines Investors zurückgegriffen.[44] Es wird unterstellt, dass dieser den erwarteten Nutzen seiner Investitionsentscheidungen in Abhängigkeit seiner subjektiven Risikoeinstellung maximiert.[45] Um diese theoretischen Überlegungen bei der Unternehmensbewertung einsetzen zu können, muss die Risikonutzenfunktion U des Investors bekannt sein.[46] Diese erlaubt eine Transformation einer stochastischen Wahrscheinlichkeitsverteilung in ein Sicherheitsäquivalent.[47] Dieses repräsentiert den sicheren Geldbetrag, zu dem ein Investor bereit ist, eine mit Unsicherheit behaftete Zahlungsreihe zu tauschen.[48] Es lässt sich somit inhaltlich als nutzenäquivalenter Verkaufspreis einer Wahrscheinlichkeitsverteilung interpretieren.[49] Das Sicherheitsäquivalent $S\ddot{A}$ einer unsicheren Zahlungsreihe X_t ergibt sich somit als:

$$S\ddot{A}(X_t) = U^{-1}[E(U(X_t))] \tag{2.1}$$

Die Risikoeinstellung des Investors lässt sich anhand eines Vergleichs von Erwartungswert und Sicherheitsäquivalent ablesen. Ist beispielsweise das Sicherheitsäquivalent kleiner als der Erwartungswert, ist der Investor risikoavers.[50] Da in der Unternehmensbewertung grundsätzlich von risikoaversen Investoren ausgegangen wird,[51] kann das Sicherheitsäquivalent vereinfachend auch als Abschlag vom Erwartungswert der zugehörigen Zahlungsreihe dargestellt werden.[52] Da die Unsicherheit bei Anwendung dieser Methode durch diesen Abschlag vom Erwartungswert erfasst wird, ergibt sich der Unternehmenswert UW aus der Diskontierung des Sicherheitsäquivalentes mit dem (risikolosen) Zinssatz r_f:[53]

44 Grundlegend zur BERNOULLI-Theorie, vgl. SCHILDBACH (1996).

45 Vgl. BARK (2011), S. 37.

46 Daher wird auch von subjektivistischer oder individualistischer Berücksichtigung der bewertungsrelevanten Risiken gesprochen, vgl. DIEDRICH (2003), S. 281 sowie BAETGE et al. (2012), S. 380.

47 Aus diesem Grund wird die Risikoabschlagsmethode oft auch als Sicherheitsäquivalentmethode bezeichnet.

48 Vgl. DRUKARCZYK/SCHÜLER (2009), S. 39.

49 Vgl. BALLWIESER (2011), S. 70.

50 Vgl. DRUKARCZYK/SCHÜLER (2009), S. 39.

51 Vgl. IDW S 1 i. d. F. 2008, Tz. 88.

52 Vgl. BALLWIESER (2011), S. 77.

53 Vgl. SCHULTZE (2003), S. 263.

$$UW = \sum_{t=1}^{\infty} \frac{SÄ(X_t)}{(1+r_f)^t} \tag{2.2}$$

Neben konzeptionellen Einwänden gegen die Verwendung von Sicherheitsäquivalenten zur Berechnung des Unternehmenswertes,[54] ist vor allem die Notwendigkeit der Kenntnis der Risikonutzenfunktion des Investors ein wesentlicher Grund, warum diese Methode in der Praxis kaum eingesetzt wird.[55] Bei der Bestimmung objektivierter Unternehmenswerte müssten sogar Risikonutzenfunktionen sämtlicher Anteilseigner bestimmt werden, um diese anschließend in eine Gesamt-Risikonutzenfunktion zu transformieren. Aufgrund dieser Schwierigkeiten wird die Risikoabschlagsmethode in der praktischen Unternehmensbewertung nur in Ausnahmefällen eingesetzt.[56] Daher wird in der vorliegenden Arbeit nicht weiter auf dieses Verfahren zum Einbezug des Risikos in das Bewertungskalkül eingegangen.[57]

225.3 Risikozuschlagsmethode

Neben der Erfassung der Unsicherheit durch die Sicherheitsäquivalentmethode kann die Risikoäquivalenz hergestellt werden, indem statt der finanziellen Überschüsse der Kapitalisierungszinssatz angepasst wird. Da die prognostizierten finanziellen Überschüsse unsicher sind, muss auch der Kapitalisierungszinssatz eine entsprechende Unsicherheitsdimension aufweisen. Bei der Sicherheitsäquivalentmethode wurde diese Äquivalenz dadurch hergestellt, dass das individuelle Sicherheitsäquivalent eines Anteilseigners zur Kapitalisierung mit dem risikolosen BZS herangezogen wurde. Bei der nun zu diskutierenden Risikozuschlagsmethode wird die Äquivalenz bezüglich der Unsicherheitsdimension durch einen Zuschlag zu dem risikolosen BZS hergestellt. Der Unternehmenswert UW ergibt sich

54 Zu einer ausführlichen Diskussion im Schrifttum über die Konzeption der Sicherheitsäquivalentmethode, vgl. SCHWETZLER (2000), KÜRSTEN (2002), SCHWETZLER (2002), DIEDRICH (2003), WIESE (2003), KÜRSTEN (2003) und BALLWIESER (2011), S. 79 f.

55 Vgl. BALLWIESER (1981), S. 102 f. und BARK (2011), S. 45. HAYN schlägt als eine mögliche Methodik zur Ermittlung der Risikonutzenfunktion eine Befragung der entsprechenden Investoren vor, vgl. HAYN (2003), S. 400 f. Diese Methodik dürfte indes aufgrund praktischer Gesichtspunkte, wie der aktiven Mitwirkung der Investoren und deren Kenntnis über ihre Risikonutzenfunktion, in der Praxis der Unternehmensbewertung kaum angewendet werden, vgl. WOLLNY (2012), S. 98.

56 Vgl. SCHULTZE (2003), S. 263.

57 Ausführlicher zur Risikoabschlagsmethode und dem Einfluss der Mehrwertigkeit auf die Höhe des Kapitalisierungszinssatzes, vgl. BALLWIESER (1981), S. 99-105.

somit durch Diskontierung des Erwartungswertes der zugrunde liegenden Zahlungsreihe $E(X_t)$ mit dem um den unternehmensindividuellen Risikozuschlag z erhöhten risikolosen BZS r_f:[58]

$$UW = \sum_{t=1}^{\infty} \frac{E(X_t)}{(1 + r_f + z)^t} \tag{2.3}$$

Der Risikozuschlag z wird in der Praxis der Unternehmensbewertung meist kapitalmarktorientiert ermittelt.[59] Es wird versucht, eine über den Zinssatz einer sicheren Anlage gehende Prämie für die Übernahme unternehmerischer Unsicherheit anhand historischer Kapitalmarktdaten abzuleiten. Als Vorteil dieser Vorgehensweise wird die bessere Objektivierbarkeit des ermittelten Risikozuschlags angesehen, da im Gegensatz zu der Sicherheitsäquivalentmethode keine subjektiven Risikonutzenfunktionen verwendet werden.[60] Stattdessen wird vereinfachend davon ausgegangen, dass das durch die Kapitalmarktdaten implizit ausgedrückte Risiko für die Mehrzahl der Investoren zutreffend ist und daher auf den konkreten Bewertungsfall übertragen werden kann.[61] Vor allem bei Bewertungsanlässen, die durch eine hohe Objektivierungserfordernis geprägt sind, eignet sich demnach die Verwendung der kapitalmarktorientierten Erfassung der Unsicherheit.[62]

Zur Ermittlung des notwendigen Risikozuschlags anhand von Kapitalmarktdaten wird ein Modell benötigt, dass die Preisbildung der entsprechenden Märkte abbildet. Allerdings wurde bislang kein allgemeingültiges Modell entwickelt, welches die Preisbildung an Kapitalmärkten mit realitätsnahen Prämissen abzubilden vermag.[63] In der Praxis wird daher, trotz vielfältiger Kritik an den zugrunde liegenden restriktiven Annahmen,[64] meist auf das Kapitalpreisbildungsmodell CAPM bzw. das daraus entwickelte Tax-CAPM zur Ermittlung des Kapitalisierungszinssatzes zurückgegriffen.[65]

58 Vgl. WP Handbuch 2014, Abschn. A Tz. 331.

59 Vgl. BAETGE et al. (2012), S. 381.

60 Durch die Vielzahl an Kapitalmarktteilnehmern und die damit verbundenen Einflüsse auf die Preisbildung, kann davon ausgegangen werden, dass die am Kapitalmarkt beobachteten Renditen weitgehend objektiviert sind. Modelltheoretisch ist es ebenfalls möglich, ausgehend von der Risikonutzenfunktion des Investors, einen Zuschlag zum Kapitalisierungszinssatz zu berechnen, so dass sich bei beiden Methoden identische Unternehmenswerte ergeben. Allerdings könnte dann auch das ermittelte Sicherheitsäquivalent zur Diskontierung herangezogen werden, ohne einen Zuschlag zum Kapitalisierungszinssatz berechnen zu müssen, vgl. BARK (2011), S. 39.

61 Vgl. SCHULTZE (2003), S. 264.

62 Dies gilt beispielsweise für Bewertungen in Zusammenhang der externen Rechnungslegung, vgl. HOMMEL/PAULY/NAGELSCHMITT (2007), S. 2729.

63 Vgl. BAETGE et al. (2012), S. 381.

64 Vgl. MANDL/RABEL (2003), S. 291.

65 Vgl. ERNST/SCHNEIDER/THIELEN (2012), S. 57. Zu den Grundlagen des CAPM, vgl. Abschn. 252.

226. Verfügbarkeitsäquivalenz

Das Kriterium der Verfügbarkeitsäquivalenz besagt, dass die finanziellen Überschüsse des Bewertungsobjektes dem Anteilseigner in gleicher Weise zustehen müssen, wie die der Alternativanlage.[66] Da bei einer Unternehmensbewertung die Zuflüsse auf Ebene des Anteilseigner bewertungsrelevant sind, müssen demnach grundsätzlich auch persönliche Steuern in die Ermittlung des Unternehmenswertes einbezogen werden.[67] Dies impliziert nicht, dass das Bewertungsobjekt und die Alternativanlage derselben Besteuerung unterliegen müssen.[68] Es stellt vielmehr darauf ab, dass sichergestellt werden muss, dass der Anteilseigner die der Bewertung zugrunde liegenden finanziellen Überschüsse für seinen persönlichen Konsum verwenden kann.[69]

Damit dieses Kriterium erfüllt wird, müssen zugleich die damit zusammenhängenden Kriterien der Ausschüttungs- und der Haltedaueräquivalenz beachtet werden. Seit 2005 sieht der IDW S 1 nicht mehr die bis dahin geltende Vollausschüttungshypothese bei der Ermittlung der finanziellen Überschüsse vor. Stattdessen soll die Ausschüttungspolitik in der Detailplanungsphase anhand des geplanten Unternehmenskonzeptes herangezogen werden.[70] Aus diesem Grund muss für die Alternativanlage ebenfalls eine äquivalente Ausschüttungspolitik festgelegt werden. Für die Terminal Value-Phase wird diese Maßgeblichkeit der Eigenschaften des Bewertungsobjektes für die Alternativanlage umgekehrt.[71] Hier wird die empirisch beobachtbare Ausschüttungspolitik der Alternativanlage als der Bewertung zugrunde zu legende Ausschüttungspolitik herangezogen.[72]

Seit der Unternehmenssteuerreform 2008 sind Kursgewinne für im Privatvermögen gehaltene Unternehmensanteile steuerbar. Daher kann es durch unterschiedliche Annahmen bezüglich der Haltedauer der Unternehmensanteile und der Alternativanlage aufgrund des dann auftretenden Steuerstundungseffekt zu Auswirkungen auf den Unternehmenswert kommen.[73] Daher müssen sowohl beim Bewer-

66 Vgl. KOHL/SCHILLING (2006), S. 542.

67 Vgl. dazu ausführlich Abschn. 333.

68 Vgl. WOLLNY (2012), S. 107.

69 Früher wurde oft argumentiert, der Effekt persönlicher Steuern würde sich in Zähler und Nenner des Bewertungskalküls kürzen. Zu einer Übersicht, dass dies in allen realistischen Bewertungsfällen nicht der Fall ist, vgl. BALLWIESER (2011), S. 118 f.

70 Vgl. WP Handbuch 2014, Abschn. A Tz. 98.

71 Vgl. WOLLNY (2012), S. 118.

72 Vgl. WP Handbuch 2014, Abschn. A Tz. 103.

73 Vgl. PAWELZIK (2010), S. 965 und GÖTZ/DEISTER (2011), S. 26.

tungsobjekt als auch bei der Alternativinvestition Annahmen bezüglich der unterstellten Haltedauer getroffen werden, die einen sinnvollen Vergleich zwischen den beiden Größen zulassen.[74]

23 Kapitalisierungszinssätze in unterschiedlichen Bewertungsverfahren

Der objektivierte Unternehmenswert ist nach IDW S 1 anhand eines Zukunftserfolgswertverfahrens zu ermitteln.[75] Hierbei wird auf das klassische Ertragswertverfahren oder eine Variante der DCF-Verfahren zurückgegriffen.[76] Alle Zukunftserfolgswertverfahren beruhen dabei auf denselben investitionstheoretischen Überlegungen.[77] Der Unternehmenswert wird durch Diskontierung der geplanten künftigen finanziellen Überschüsse auf den Bewertungsstichtag ermittelt. Werden in den verschiedenen Verfahren dieselben Bewertungsprämissen bezüglich unterstellter Finanzierung, Ausschüttung und Wachstum der finanziellen Überschüsse im Bewertungskalkül unterstellt und werden diese konsistent abgebildet, ergibt sich in allen Fällen dasselbe Bewertungsergebnis.[78]

Die einzelnen Verfahren unterscheiden sich in Bezug auf zwei Dimensionen. Zum einen können als finanzielle Überschüsse entweder Jahresüberschüsse oder Cashflows[79] betrachtet werden und zum anderen können diese nur den Eigenkapitalgebern oder sowohl den Eigen- als auch den Fremdkapitalgebern zur Verfügung stehen.[80] Abhängig von der Festlegung dieser beiden Dimensionen, muss auch der Kapitalisierungszinssatz bestimmt werden. Abbildung 2.2 systematisiert die Zukunftserfolgswertverfahren in Abhängigkeit der beschriebenen Dimensionen.[81]

74 Vgl. WIESE (2007), S. 375. Zu einer Möglichkeit, die realisationsorientierte Kursgewinnbesteuerung modelltheoretisch abzubilden, vgl. DIEDRICH/STIER (2013), S. 31-35.

75 Vgl. IDW S 1 i. d. F. 2008, Tz. 7.

76 Zu einem Überblick über weitere Bewertungsverfahren, vgl. MANDL/RABEL (2012).

77 Vgl. SIEPE (1998), S. 325.

78 Vgl. IDW S 1 i. d. F. 2008, Tz. 101.

79 In beiden Fällen ist zu prüfen, ob die ermittelte Größe potentiell ausschüttungsfähig ist oder ob die Ausschüttungsfähigkeit aufgrund bestimmter Restriktionen nicht gegeben ist.

80 Eine detaillierte Erläuterung der einzelnen Zukunftserfolgswertverfahren unterbleibt an dieser Stelle. Hierzu sei auf einführende Lehrbücher der Unternehmensbewertung, wie MANDL/RABEL (2003), MATSCHKE/BRÖSEL (2013), DRUKARCZYK/SCHÜLER (2009) oder BALLWIESER (2011) verwiesen. Dort werden ebenfalls die Klassifizierung der Bewertungsverfahren in Equity- und Entity-Verfahren sowie die damit zusammenhängenden bewertungstechnischen Unterschiede erläutert.

81 Anzumerken ist, dass im Schrifttum kein Verfahren diskutiert wird, welches Jahresüberschüsse zur Diskontierung heranzieht, die Eigen- und Fremdkapitalgebern zustehen. Es wäre indes theoretisch möglich, ein solches Verfahren zu implementieren.

Systematisierung der Zukunftserfolgswertverfahren			
		Art der finanziellen Überschüsse	
		Jahresüberschüsse	Cashflows
Anspruchsebene der finanziellen Überschüsse	Eigenkapitalgeber	Ertragswertverfahren	FTE-Verfahren
	Eigen- und Fremdkapitalgeber		APV-Verfahren FCF-WACC-Verfahren TCF-WACC-Verfahren

Quelle: Eigene Darstellung.

Abbildung 2.2: Systematisierung der Zukunftserfolgswertverfahren

Den in Abschn. 22 dargestellten Äquivalenzprinzipien folgend, muss der Kapitalisierungszinssatz in Bezug auf die zur Diskontierung herangezogenen finanziellen Überschüsse definiert werden. Im Folgenden werden daher die vier in der Praxis verwendeten Zukunftserfolgswertverfahren bezüglich des jeweils anzuwendenden Kapitalisierungszinssatzes diskutiert und die Unterschiede herausgearbeitet.

Bei der Bestimmung des Unternehmenswertes anhand des klassischen Ertragswertverfahrens werden die aus den Jahresergebnissen ermittelten, den Anteilseignern zustehenden finanziellen Überschüsse zur Diskontierung herangezogen.[82] Die Ansprüche der Fremdkapitalgeber wurden in der entsprechenden Finanzplanung berücksichtigt und sind daher bereits abgegolten. Der Kapitalisierungszinssatz r_{EK} ermittelt sich daher anhand des um einen Risikozuschlag z erhöhten risikolosen Zinssatzes r_f und spiegelt somit das operative und das aus der Kapitalstruktur resultierende Risiko der Eigenkapitalgeber wider.[83] Derselbe Kapitalisierungszinssatz ergibt sich bei Ermittlung des Unternehmenswertes anhand des Flow-to-Equity-Verfahrens (FTE-Verfahren). Hierbei werden statt der aus dem Jahresabschluss ermittelten Gewinne, die den Eigentümern des Unternehmens zustehenden, ausschüttungsfähigen Cashflows zur Diskontierung herangezogen.[84] Hierzu sind Dividenden, Entnahmen oder Kapitalrückzahlungen zu zählen.[85] In beiden Fällen werden die finanziellen Überschüsse mit dem an das Risiko des Bewertungsobjektes angepassten Kapitalisierungszinssatz r_{EK} auf den Bewertungsstichtag diskontiert:[86]

82 Vgl. DÖRSCHELL/FRANKEN/SCHULTE (2012), S. 5.

83 Vgl. DÖRSCHELL/FRANKEN/SCHULTE (2012), S. 6.

84 Vgl. BAETGE et al. (2012), S. 371. Aus diesem Grund werden die entsprechenden Cashflows auch als Flow-to-Equity (FTE) bezeichnet.

85 Vgl. BALLWIESER (1998), S. 82.

86 Vgl. SCHACHT/FACKLER (2009a), S. 226.

$$r_{EK} = r_f + z \tag{2.4}$$

Bei Anwendung der sog. WACC-Verfahren (FCF-WACC-Verfahren und TCF-WACC-Verfahren)[87] werden Cashflows betrachtet, die sowohl den Eigen- als auch den Fremdkapitalgebern zustehen, also nicht um die Fremdkapitalzinszahlungen vermindert sind .[88] Der Unterschied der beiden Verfahren besteht darin, dass in einem Fall Free Cashflows und im anderen Fall Total Cashflows zur Diskontierung herangezogen werden.[89] Total Cashflows enthalten bereits den Steuervorteil aus anteiliger Fremdfinanzierung (Tax Shield), wohingegen dieser bei den Free Cashflows nicht berücksichtigt wird. Aus diesem Grund muss dieser Steuervorteil bei Anwendung des FCF-WACC-Verfahrens im Kapitalisierungszinssatz erfasst werden. Somit ergibt sich folgender Kapitalisierungszinssatz $WACC_{FCF}$ bei Anwendung des FCF-WACC-Verfahrens aus der anhand der Verschuldung berechneten Gewichtung der Eigenkapitalkosten des verschuldeten Unternehmens r_{EK} und der den Steuervorteil berücksichtigenden Fremdkapitalkosten r_{FK}:[90]

$$WACC_{FCF} = r_{EK} \cdot \frac{EK}{GK} + (1 - s) \cdot r_{FK} \cdot \frac{FK}{GK} \tag{2.5}$$

Wird das TCF-WACC-Verfahren angewendet, wird der Steuervorteil bei der Ermittlung des Kapitalisierungszinssatzes nicht berücksichtigt, da dieser bereits in dem TCF enthalten ist. Darüber hinaus stehen die TCF ebenfalls Eigen- und Fremdkapitalgebern zu, so dass sich der Kapitalisierungszinssatz $WACC_{TCF}$ für dieses Verfahren aus der Gewichtung von Eigen- und Fremdkapitalkosten ergibt:[91]

$$WACC_{TCF} = r_{EK} \cdot \frac{EK}{GK} + r_{FK} \cdot \frac{FK}{GK} \tag{2.6}$$

Das Adjusted Present Value-Verfahren (APV-Verfahren) erfasst die Auswirkungen anteiliger Fremdfinanzierung auf eine andere Weise als die bislang betrachteten Verfahren.[92] Der Unternehmenswert

87 Ausführlich zum Konzept der gewichteten Kapitalkosten („Weighted Average Cost of Capital"), vgl. BREALEY/MYERS/ALLEN (2010), S. 483-489.

88 Zur Berechnung der entsprechenden Cashflows, vgl. BLASCHKE (2009), S. 98-100.

89 Detailliert zu den Definitionen der verschiedenen Cashflow-Varianten, vgl. BEHRINGER (2007), S. 77-134.

90 Vgl. SCHMIDT (1995), S. 1097. Diese Formel wird im Schrifttum meist als „Textbook-Formula" bezeichnet.

91 Vgl. SCHACHT/FACKLER (2009a), S. 224.

92 Zu einer zusammenfassenden Gegenüberstellung der einzelnen DCF-Verfahren, vgl. KRUSCHWITZ/LÖFFLER (2003), S. 241-244.

wird in diesem Verfahren komponentenweise bestimmt, indem zunächst der Unternehmenswert bei fiktiver, reiner Eigenkapitalfinanzierung berechnet wird und anschließend der Wert anteiliger Fremdfinanzierung addiert wird.[93] Der zur Berechnung des Unternehmenswertes bei reiner Eigenkapitalfinanzierung heranzuziehende Kapitalisierungszinssatz muss demnach ebenfalls nur operative und keine aus der Kapitalstruktur resultierenden Risiken erfassen.[94] Somit ist die Renditeforderung der Eigentümer bei vollständiger Eigenkapitalfinanzierung r^u_{EK} als Kapitalisierungszinssatz anzuwenden.[95] Diese lässt sich z. B. folgendermaßen anhand der Formeln nach MODIGLIANI/MILLER aus der Renditeforderung r_{EK} ermitteln:[96]

$$r^u_{EK} = \frac{r_{EK}}{1 + (1 - s) \cdot \frac{FK}{EK}} \tag{2.7}$$

Wie an den oben beschriebenen Formeln zu erkennen ist, wird zur Ermittlung der Kapitalisierungszinssätze für die verschiedenen Zukunftserfolgswertverfahren teilweise der Marktwert des Eigenkapitals benötigt. Dieser Wert stellt indes das Ziel der Unternehmensbewertung dar, weshalb an dieser Stelle vom sog. Zirkularitätsproblem gesprochen wird.[97] Dieses kann z. B. durch iterative Berechnung oder die Annahme einer Zielkapitalstruktur gelöst werden.[98]

24 Auswirkungen anteiliger Fremdfinanzierung auf den Kapitalisierungszinssatz

Neben den operativen Risiken des zu bewertenden Unternehmens hat auch das aus der Finanzierungsstruktur resultierende Kapitalstrukturrisiko einen Einfluss auf die Höhe des Kapitalisierungszinssatzes. Im Folgenden wird näher auf den Aspekt anteiliger Fremdfinanzierung und deren Auswirkungen auf den Kapitalisierungszinssatz eingegangen.

93 Vgl. BALLWIESER (1998), S. 91.
94 Vgl. BAETGE et al. (2012), S. 407.
95 Vgl. WP Handbuch 2014, Abschn. A Tz. 190.
96 Vgl. MODIGLIANI/MILLER (1958).
97 Vgl. BAETGE et al. (2012), S. 412.
98 Vgl. PANKOKE/PETERSMEIER (2009), S. 133.

Ist das zu bewertende Unternehmen vollständig mit Eigenkapital finanziert, unterliegt es lediglich den durch die betriebliche Tätigkeit verursachten operativen Risiken.[99] Wird indes zusätzlich Fremdkapital zur Finanzierung herangezogen, tritt das sog. Kapitalstrukturrisiko (auch „finanzwirtschaftliches Risiko") hinzu, da die Eigenkapitalgeber nur einen Anspruch auf die nach Abzug der vertraglich fixierten Zahlungen an die Fremdkapitalgeber verbleibenden Cashflows haben.[100]

Die dadurch resultierenden zusätzlichen Risiken können durch den Leverage-Effekt veranschaulicht werden. Dieser stellt folgenden funktionalen Zusammenhang zwischen der Eigenkapitalrendite r_{EK}, der Gesamtkapitalrendite r_{GK}, dem Fremdkapitalzinssatz r_{FK} und dem Verschuldungsgrad V des Unternehmens her.[101]

$$r_{EK} = r_{GK} + (r_{GK} - r_{FK}) \cdot V \tag{2.8}$$

An der Formel ist zu erkennen, dass sich die Substitution von Eigen- durch Fremdkapital immer dann positiv auf die Eigenkapitalrendite auswirkt, wenn die Gesamtkapitalrendite größer ist als der Fremdkapitalzinssatz. Diese Situation wird auch als Leverage-Chance bezeichnet. Die gegenteilige Situation, in der die Gesamtkapitalrendite kleiner ist als der Fremdkapitalzinssatz, wird als Leverage-Risiko bezeichnet, da in diesem Fall bei zusätzlicher Aufnahme von Fremdkapital die Eigenkapitalrendite sinkt.[102] In Abbildung 2.3 ist dieser Effekt, der auch als Leverage-Horn bezeichnet wird, dargestellt.[103]

Grundsätzlich haben die Eigenkapitalgeber nun zwei Möglichkeiten, auf das durch anteilige Fremdfinanzierung gesteigerte Risiko zu reagieren.[104] Sie können ihre Renditeforderung dem gestiegenen Risiko anpassen oder auf dem gleichen Niveau wie bei vollständiger Eigenfinanzierung belassen. Da in der Unternehmensbewertung meist von risikoscheuen Anlegern ausgegangen wird, ist nur der erste Fall theoretisch mit den weiteren Prämissen vereinbar. Unter Einbezug einer konstanten, linearen Unternehmensteuer ergibt sich folgender Zusammenhang zwischen der Rendite des vollständig eigenkapitalfinanzierten Unternehmens r_{EK}^{u}, der Rendite eines anteilig fremdfinanzierten Unternehmens r_{EK}^{v} und dem Verschuldungsgrad V.[105] Wie zu erkennen ist, setzt sich die von den Eigenkapitalge-

99 Vgl. ADERS/WAGNER (2004), S. 31.
100 Vgl. LÜTKESCHÜMER (2012), S. 46.
101 Vgl. BAETGE et al. (2012), S. 394.
102 Vgl. BAETGE/KIRSCH/THIELE (2004), S. 367.
103 Vgl. BAETGE et al. (2012), S. 395.
104 Vgl. BAETGE et al. (2012), S. 396.
105 Vgl. MODIGLIANI/MILLER (1958), S. 261-297.

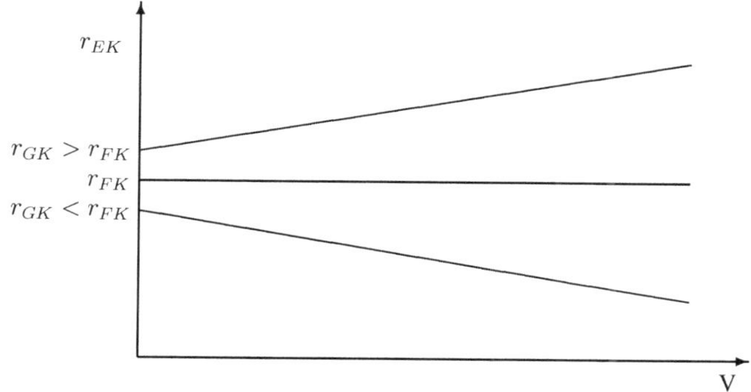

Quelle: Eigene Darstellung, in Anlehnung an BAETGE et al. (2012), S. 395.

Abbildung 2.3: Schwankungsbreite der Eigenkapitalrendite in Abhängigkeit des Verschuldungsgrades

bern geforderte Rendite aus den operativen Risiken und den Finanzierungsrisiken aufgrund anteiliger Fremdfinanzierung zusammen:[106]

$$r^v_{EK} = r^u_{EK} + (1 - s) \cdot (r^u_{EK} - r_{FK}) \cdot V \tag{2.9}$$

25 Modelle zur Ermittlung des Kapitalisierungszinssatzes in der Praxis der Unternehmensbewertung

251. Überblick

Der zur Diskontierung der künftigen finanziellen Überschüsse auf den Bewertungsstichtag herangezogene Kapitalisierungszinssatz repräsentiert die Kapitalkosten des Unternehmens. Diese können entweder nur auf die Eigenkapitalgeber oder sowohl auf Eigen- als auch auf Fremdkapitalgeber bezogen sein. Für die Kapitalgeber entspricht der Kapitalisierungszinssatz der erwarteten Rendite der Kapitalüberlas-

106 Vgl. BALLWIESER (2011), S. 103.

sung.[107] Ein intersubjektiv nachvollziehbares Modell zur Preisbildung an Kapitalmärkten eignet sich demnach dafür, den Kapitalisierungszinssatz für Zwecke einer objektivierten Unternehmensbewertung zu quantifizieren.

Das in diesem Zusammenhang am meisten diskutierte Modell stellt das CAPM dar,[108] weshalb im Folgenden auf die klassische Variante dieses Kapitalpreisbildungsmodells eingegangen wird.[109] Da nach IDW S 1 bei zahlreichen Bewertungsanlässen der Einbezug persönlicher Steuern unter einer unmittelbaren Typisierung zu erfolgen hat, wird anschließend das Tax-CAPM diskutiert, welches die Integration unterschiedlicher Besteuerungsformen bei der Ermittlung des Kapitalisierungszinssatzes erlaubt.[110]

252. Das Capital Asset Pricing Model

Das klassische CAPM basiert auf den Überlegungen zur Portfolio Selection-Theorie von MARKOWITZ, welche das Verhalten von Anlegern am Kapitalmarkt modelliert.[111] Es wurde von SHARPE,[112] LINTNER[113] und MOSSIN[114] entwickelt. Seitdem wurden zahlreiche Erweiterungen des klassischen CAPM diskutiert, welche weniger restriktive Annahmen voraussetzen,[115] weitere erklärende Faktoren zur Preisbildung einbeziehen[116] oder das Modell auf mehrere Perioden ausweiten.[117] Trotz dieser Weiterentwicklungen des ursprünglichen Modells, wird in der Praxis der Unternehmensbewertung zur Ermittlung des Kapitalisierungszinssatzes meist auf das klassische CAPM zurückgegriffen.[118]

107 Vgl. SPREMANN/ERNST (2011), S. 160. Die Unterscheidung von Kapitalkosten und Renditeerwartung ist somit nur auf die jeweilige Perspektive zurückzuführen.

108 Vgl. KRUSCHWITZ (2011), S. 359.

109 Auf eine detaillierte Beschreibung des CAPM wird dabei an dieser Stelle verzichtet. Hierzu sei auf einführende Corporate Finance-Lehrbücher wie BREALEY/MYERS/ALLEN (2010), KRUSCHWITZ/HUSMANN (2012) oder PERRIDON/STEINER/RATHGEBER (2012) verwiesen.

110 Vgl. IDW S 1 i. d. F. 2008, Tz. 31.

111 Vgl. MARKOWITZ (1952).

112 Vgl. SHARPE (1964).

113 Vgl. LINTNER (1965).

114 Vgl. MOSSIN (1966).

115 Vgl. BLACK (1972), BLACK/JENSEN/SCHOLES (1972) oder BLACK (1993).

116 Vgl. SHARPE (1977).

117 Zu einer Übersicht über mehrperiodige Varianten des CAPM, vgl. RÖDER/MÜLLER (2001), S. 228.

118 Beispielsweise verdeutlicht eine aktuelle Auswertung Schweizer Bewertungsgutachten den hohen Stellenwert des CAPM, da bei den untersuchten Gutachten kein anderes Verfahren zur Bestimmung des Kapitalisierungszinssatzes eingesetzt wurde, vgl. HÜTTCHE (2012), S. 209.

Das CAPM setzt informationseffiziente Kapitalmärkte voraus, an denen risikoscheue Investoren mit homogenen Erwartungen bezüglich sämtlicher Erwartungswerte, Varianzen und Kovarianzen der gehandelten Wertpapiere agieren.[119] Befindet sich der Kapitalmarkt im Gleichgewichtszustand, halten alle Investoren ein für sie optimales Portfolio.[120] Aufgrund der Annahme homogener Erwartungen weist dieses für alle Investoren die gleiche Struktur auf, weshalb dieses auch als Marktportfolio bezeichnet wird. Es kann gezeigt werden, dass jeder Investor sein Portfolio entsprechend den Anteilen des Marktportfolios gewichten wird. Dieses setzt sich aus sämtlichen risikobehafteten Anlageformen zusammen.[121]

Jeder Investor hat die Möglichkeit, sein Geld neben risikobehafteten Anlageformen auch in risikofreie Kapitaltitel zu investieren. Unter den getroffenen Annahmen kann gefolgert werden, dass sich für jeden Investor eine Kombination aus risikofreier Anlage und Marktportfolio als risikoeffizienteste Anlagestrategie erweist.[122] Hierbei hat der Investor abhängig von seinen individuellen Risikoeinstellungen zu entscheiden, wie er die Anlage gewichtet.[123] Die aus diesen möglichen Linearkombinationen entstehende Gerade wird Kapitalmarktlinie (Capital Market Line) genannt.[124] Diese stellt den Zusammenhang zwischen erwarteter Rendite und der Übernahme von Marktpreisrisiken bei effizienten Anlagestrategien dar.

Aus der Kapitalmarklinie lassen sich Gleichgewichtspreise für das Risiko der im Marktportfolio enthaltenen Wertpapiere ermitteln.[125] Als erwartete Rendite $E(r_j)$ des Wertpapiers j ergibt sich der unter der Bezeichnung CAPM bekannte funktionale Zusammenhang zwischen risikofreiem Zinssatz r_f, erwarteter Rendite des Marktportfolios $E(r_M)$ und Beta-Faktor β :[126]

$$E(r_j) = r_f + (E(r_M) - r_f) \cdot \beta_j \tag{2.10}$$

119 Vgl., auch zu einer Darstellung und kritischen Diskussion der weiteren Annahmen des Modells HAUGEN (2001), S. 201-206.

120 In diesem Fall wird auch von einer sog. Markträumung gesprochen, vgl. SCHULTZE (2003), S. 274.

121 Vgl. PERRIDON/STEINER/RATHGEBER (2012), S. 261.

122 Dies wird auch als „Two-Fund-Separation" bezeichnet, vgl. TOBIN (1958).

123 Vgl. PERRIDON/STEINER/RATHGEBER (2012), S. 264.

124 Vgl. SCHULTZE (2003), S. 271 Für eine graphische Darstellung der Kapitalmarktlinie, vgl. KUHNER/MALTRY (2006), S. 163.

125 Vgl., auch zu der mathematischen Herleitung dieses Zusammenhangs, SCHULTZE (2003), S. 273.

126 Vgl. SPREMANN/ERNST (2011), S. 163.

Im Marktgleichgewicht entspricht die erwartete Rendite einer mit Risiko behafteten Kapitalanlage somit der risikofreien Rendite r_f zuzüglich eines individuellen Risikozuschlages.[127] Für Zwecke der Unternehmensbewertung ist nun diese erwartete Rendite $E(r_j)$ zur Diskontierung der künftigen finanziellen Überschüsse des Bewertungsobjektes zu verwenden. Dem liegt der Gedanke zugrunde, dass ein diversifizierter Kapitalmarktteilnehmer auf diese Weise einen Anteil eines Wertpapieres innerhalb des Marktportfolios bewerten würde.[128] Die durch diesen linearen Zusammenhang entstehende Gerade wird als Wertpapierlinie (Security Market Line) bezeichnet und ist in Abbildung 2.4 dargestellt.[129]

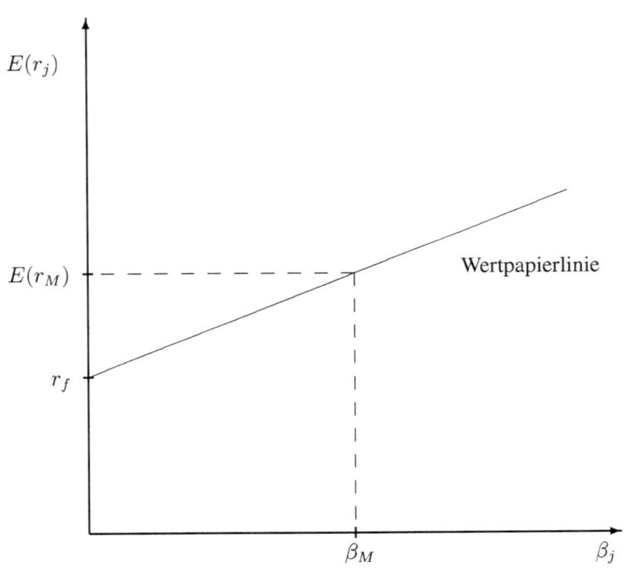

Quelle: Eigene Darstellung, in Anlehnung an HAUGEN (2001), S. 231.

Abbildung 2.4: Darstellung der Wertpapierlinie

127 Vgl. PERRIDON/STEINER/RATHGEBER (2012), S. 266.

128 Vgl. KUHNER/MALTRY (2006), S. 166.

129 Vgl. DÖRSCHELL/FRANKEN/SCHULTE (2012), S. 23. Zu einer Gegenüberstellung von Kapitalmarkt- und Wertpapierlinie, vgl. HAUGEN (2001), S. 210.

Der in der Gleichung des CAPM auftretende Beta-Faktor β_j spiegelt die relative Höhe des Risikos des entsprechenden Wertpapiers in Bezug auf das zugrunde gelegte Marktportfolio wider.[130] Er ist definiert als Quotient aus der Kovarianz zwischen der erwarteten Rendite des Wertpapiers j und des Marktportfolios $Cov(r_j, r_M)$ und der Varianz des Marktportfolios $Var(r_M)$.[131] Dem Beta-Faktor kommt vor allem deshalb eine wichtige Funktion zu, da er den einzigen unternehmensspezifischen Parameter des CAPM darstellt, da die risikofreie Anlage r_f und die erwartete Rendite des Marktportfolios $E(r_M)$ für alle Kapitalmarktteilnehmer die gleiche Höhe aufweisen.[132] Wie der Abbildung zu entnehmen ist, weist die risikofreie Anlage r_f gerade einen Beta-Faktor von Null und das Marktportfolio einen Beta-Faktor von eins auf.[133]

Kennzeichnend für das CAPM ist, dass nur systematische Risiken einen Einfluss auf die erwartete Rendite haben.[134] Alle unsystematischen Risiken, denen nur einige der am Markt tätigen Unternehmen ausgesetzt sind, können durch Diversifikation eliminiert werden.[135] Ein im Sinne der Portfolio-Theorie effizientes Portfolio weist somit kein unsystematisches Risiko auf, weshalb die Übernahme solcher Risiken bei der Ermittlung der Renditeforderung anhand des CAPM nicht zusätzlich abgegolten wird.[136]

Vor allem wegen der restriktiven und nicht realitätsnahen Annahmen ist das CAPM ständiger Kritik ausgesetzt.[137] Empirische Überprüfungen weisen ebenfalls ein sehr uneinheitliches Bild auf, so dass weder eine empirische Bestätigung noch eine klare Ablehnung der Modellannahmen belegt werden kann.[138] Denoch sind vor allem zwei Gründe ausschlaggebend dafür, dass in der Praxis der Unternehmensbewertung weiterhin auf das CAPM zur Bestimmung des Kapitalisierungszinssatzes zurück-

130 Vgl. PERRIDON/STEINER/RATHGEBER (2012), S. 267. Diese Darstellung des CAPM wird daher auch als Beta-Schreibweise bezeichnet, vgl. DRUKARCZYK/SCHÜLER (2009), S. 56. Alternativ kann der Zusammenhang auch anhand der sog. Lambda-Schreibweise dargestellt werden, vgl. KRUSCHWITZ (2011), S. 363. Ausführlich zur Funktion des Beta-Faktors für Zwecke der objektivierten Unternehmensbewertung, vgl. Abschn. 343.

131 Vgl. HAUGEN (2001), S. 211.

132 Vgl. KOLLER/GOEDHART/WESSELS (2010), S. 239.

133 Vgl. SCHULTZE (2003), S. 274. Es gilt auch die Umkehrung dieser Aussage, dass jede Anlage, die einen Beta-Faktor von eins aufweist, eine erwartete Rendite in Höhe derjenigen des Marktportfolios besitzt, vgl. SPREMANN/ERNST (2011), S. 164.

134 Vgl. KUHNER/MALTRY (2006), S. 167. Zu den systematischen Risiken sind alle Risiken zu zählen, denen jedes am Markt teilnehmende Unternehmen ausgesetzt ist. Dieses wird daher auch als Marktrisiko bezeichnet.

135 Vgl. SPREMANN/ERNST (2011), S. 168.

136 Vgl. PERRIDON/STEINER/RATHGEBER (2012), S. 267. Indes erscheint die Vernachlässigung unsystematischer Risiken in vielen praktischen Fällen als nicht zweckgerecht, vgl. BALLWIESER (2011), S. 98.

137 Vgl. beispielsweise MATSCHKE/BRÖSEL (2013), S. 32-51, KUHNER/MALTRY (2006), S. 166.

138 Zu einem Überblick über verschiedene Studien zur Gültigkeit des CAPM sei auf HAUGEN (2001), S. 236-254 verwiesen. Eine besondere Schwierigkeit der empirischen Überprüfung liegt darin, dass durch das CAPM erwartete Renditen modelliert werden, während am Kapitalmarkt realisierte Renditen zu beobachten sind. Zu den Implikationen dieser

gegriffen wird. Zum einen aufgrund der durch dieses Modell gegebenen Möglichkeit, intersubjektiv nachprüfbare Kapitalisierungszinssätze ermitteln zu können, die auf den Einschätzungen sämtlicher Kapitalmarktteilnehmer beruhen,[139] und zum anderen aufgrund der Tatsache, dass bislang kein theoretisch fundiertes Alternativmodell zum CAPM entwickelt wurde.[140]

253. Das Tax-Capital Asset Pricing Model

Die ursprüngliche Version des CAPM berücksichtigt keine persönlichen Steuern. Da diese indes einen Einfluss auf die Anlageentscheidungen von Kapitalmarktteilnehmern haben,[141] wurde bereits im Jahr 1969 ein alternatives Modell (sog. Tax-CAPM) entwickelt, welches persönliche Steuern explizit in die Berechnung der Gleichgewichtsrendite einbezieht.[142]

Zu beachten ist, dass bei Anwendung des Tax-CAPM kein linearer Zusammenhang zwischen der Nachsteuerrendite und dem Beta-Faktor auf Ebene des einzelnen Marktteilnehmers gegeben ist. Stattdessen ergibt sich dieser Zusammenhang erst bei einer über alle Kapitalmarktteilnehmer gemittelten Steuerquote.[143] Daher wird in der Praxis der Unternehmensbewertung regelmäßig von einer steuerlich homogenen Gruppe von Kapitalmarktteilnehmern ausgegangen. Bei der Ermittlung objektivierter Unternehmenswerte wird beispielsweise typisierend von einer inländische unbeschränkt steuerpflichtigen natürlichen Person als Anteilseigner ausgegangen.[144]

Anhand des Tax-CAPM werden Gleichgewichtsrenditen unter Berücksichtigung differenzierter Besteuerung unterschiedlicher Kapitaleinkünfte berechnet.[145] Im derzeit in Deutschland gültigen Abgel-

---

unterschiedlichen Renditen in Bezug auf empirische Überprüfungen des CAPM, vgl. HAGEMEISTER/KEMPF (2010) und SPREMANN/ERNST (2011), S. 168-171.

139 Vgl. JONAS (2008b), S. 828.

140 Vgl. LÖFFLER (2007), S. 809.

141 Vgl. JONAS (2008b), S. 826.

142 Grundlegend zum Tax-CAPM vgl. BRENNAN (1970). Ein ähnliches aus dem CAPM entwickeltes Modell zur Berücksichtigung persönlicher Steuern liefern LITZENBERGER/RAMASWAMY (1979). Zur Übertragung auf das in Deutschland damals gültige Halbeinkünfteverfahren vgl. WIESE (2004) sowie auf das derzeit gültige Abgeltungsteuersystem vgl. WIESE (2007). Zu einer mehrperiodigen Version des Modells, vgl. MAI (2006) und GRÖGER (2007), S. 1273-1278. Grundlage der Übertragung auf den Mehrperiodenfall bildet dabei die Arbeit von FAMA, der gezeigt hat, unter welchen Annahmen eine solche Übertragung des CAPM möglich ist, vgl. FAMA (1977).

143 Vgl. WAGNER/SAUR/WILLERSHAUSEN (2008), S. 738.

144 Vgl. IDW S 1 i. d. F. 2008, Tz. 31. Vgl. dazu auch die Ausführungen zur mittelbaren und unmittelbaren Typisierung der Anteilseigner bei JONAS (2008b) sowie in Abschn. 333.

145 Vgl. BEYER (2006), S. 8.

tungsteuersystem werden Zinsen, Dividenden und Veräußerungsgewinne steuerlich gleich behandelt. Der einheitliche Abgeltungsteuersatz τ_e auf die genannten Einkunftsarten beträgt unabhängig von dem persönlichen Progressionstarif der Einkommensteuer des Anteilseigners 25 %. Werden Kursgewinne seltener als periodisch vereinnahmt, liegt der entsprechende Steuersatz τ_k aufgrund des dadurch bedingten Steuerstundungseffektes unterhalb des einheitlichen Abgeltungsteuersatzes.[146]

Unter diesen Voraussetzungen ermittelt sich die erwartete Nachsteuerrendite r^{nSt} über den folgenden Zusammenhang zwischen risikolosem Zinssatz r_f, einheitlichem Abgeltungsteuersatz τ_e, Kursgewinnsteuersatz τ_k, Rendite des Marktportfolios r_M, Dividende des Marktportfolios d_M und Beta-Faktor des Bewertungsobjektes β:[147]

$$r^{nSt} = r_f \cdot (1 - \tau_e) + [r_M \cdot (1 - \tau_k) + d_M \cdot (1 - \tau_e) - r_f \cdot (1 - \tau_e)] \cdot \beta$$

Da das Tax-CAPM auf den gleichen kapitalmarkttheoretischen Überlegungen wie das CAPM beruht, treten der BZS, die MRP und der Beta-Faktor in beiden Modellen als Parameter auf.[148] Diese sind, unabhängig von der Wahl des Kapitalpreisbildungsmodells in beiden Fällen auf die gleiche Weise zu bestimmen. In der vorliegenden Arbeit kann daher auf eine Unterscheidung der Ermittlung der Parameter bei mittelbarer und unmittelbarer Typisierung verzichtet werden.

146 Vgl. WIESE (2007), S. 369. Zu einer detaillierten Untersuchung der Auswirkungen verschiedener Strategien der Realisierung von Kursgewinnen auf den Unternehmenswert, vgl. HOFFMANN/NIPPEL (2012), S. 1314-1332.

147 Vgl. JONAS (2008b), S. 829. Zu einer ausführlichen Herleitung der Gleichung sei auf die Darstellung bei BARK (2011), S. 78-83 verwiesen.

148 Vgl. WP Handbuch 2014, Abschn. A Tz. 333.

3 Theoretische Analyse der Ermessensspielräume bei der Ermittlung des Kapitalisierungszinssatzes nach IDW S 1

31 Überblick

In diesem Kapitel werden die Ermessensspielräume bei der Ermittlung des Kapitalisierungszinssatzes theoretisch analysiert. Dafür wird zunächst ausführlich auf den maßgeblichen Bewertungsstandard IDW S 1 eingegangen. Es werden die Zielsetzung des Standards, dessen Verbindlichkeitsgrad für Wirtschaftsprüfer und andere mit der Bewertung von Unternehmen befasste Berufsgruppen sowie die inhaltliche Entwicklung bezüglich der Vorgaben zur Ermittlung des Kapitalisierungszinssatzes diskutiert.

Anschließend wird detailliert auf die derzeit gültige Fassung des Standards eingegangen und die aktuell vom IDW empfohlenen Vorgaben zur Ermittlung des Kapitalisierungszinssatzes für objektivierte Zwecke dargestellt. Neben den Vorgaben bezüglich der Berücksichtigung des Risikos und persönlicher Steuern werden in diesem Zusammenhang vor allem die Vorgaben zur Bestimmung der Parameter des CAPM dargestellt. Hieraus werden anschließend die sich für den Bewertenden ergebenden Ermessensspielräume bei der Bestimmung des Kapitalisierungszinssatzes detailliert analysiert. Im Einzelnen wird auf den BZS, die MRP und den Beta-Faktor eingegangen.

Der Beta-Faktor stellt den Analyseschwerpunkt dieser Untersuchung dar, da dieser einerseits im CAPM und im Tax-CAPM den einzigen unternehmensindividuellen Parameter repräsentiert. Andererseits zeigt sich, dass durch den IDW S 1 nur sehr wenige Vorgaben zur Ermittlung dieses Faktors gegeben werden, so dass sich für den Bewertenden zahlreiche Ermessensspielräume ergeben. Diese umfassen beispielsweise die bei der Bestimmung des Beta-Faktors anhand einer Regressionsanalyse historischer Kapitalmarktdaten zu wählenden Parameter des Referenzindex, des Beobachtungszeitraumes und des Renditeintervalls.

Zudem wird in der weiteren Analyse auf die Besonderheiten bei der Bestimmung des Beta-Faktors anhand einer Peer Group-Analyse eingegangen. So wird der im Schrifttum meist nur wenig beachtete Aspekt der Bestimmung geeigneter Vergleichsunternehmen ausführlich behandelt. Daneben wird auf die Anpassung des Beta-Faktors an die künftig vom zu bewertenden Unternehmen geplante Finanzierungspolitik und die Verwendung statistischer Gütekriterien zur Abschätzung der Güte des ermittelten Beta-Faktors eingegangen.

32 Der IDW S 1: Grundsätze zur Durchführung von Unternehmensbewertungen

321. Das Institut der Wirtschaftsprüfer in Deutschland

Das IDW ist ein in der Rechtsform eines eingetragenen Vereins organisierte Vereinigung, welche als Zielsetzung die Förderung der Fachgebiete des Wirtschaftsprüfers und das Eintreten für die Interessen des Wirtschaftsprüferberufes hat.[1] Das IDW ist somit ein Zusammenschluss von Wirtschaftsprüfern und WP-Gesellschaften, bei dem die Mitgliedschaft auf freiwilliger Basis beruht.[2] Dem IDW gehören derzeit 13.079 ordentliche Mitglieder an, von denen 12.026 Wirtschaftsprüfer und 1.053 WP-Gesellschaften sind. Damit sind ca. 83 % aller Wirtschaftsprüfer in Deutschland im IDW organisiert.[3]

Aus der übergeordneten Zielsetzung des IDW leiten sich verschiedene Teilziele ab. Herauszustellen ist dabei das Ziel, einheitliche Grundsätze der unabhängigen, eigenverantwortlichen und gewissenhaften Berufsausübung zu entwickeln und dafür einzutreten, dass deren Einhaltung durch die Mitglieder sichergestellt wird.[4] Zur Umsetzung dieser Zielsetzung dienen neben der Unterstützung der Tagesarbeit der Mitglieder[5] vor allem die durch den Hauptfachausschuss (HFA) sowie weiterer Gremien des IDW veröffentlichten Verlautbarungen.[6] Zu den Verlautbarungen sind Fachgutachten, Prüfungsstandards, Stellungnahmen zur Rechnungslegung und Standards zu zählen.[7] Diese legen die Berufsauffassung

1 Vgl. IDW (2005b), § 2 Abs. 1.
2 Vgl. Reimann (2009), S. 40.
3 Stand: 01.01.2015.
4 Vgl. IDW (2005b), § 2 Abs. 2.
5 Vgl. Naumann (2003), S. 26-28.
6 Ausführlich zur Rolle des HFA des IDW, vgl. Schruff (2006) und Schruff (2013).
7 Vgl. Naumann (2002), Sp. 2492.

der Wirtschaftsprüfer zu fachlichen Fragen der Rechnungslegung und Prüfung sowie zu sonstigen Gegenständen und Inhalten der beruflichen Tätigkeit dar oder tragen zu ihrer Entwicklung bei und sind daher von allen Mitgliedern des IDW zu beachten.[8]

322. Zielsetzung des IDW S 1

In dem IDW S 1 sind die Grundsätze enthalten, nach denen Wirtschaftsprüfer Unternehmen bewerten.[9] Diese leiten sich aus den Standpunkten aus Theorie, Praxis und Rechtsprechung zur Unternehmensbewertung ab. Die Zielsetzung des Standards ist es, einen Rahmen festzulegen, innerhalb dessen die auf den Einzelfall bezogene Bewertung durchgeführt werden muss. Aufgrund der Komplexität und der großen Anzahl an bewertungsrelevanten Einflüssen kann der Standard keine auf alle Bewertungsfälle zutreffende Norm darstellen.[10]

Die Vorgaben des Standards sind daher als Empfehlungen des Berufsstandes der Wirtschaftsprüfer zu verstehen, nach denen sich die Bewertung richten sollte.[11] Sie bilden daher eine Art Leitlinie oder Aktionsrahmen der Bewertung, ohne explizite Hinweise auf die praktische Umsetzung.[12] Die relativ abstrakt gehaltenen Vorgaben des Standards werden ergänzt und kommentiert durch die Ausführungen des WP Handbuchs. Dieses ist auch formal an die Gliederung des Standards angepasst worden, um den Bewertenden die Auslegung der Vorgaben zu erleichtern.[13]

8 Vgl. IDW (2005b), § 4 Abs. 9.

9 Vgl. IDW S 1 i. d. F. 2008, Tz. 1.

10 Allgemein zu der Zielsetzung von Grundsätzen ordnungsmäßiger Unternehmensbewertung, vgl. MOXTER (1983), POOTEN (1999) und MATSCHKE/BRÖSEL (2013), S. 761-794.

11 Vgl. DÖRNER (1983), S. 552. Ausführlich zum Verbindlichkeitsgrad des Standards für Wirtschaftsprüfer und andere Berufsgruppen, vgl. Abschn. 323. Anzumerken ist, dass neben dem IDW auch andere Organisationen Grundsätze zu Unternehmensbewertungen herausgeben. Als Beispiele seien die „International Valuation Standards" des IVSC oder die „Best Practice Empfehlungen der DVFA zur Unternehmensbewertung" der DVFA Expert Group „Corporate Transactions and Valuation"genannt. Zu einer Diskussion dieser beiden Veröffentlichungen, vgl. BARTHEL (2010) und PAWELZIK (2012b) (zu den IVS) sowie OLBRICH/RAPP (2012) und SCHWETZLER/ADERS/ADOLFF (2012) (zur DVFA). Eine Gegenüberstellung internationaler Standards zur Unternehmensbewertung findet sich bei NICKLAS (2008).

12 Vgl. PEEMÖLLER (2001), S. 1401.

13 Vgl. WP Handbuch 2014, Abschn. A Tz. 1. Im weiteren Verlauf dieser Arbeit werden daher stets die Vorgaben des Standards, die ergänzenden Kommentierungen des WP Handbuchs und die weiteren Veröffentlichungen des FAUB (bzw. früher des AKU) parallel betrachtet und einheitlich als Vorgaben zur Ermittlung objektivierter Unternehmenswerte nach IDW S 1 bezeichnet.

Trotz der Konkretisierungen der Vorgaben des Standards durch das WP Handbuch, stellen diese für den Bewertenden kein „Rezept“ für die Ermittlung der für die Bewertungen notwendigen Daten dar.[14] Aus diesen Gründen bestehen für den Bewertenden zahlreiche Ermessensspielräume, die sachgerecht und einzelfallspezifisch ausgelegt werden müssen. Die in der Theorie entwickelten Möglichkeiten zur Ausgestaltung der Ermessensspielräume stehen im Mittelpunkt dieser Arbeit und werden in Abschn. 34 detailliert untersucht.[15]

Neben dieser übergeordneten Zielsetzung des Standards zur Bereitstellung eines Rahmens zur Durchführung einer Unternehmensbewertung, dienen die Vorgaben auch zur Absicherung und Vereinheitlichung der Berufspraxis.[16] Durch die Vorgabe von Grundsätzen und Handlungsempfehlungen können sich sowohl die Bewertenden als auch die Bewertungsadressaten auf diese berufen, was die Kommunizierbarkeit und die Akzeptanz der zugrunde liegenden Bewertung erhöht. Dies ist vor allem vor dem Hintergrund zu sehen, dass Unternehmensbewertungen aufgrund der Zukunftsbezogenheit stets mit Schätzungen über künftige Szenarien zusammenhängen. Durch Vorgaben eines Standards ist es möglich, eine einheitliche und von allen betroffenen Parteien akzeptierte Vorgehensweise zu institutionalisieren.

Eine weitere Zielsetzung des Standards ist es, einer möglichen Haftung des Gutachters entgegenzuwirken.[17] Vor allem bei Bewertungen in Zusammenhang mit gesellschaftsrechtlichen Umstrukturierungen kommt es häufig vor, dass ein Gericht über die Gültigkeit des angefertigten Gutachtens zu entscheiden hat. Wurden die Vorgaben des IDW S 1 bei der Erstellung des Gutachtens nicht beachtet bzw. abweichende Vorgehensweisen nicht ausführlich im Gutachten dargelegt, ist es nicht auszuschließen, dass der unterzeichnende Gutachter für den entstandenen Schaden haften muss.

Indes sind die Vorgaben des Standards, vor allem mit der vorrangigen Zielsetzung der Bereitstellung eines Rahmens zur Durchführung einer Unternehmensbewertung auch zahlreicher Kritik ausgesetzt. Hierbei wird vor allem das Konzept des objektivierten Unternehmenswertes sowie die nur sehr vage formulierten Vorgaben kritisch betrachtet.[18] Die Grundsätze seien so formuliert, dass sie jeder Bewer-

14 Vgl. DÖRNER (1983), S. 551.

15 Dies steht nicht im Widerspruch zu den Ausführungen von NICKLAS, der die Verringerung von Ermessensspielräumen als eine wichtige Zielsetzungen des Standards ansieht. Hierbei sind indes nicht Ermessensspielräume im Sinne dieser Arbeit zu verstehen, sondern die allgemeine, bewertungstechnische Willkür des Gutachters, vgl. NICKLAS (2008), S. 6.

16 Vgl. DÖRNER (1983), S. 549.

17 Vgl. GROSSFELD (2012), S. 3 Rn. 9.

18 Vgl. FISCHER-WINKELMANN (2009).

tung gerecht würden und nur das ausschließen, was faktisch von Vornhinein ausgeschlossen sei.[19] Aus Sicht der Kritiker hätten die Vorgaben des IDW S 1 daher keinen Normcharakter.[20]

323. Verbindlichkeitsgrad des IDW S 1

In dem folgenden Abschnitt wird die Frage diskutiert, welchen Verbindlichkeitsgrad der IDW S 1 aufweist. In diesem Zusammenhang werden zunächst unterschiedliche Verbindlichkeitsgrade definiert und anschließend überprüft, welcher Kategorie der IDW S 1 zuzuordnen ist. Weiterhin wird darauf eingegangen, welche Rolle der Standard für Wirtschaftsprüfer und andere sich mit Unternehmensbewertungen befassende Berufsgruppen einnimmt.

Eine mögliche Klassifikation in Bezug auf den Verbindlichkeitsgrad stellt eine Einteilung in Rechtsnormen, Fachnormen und Empfehlungen dar.[21] Rechtsnormen werden von der Gesetzgebung bestimmt und sind verpflichtend anzuwenden. Ein Beispiel für eine Rechtsnorm stellen die Grundsätze ordnungsmäßiger Buchführung der handelsrechtlichen Rechnungslegung dar.[22] Hiervon unterscheiden sich die i. d. R. von Gremien oder Institutionen festgelegten Fachnormen, die nur für den jeweiligen Berufsstand verbindlich anzuwenden sind. Empfehlungen stellen hingegen lediglich Hilfestellungen ohne verbindlichen Charakter dar. Im Folgenden wird untersucht, welcher Kategorie der IDW S 1 zuzuordnen ist.

Der IDW S 1 wurde nicht von der Gesetzgebung sondern von einem privaten Verein festgesetzt und stellt daher keine Rechtsnorm dar.[23] Eine mit einer Unternehmensbewertung beauftragte Person ist somit nicht zur Anwendung der Grundsätze des IDW S 1 verpflichtet. Ebenso sind sachverständige Gutachter in Zweifelsfällen vor Gericht nicht an die Regelungen des Standards gebunden.[24] Dennoch kann davon gesprochen werden, dass dem IDW S 1 eine „rechtsnormähnliche Qualität" beigemessen werden kann.[25]

19 Vgl. FISCHER-WINKELMANN (2003), S. 85.
20 Vgl. FISCHER-WINKELMANN (2009), S. 344.
21 Vgl. NICKLAS (2008), S. 8 f.
22 Ausführliche Darstellungen der Grundsätze ordnungsmäßiger Buchführung finden sich in LEFFSON (1987) und BAETGE/KIRSCH/THIELE (2012), S. 105-144.
23 Vgl. GROSSFELD (2012), S. 2 Rn. 6 und WÜSTEMANN (2010), S. 1715.
24 Vgl. GROSSFELD (2012), S. 3 Rn. 9.
25 Vgl. PEEMÖLLER (2001), S. 1401.

Da die Anwendung sämtlicher IDW Standards für Mitglieder des IDW eine satzungsmäßige Pflicht darstellt,[26] ist auch der IDW S 1 als eine Fachnorm für Wirtschaftsprüfer zu klassifizieren.[27] Der verbindliche Charakter des IDW S 1 ergibt sich vor allem daraus, dass dieser die Auffassungen des Berufsstandes der Wirtschaftprüfer zu fachlichen Fragen der Unternehmensbewertung enthält.[28] Wird den Ausführungen und Vorgaben des Standards indes von einem Wirtschaftsprüfer nicht die gebotene Beachtung geschenkt, kann dies sowohl zivil- als auch berufsrechtlich zu seinem Nachteil ausgelegt werden.[29] Auch wenn sich die Ausführungen im WP Handbuch nur auf Fachgutachten, Prüfungsstandards und Stellungnahmen zur Rechnunglegung und nicht explizit auf die veröffentlichten Standards beziehen, ist davon auszugehen, dass auch bei Nichtbeachtung eines Standards die gleichen berufsrechtlichen Konsequenzen drohen.[30] In Einzelfällen kann es dennoch gerechtfertigt sein, von den Grundsätzen des IDW S 1 abzuweichen. In diesen Fällen muss die Abweichung im Bewertungsgutachten begründet werden.[31]

Da Unternehmensbewertungen häufig in Zusammenhang mit gesellschaftsrechtlichen Strukturmaßnahmen durchgeführt werden, bilden Unternehmensbewertungsgutachten die Grundlage gerichtlicher Auseinandersetzungen. Daher ist der Akzeptanz des IDW S 1 durch die Rechtsprechung eine besondere Bedeutung zuzumessen.[32] In nahezu jedem von einem Wirtschaftsprüfer angefertigten Gutachten findet sich ein Verweis auf die Ausführungen des IDW S 1.[33] Aus diesem Grund muss sich auch die Rechtsprechung regelmäßig mit den Vorgaben des Standards und deren konkreter Umsetzung im Einzelfall auseinandersetzen.[34] Dabei kann festgestellt werden, dass die Gerichte teilweise Verweise auf Textstellen des Standards als Referenz zulassen, indes auch bei Verweis auf den Standard eine Über-

---

26 Vgl. IDW (2005b), § 4 Abs. 9.

27 Vgl. SCHRUFF (2006), S. 1 f.

28 Vgl. DÖRNER (1983), S. 549.

29 Vgl. LENZ (2006), S. 1165 und REIMANN (2009), S. 61. Anzumerken ist, dass die Satzung des IDW keine expliziten Vereinsstrafen vorsieht. Zu Argumenten für die Aufnahme expliziter Vereinsstrafen in die Satzung des IDW, vgl. BIENER (1987), S. 56.

30 Diese schließen Regressfälle, Verfahren der Berufsaufsicht und Strafverfahren ein, vgl. WP Handbuch 2012, Abschn. B Tz. 12.

31 Vgl. WP Handbuch 2012, Abschn. B Tz. 12.

32 Vor allem in den letzten Jahren hat dabei die Anzahl der Spruchverfahren aufgrund gesellschaftsrechtlicher Auseinandersetzungen zugenommen, vgl. HACHMEISTER/RUTHARDT/LAMPENIUS (2011b).

33 Vgl. PEEMÖLLER (2005), S. 56. In diesem Zusammenhang wurden von der DVFA ebenfalls Empfehlungen zur Unternehmensbewertung bei gerichtlichen Auseinandersetzungen zur Abfindungspraxis veröffentlicht, vgl. „Best Practice Empfehlungen der DVFA zur Unternehmensbewertung" und SCHWETZLER/ADERS/ADOLFF (2012). Zu einer kritischen Betrachtung dieser Empfehlungen, vgl. OLBRICH/RAPP (2012).

34 Vgl. beispielsweise WÜSTEMANN (2010) und WÜSTEMANN (2012).

prüfung für notwendig erachten. Auch andere, sachgerechte Lösungen und Auslegungen werden von den Gerichten akzeptiert.[35] So liegt es im Einzelfall an dem zuständigen Richter, normative Vorgaben zu erstellen.[36]

Eine ebenfalls in diesem Kontext diskutierte Fragestellung ist die Zulässigkeit einer rückwirkenden Anwendung des IDW S 1.[37] Diese Problemstellung tritt immer dann auf, wenn während eines laufenden Gerichtsverfahrens ein neuer Standard(-entwurf) veröffentlicht wird.[38] Die zentrale Frage dabei ist, ob der Bewertung der zum Bewertungsstichtag oder der zum Bewertungszeitpunkt gültige IDW S 1 zugrunde gelegt werden soll.[39] An dieser Stelle wird nicht vertiefend auf die zugrunde liegende Problematik eingegangen. Indes zeigt die in diesem Zusammenhang geführe Diskussion deutlich, welchen Stellenwert der IDW S 1 in Hinblick auf die Rechtsprechung bei Unternehmensbewertungen besitzt.

Neben zahlreicher inhaltlicher Kritik an den Vorgaben des IDW S 1, vor allem zu dem Konzept des objektivierten Unternehmenswertes[40] und der Verwendung des CAPM[41], wird im Schrifttum auch bezüglich des Verbindlichkeitsgrades des Standards Kritik geäußert. Diese bezieht sich zum einen darauf, dass die Grundsätze von einem privaten Verein verantwortet werden. Vielmehr wird vorgeschlagen, die Verantwortung allgemeiner Grundsätze zur Unternehmensbewertung einer neutralen Instanz zu übertragen.[42] Zum anderen bezieht sich die geäußerte Kritik auf die nur sehr allgemein gehaltenen Vorgaben des Standards. Aufgrund fehlender praktischer Hinweise zur Anwendung der unterschiedlichen Verfahren, hätten die Vorgaben keine regulative Funktion, da sie mit jedem Bewertungsverhalten verträglich seien.[43] Die Verpflichtung zur Anwendung der Grundsätze für Wirtschaftsprüfer könne daher nicht als Einschränkung angesehen werden.[44]

35 Zu einer näheren Betrachtung des Zusammenhangs zwischen Unternehmensbewertung und Rechtsprechung sei auf PILTZ (1994) und GROSSFELD (2012) verwiesen.

36 Vgl. RÄNSCH (1984), S. 202 f.

37 Vgl. WASMANN/GAYK (2005), DÖRSCHELL/FRANKEN (2005), KOHL/SCHILLING (2007), WOLLNY (2012), S. 73-79 und RUTHARDT/HACHMEISTER (2011).

38 Vgl. RUTHARDT/HACHMEISTER (2012), S. 451.

39 Vgl. LENZ (2006), S. 1166 f.

40 Vgl. MATSCHKE/BRÖSEL (2013), S. 55-60.

41 Vgl. hierzu die Zusammenstellung empirischer Befunde zum CAPM in KRUSCHWITZ/HUSMANN (2012), S. 233-250.

42 Vgl. FISCHER-WINKELMANN (2006), S. 177 Fn. 69.

43 Vgl. PEEMÖLLER (2001), S. 1401.

44 Die im WP Handbuch beschriebenen Konsequenzen einer Missachtung der Vorgaben des Standards bezeichnet FISCHER-WINKELMANN daher auch als „Pseudostrafrecht“, vgl. FISCHER-WINKELMANN (2009), S. 358.

Zusammenfassend kann festgehalten werden, dass der IDW S 1 von Wirtschaftsprüfern bei der Bewertung von Unternehmen satzungsgemäß verpflichtend anzuwenden und jede Abweichung von den Vorgaben des Standards im Bewertungsgutachten zu begründen ist. Der IDW S 1 stellt somit für Wirtschaftsprüfer eine Fachnorm dar. Es zeigt sich zudem, dass der Standard auch über den Berufsstand der Wirtschaftsprüfer hinaus breite Anwendung findet.[45] So geben beispielsweise auch Investmentbanken, Unternehmensberater und Finanzinvestoren an, bei einer Unternehmensbewertung die im IDW S 1 festgehaltenen Grundsätze zu beachten. Somit nimmt der IDW S 1 aufgrund seines Verbindlichkeitsgrades für Wirtschaftsprüfer und der damit verbundenen Ausstrahlwirkung auf alle mit der Unternehmensbewertung befassten Berufsgruppen, eine herausragende Rolle bezüglich aller mit der Bewertung von Unternehmen verbundenen Fragestellungen ein.[46]

324. Historische Entwicklung des IDW S 1

In dem folgenden Abschnitt werden die Verlautbarungen des IDW in Bezug auf die Grundsätze zur Durchführung von Unternehmensbewertungen in ihrem zeitlichen Verlauf dargestellt. Hierbei wird auf die veröffentlichten Stellungnahmen, die Standards und weitere fachliche Darstellungen der entsprechenden Fachausschüsse des IDW eingangen, die einen Einfluss auf die Ermittlung des Kapitalisierungszinssatzes haben. Hierbei wird in diesem Abschnitt nur auf den Zeitpunkt der Veröffentlichung der einzelnen Verlautbarungen eingegangen.[47] Die inhaltlichen Auswirkungen auf die Ermittlung des Kapitalisierungszinssatzes werden in Abschn. 325. diskutiert.

Nach der Veröffentlichung einer Entwurfsfassung einer Stellungnahme zur Unternehmensbewertung im Jahr 1980 und der Analyse aller in den Jahren 1980-1982 erschienenen Publikationen zur Unternehmensbewertung, wurde am 21.06.1983 die endgültige Stellungnahme des IDW durch dessen HFA beschlossen[48] und im August desselben Jahres unter dem Namen „Stellungnahme HFA 2/1983: Grundsätze zur Durchführung von Unternehmensbewertungen“ veröffentlicht.[49] Diese stellte die erste geordnete Zusammenstellung von Grundsätzen zur Unternehmensbewertung des IDW dar. Zur Unter-

45 Vgl. HENSELMANN/BARTH (2009b), S. 103. Zum Verbindlichkeitsgrad der IDW Standards für Wirtschafsprüfer, die nicht dem IDW angehören, vgl. REIMANN (2009), S. 61 f.

46 Vgl. PEEMÖLLER (2005), S. 56.

47 Vgl. dazu auch die zusammenfassende Darstellung bei WOLLNY (2012), S. 71 f.

48 Vgl. DÖRNER (1983), S. 553.

49 Vgl. IDW HFA 2/1983.

stützung bei der Erhebung der für die Bewertung notwendigen Daten wurde im Jahr 1987 vom AKU des IDW ein korrespondierender Erhebungsbogen veröffentlicht.[50]

Erst 14 Jahre später folgte mit der „Stellungnahme HFA 6/1997: Besonderheiten der Bewertung kleiner und mittlerer Unternehmen“ eine ergänzende Verlautbarung des IDW zur Unternehmensbewertung.[51] In dieser wurden die bewertungsrelevanten Besonderheiten kleiner und mittlerer Unternehmen, z. B. die Bestimmung eines Unternehmerlohns oder der Umgang mit eingeschränkten Informationsquellen, und deren korrekte Berücksichtigung im Bewertungskalkül diskutiert.[52]

Die erste Verlautbarung des IDW in Form eines Standards wurde am 28.06.2000 von dessen HFA verabschiedet und anschließend unter dem Namen „IDW Standard: Grundsätze zur Durchführung von Unternehmensbewertungen (IDW S 1)“ veröffentlicht.[53] Die in der Stellungnahme HFA 2/1983 vorgenommene Einteilung des Bewertungsprozesses in vier Schwierigkeitskomplexe wurde durch eine Voranstellung übergeordneter Grundsätze ersetzt. Diese Form wurde bis zu der aktuell gültigen Fassung des Standards beibehalten. Seit der Veröffentlichung des Standards im Jahr 2000 wurde dieser in den Jahren 2005[54] und 2008[55] überarbeitet und an die aktuellen Entwicklungen und Erkenntnisse aus Theorie und Praxis der Unternehmensbewertung angepasst.

Die im IDW S 1 enthaltenen Grundsätze werden regelmäßig durch weitere fachliche Verlautbarungen des IDW ergänzt. Diese werden i. d. R. in den Fachnachrichten des IDW veröffentlicht und sind ebenfalls bei der Bewertung zu berücksichtigen. Als Beispiele solcher Verlautbarungen können Hinweise auf den Einfluss der Wirtschafts- und Finanzkrise auf das Bewertungskalkül,[56] klarstellende Hinweise zur Ermittlung des BZS[57] oder ein Fragen- und Antwortenkatalog zur praktischen Anwendung des IDW S 1 bei kleinen und mittleren Unternehmen[58] genannt werden.[59]

50 Vgl. AKU des IDW (1987).

51 Vgl. IDW HFA 6/1997.

52 Vgl. IDW HFA 6/1997, S. 27 f.

53 Vgl. IDW S 1 i. d. F. 2000. Ursprünglich sollte der Standard bereits im Jahr 1999 verabschiedet werden. Um die sich aus der geplanten Steuerreform der Bundesregierung ergebenden Auswirkungen im Standard abbilden zu können, wurde deren Beschluss zunächst abgewartet, vgl. HFA des IDW (1999) und HFA des IDW (2000).

54 Vgl. IDW S 1 i. d. F. 2005.

55 Vgl. IDW S 1 i. d. F. 2008.

56 Vgl. FAUB des IDW (2009).

57 Vgl. FAUB des IDW (2008).

58 Vgl. IDW (2012b).

59 Für weitere Verlautbarungen, vgl. AKU des IDW (1997), AKU des IDW (2003), AKU des IDW (2005a) und AKU des IDW (2005b).

325. Inhaltliche Entwicklung des IDW S 1 in Bezug auf den Kapitalisierungszinssatz

Bevor in dem nächsten Abschnitt auf die derzeit gültigen Empfehlungen des IDW zur Ermittlung des Kapitalisierungszinssatzes eingegangen wird, werden vorab die maßgeblichen Verlautbarungen des IDW in Bezug auf die Vorgaben zur Ermittlung des Kapitalisierungszinssatzes analysiert.[60] Es zeigt sich, dass auch schon früher die Rendite einer Alternativinvestiton zur Ermittlung des Kapitalisierungszinssatzes herangezogen wurde. Allerdings haben sich bezüglich der Methodik zur Operationalisierung dieses Konzeptes im Laufe der Zeit einige Änderungen ergeben, die im Folgenden analysiert werden.

Die Empfehlungen der Stellungnahme HFA 2/1983 wurden in vier Schwierigkeitskomplexe eingeteilt. Die Ermittlung des Kapitalisierungszinssatzes wurde dabei als Schwierigkeitskomplex III bezeichnet.[61] Indes beschränkten sich die Ausführungen der Stellungnahme auf die Beschreibung des zugrunde liegenden Konzeptes der Alternativanlage und relativ allgemein formulierte Empfehlungen zu der praktischen Ermittlung.[62] Im Vergleich dazu umfasst die Liste zur Bestimmung der zu diskontierenden Jahresergebnisse zehn Seiten.[63] Diese recht vagen Hinweise zur Bestimmung des Kapitalisierungszinssatzes wurden als notwendig empfunden, da jeder Bewertungsfall seine individuelle Lösung erfordere. Indes wurde aber zugleich darauf hingewiesen, dass bei einer künftigen Überarbeitung der Stellungnahme speziell weitere Entwicklungen und vertiefende Analysen zum Kapitalisierungszinssatz einbezogen würden.[64]

Konzeptionell wurde in der Stellungsnahme zwischen speziellen und generellen Risikofaktoren unterschieden.[65] Spezielle Risikofaktoren bezogen sich dabei auf unternehmensindividuelle Risiken, wie die Konkurrenzsituation, die Managementqualifikation oder strukturelle Wachstumstendenzen. Generelle Risikofaktoren bezogen sich auf alle unwägbaren Faktoren in Zusammenhang mit der Unternehmer-

60 Zu weitergehenden Veränderungen und Entwicklungen der Verlautbarungen zur Unternehmensbewertung sei auf die entsprechenden Begleitaufsätze der Standards verwiesen, vgl. DÖRNER (1983), SIEPE/DÖRSCHELL/SCHULTE (2000), WAGNER et al. (2006) und WAGNER/SAUR/WILLERSHAUSEN (2008).

61 Vgl. IDW HFA 2/1983, S. 469.

62 Ein weiteres Indiz für den geringen Stellenwert des Kapitalisierungszinssatzes zu dieser Zeit liefert der interne Erhebungsbogen für Zwecke der Unternehmensbewertung des AKU des IDW. Laut dieses Bogens sind von dem Bewertenden lediglich fünf Daten zur Bestimmung des Kapitalisierungszinssatzes zu erheben, vgl. AKU des IDW (1987), S. 22.

63 Für ähnliche Checklisten zur Unternehmensbewertung, vgl. PEEMÖLLER/KUNOWSKI (2012), S. 337-345 sowie HELBLING (1998), S. 739-743 und die dort angegebene Literatur.

64 Vgl. DÖRNER (1983), S. 554.

65 Vgl. IDW HFA 2/1983, S. 472.

schaft, was z. B. unabsehbare konjunkturelle Entwicklungen, politische Ereignisse oder Naturkatastrophen umfasste.[66]

Die Unterscheidung in spezielle und generelle Risiken war notwendig, da in der Stellungnahme eine getrennte Berücksichtigung dieser beiden Risikofaktoren im Bewertungskalkül vorgesehen war. So wurden spezielle Risiken bei der Ermittlung der finanziellen Überschüsse einbezogen, während generelle Risiken durch einen Risikozuschlag im Kapitalisierungszinssatz abgebildet wurden. Die praktische Bestimmung der Höhe des Risikozuschlags konnte sich dabei an banküblichen Verzinsungen von Großkrediten orientieren.[67] In der Praxis wurde der Risikozuschlag häufig anhand des Ermessens des Gutachters, ohne Rückgriff auf eine objektive Datengrundlage, bestimmt.[68]

Neben den genannten Risikoaspekten wurde in der Stellungnahme die Berücksichtigung eines Abschlags vom Kapitalisierungszinssatz aufgrund von Inflationswirkungen diskutiert.[69] Indes wurde einschränkend genannt, dass es schwierig sei, die Effekte der Inflation zu quantifizieren.[70]

Mit der Ablösung der Stellungnahme HFA 2/1983 durch den IDW S 1 i. d. F. 2000 ergaben sich in Bezug auf den Kapitalisierungszinssatz folgende Änderungen: Die bisher vorgenommene Systematisierung der Risikoarten in spezielle und generelle Risiken wurde aufgehoben. Stattdessen sollte das gesamte Risiko einheitlich behandelt werden.[71] Daneben wurde für bestimmte Bewertungsanlässe die Berücksichtigung persönlicher Steuern in das Bewertungskalkül eingeführt.[72] Außerdem wurde durch die Neufassung des Standards die Bewertung eines Unternehmens mittels der DCF-Verfahren als gültig erachtet, weshalb Ausführungen zu den Unterschieden der Kapitalisierungszinssätze aufgenommen wurden.[73]

66 Vgl. IDW HFA 2/1983, S. 470 f.

67 Vgl. IDW HFA 2/1983, S. 472.

68 Aus diesem Grund wurde auch von einem pauschalen Zuschlag bzw. der Pauschal-Methode gesprochen, vgl. dazu KORTH (1992), S. 11 f., HACHMEISTER/KÜHNLE/LAMPENIUS (2009), S. 1241 und GROSSFELD (2012), S. 197-208. Die pauschale Methode zur Bestimmung des Risikozuschlags wird inzwischen vor allem aufgrund der kaum möglichen Nachvollziehbarkeit der vorgenommenen Quantifizierung in der Theorie abgelehnt.

69 Vgl. IDW HFA 2/1983, S. 472.

70 Detailliert zu der damals diskutierten Erfassung der Inflation im Kapitalisierungszinssatz, vgl. SIEPE (1984a) und SIEPE (1984b).

71 Vgl. IDW S 1 i. d. F. 2000, Tz. 94-97. Dabei wurden grundsätzlich sowohl die Risikoabschlags- als auch die Risikozuschlagsmethode als anzuwendende Verfahren angesehen.

72 Vgl. IDW S 1 i. d. F. 2000, Tz. 99 f.

73 Vgl. IDW S 1 i. d. F. 2000, Tz. 133-137.

Die Aufhebung der separaten Erfassung der beiden Risikokomponenten wurde zum einen mit der besseren Vergleichbarkeit im internationalen Bewertungsumfeld und zum anderen mit der Tatsache begründet, dass es kaum möglich sei, die beiden Risikokomponenten objektiv nachvollziehbar zu trennen.[74] Die einheitliche Erfassung nur noch einer Risikokomponente hatte damit zur Folge, dass der Risikozuschlag im Vergleich zu früheren Bewertungsfällen höher ausfiel. Indes ergaben sich hieraus keine Auswirkungen auf die Höhe des Unternehmenswertes, da lediglich eine abweichende Erfassung der speziellen Risiken stattfand. Diese werden seither nicht mehr in den finanziellen Überschüssen, sondern ebenfalls in dem Kapitalisierungszinssatz erfasst.[75]

Eine weitere wichtige Neuerung in Zusammenhang mit dem Übergang von der Stellungnahme HFA 2/1983 zum IDW S 1 i. d. F. 2000 stellt die Vorgabe zur Bemessung des Risikozuschlags dar. Wie oben dargestellt, wurde dieser bislang pauschal ermittelt. Seit der Neufassung des Standards wurde vorgeschlagen, das Kapitalpreisbildungsmodell CAPM zur Ermittlung der Eigenkapitalkosten zu verwenden.[76] Damit sollte dem Bewertenden eine erste marktbezogene Orientiertungshilfe zur Höhe der Eigenkapitalkosten zur Seite gestellt werden.[77] Die Verwendung alternativer Modelle, wie der Arbitrage Pricing Theory, wurde dabei nicht ausgeschlossen.[78] Grund für die Einführung eines kapitalmarktorientierten Verfahrens war in erster Linie die im Gegensatz zu subjektiv geschätzten (pauschalen) Zuschlägen bessere Objektivierbarkeit der ermittelten Daten.[79]

Mit der Einführung des IDW S 1 i. d. F. 2005 fand eine stärkere Ausrichtung der Vorgaben des Standards auf eine kapitalmarktorientierte Bestimmung wesentlicher Parameter statt.[80] In diesem Zuge wurde eine wesentliche Annahme der bisherigen Standards geändert. Wurde bislang die Rendite der Alternativinvestition anhand risikoadjustierter festverzinslicher Wertpapieren berechnet,[81] so wurde mit der Neufassung des Standards eine Investition in ein Aktienportfolio als maßgebende Größe zur Ableitung der Alternativrendite zugrunde gelegt.[82] Dies hatte, bezogen auf den Kapitalisierungszins-

74 Vgl. SIEPE/DÖRSCHELL/SCHULTE (2000), S. 950.

75 Vgl. SIEPE/DÖRSCHELL/SCHULTE (2000), S. 951. Zu weiteren Auswirkungen auf den objektivierten Unternehmenswert durch die Umstellung auf IDW S 1 i. d. F. 2000 vgl. KOZIKOWSKI/DIRSCHERL/KELLER (2005), S. 72-74.

76 Vgl. IDW S 1 i. d. F. 2000, Tz. 98 und 135.

77 Vgl. SIEPE/DÖRSCHELL/SCHULTE (2000), S. 952.

78 Vgl. SIEPE/DÖRSCHELL/SCHULTE (2000), S. 951 Fn. 68.

79 Vgl. WAGNER et al. (2004), S. 891 und HERING (2006), S. 184.

80 Vgl. IDW S 1 i. d. F. 2005.

81 Vgl. DÖRSCHELL/FRANKEN (2005), S. 2258. Diese Annahme wurde in Bezug auf einen typisierten Investor als realitätsfern und aus risikotheoretischer Sichtweise problematisch eingeschätzt, vgl. WAGNER et al. (2004), S. 891.

82 Vgl. IDW S 1 i. d. F. 2005, Tz. 125.

satz, zwei entscheidende Folgen: Zum einen musste künftig auch eine der Alternativanlage entsprechende Thesaurierungspolitik bei der Ableitung der Alternativrendite einbezogen werden und zum anderen musste eine äquivalente Steuerbelastung abgebildet werden.[83]

Die Notwendigkeit der Erfassung einer Ausschüttungsquote und der parallelen Forderung, die thesaurierten Erträge kapitalwertneutral im Unternehmen anzulegen, führte zu einer langen Debatte im Schrifttum.[84] Inzwischen herrscht in der Bewertungstheorie weitgehende Einigkeit, dass die parallele Erfassung organischen und thesaurierungsbedingten Wachstums mit der Forderung der kapitalwertneutralen Wiederanlage der Thesaurierungen vereinbar ist.[85] Bezüglich der korrekten Erfassung der Steuerwirkungen im Kapitalisierungszinssatz wurde auf die Anwendung des Tax-CAPM verwiesen.[86] Dieses Modell ermöglicht die Abbildung aller Steuerwirkungen, so dass die Äquivalenz der Zähler- und der Nennergröße gewährleistet wird.[87]

Neben der Änderung dieser grundlegenden Annahme, wurden durch die Neufassung des IDW S 1 im Jahr 2005 auch zwei weitere, den Kapitalisierungszinssatz betreffende Neuerungen eingeführt. Zum einen wurde empfohlen, den BZS anhand der ZSK nach der SVENSSON-Methode statt der am Bewertungsstichtag erzielbaren Renditen zu ermitteln. Zum anderen wurde darauf verwiesen, die MRP anhand kapitalmarktorientierter Studien zu ermitteln.[88] Darüber hinaus fand erstmals eine Diskussion über den Einfluss der Methodik zur Renditeberechnung statt, ohne dass eine Empfehlung für eine der Varianten ausgesprochen wurde.[89]

Die Neufassung des IDW S 1 im Jahr 2008 begründete sich in erster Linie durch die Anpassung an das durch die Unternehmensteuerreform 2008 geänderte Steuerrecht.[90] IDW S 1 i. d. F. 2005 enthielt zahlreiche, für das Halbeinkünfteverfahren gültige Empfehlungen, die eine Überarbeitung des Standards notwendig machten. Die enge textliche Bindung an das Steuerrecht wurde dabei in der Neufassung des Standards nahezu vollständig aufgehoben.[91] Inhaltlich wurden indes keine Änderungen an den

83 Vgl. WAGNER et al. (2004), S. 890-892.

84 Vgl. dazu stellvertretend KNOLL (2005b), WIESE (2006a), MEITNER (2008) und SCHWETZLER (2008).

85 Vgl. TSCHÖPEL/WIESE/WILLERSHAUSEN (2010a), TSCHÖPEL/WIESE/WILLERSHAUSEN (2010b), PAWELZIK (2010) und SAUR et al. (2011).

86 Vgl. IDW S 1 i. d. F. 2005, Tz. 100 und Tz. 128-132.

87 Vgl. WAGNER et al. (2004), S. 891.

88 Hierbei wurde die Studie von STEHLE ausdrücklich hervorgehoben, vgl. WAGNER et al. (2006), S. 1015.

89 In erster Linie können hier das arithmetische oder das geometrische Mittel als Methodik verwendet werden, vgl. WAGNER et al. (2006), S. 1017 f. und Abschn. 342.6.

90 Vgl. WAGNER/SAUR/WILLERSHAUSEN (2008), S. 731.

91 Vgl. WAGNER/SAUR/WILLERSHAUSEN (2008), S. 732.

Empfehlungen vorgenommen, so dass sich keine Auswirkungen auf die Ermittlung des Kapitalisierungszinssatzes ergaben.

33 Vorgaben des IDW S 1 zur Ermittlung des Kapitalisierungszinssatzes

331. Überblick

Der Unternehmenswert berechnet sich unter der Voraussetzung ausschließlich finanzieller Ziele als Barwert der künftigen Nettozuflüsse an die Anteilseigner.[92] Die prognostizierten finanziellen Überschüsse werden dabei mit einem das Risiko der Investition in das zu bewertende Unternehmen widerspiegelnden Kapitalisierungszinssatz auf den Bewertungsstichtag diskontiert.[93] Die Ermittlung dieses Kapitalisierungszinssatzes nach den Vorgaben des IDW S 1 in Verbindung mit den Erläuterungen des WP Handbuchs und die Analyse der damit verbundenen Ermessensspielräume stehen im Mittelpunkt dieses Abschnitts. Zunächst werden die in IDW S 1 aufgeführten theoretischen Grundlagen zum Kapitalisierungszinssatz diskutiert.

Der Kapitalisierungszinssatz repräsentiert die Rendite einer alternativen Investition.[94] Als Alternativanlage kommen folgende Möglichkeiten in Betracht:[95]

- Konsum,
- Tilgung von Krediten,
- andere Investition oder
- eine Kombination der drei Alternativen.

Aus Vereinfachungs- und Praktikabilitätsgründen wird in der Praxis der Unternehmensbewertung i. d. R. auf die Rendite einer Investitionsalternative zur Berechnung des Kapitalisierungszinssatzes zurückgegriffen.[96] Daher wird im Folgenden in Zusammenhang mit der Alternativanlage immer von einer Investitionsalternative ausgegangen.

92 Vgl. WP Handbuch 2014, Abschn. A Tz. 5.
93 Vgl. WP Handbuch 2014, Abschn. A Tz. 5.
94 Vgl. BALLWIESER (1990), S. 176.
95 Vgl. WP Handbuch 2014, Abschn. A Tz. 306.
96 Vgl. WP Handbuch 2014, Abschn. A Tz. 306.

Die aus der Alternativanlage zu erwartenden Zahlungsströme müssen denjenigen des Bewertungsobjektes in allen wesentlichen Strukturmerkmalen äquivalent sein. Dies umfasst die Unsicherheit, die Breite und die zeitliche Struktur der finanziellen Überschüsse.[97]

In Abhängigkeit der Funktion des Wirtschaftsprüfers ergibt sich folgende Unterscheidung, welche Alternativanlage bei der Ermittlung des Kapitalisierungszinssatzes zugrunde zu legen ist: Bei der Ermittlung eines objektivierten Unternehmenswertes sind die Kapitalmarktrenditen für Unternehmensbeteiligungen in Form eines Aktienportfolios als Rendite der Alternativanlage heranzuziehen.[98] Wird hingegen ein subjektiver Entscheidungswert ermittelt, werden die subjektiven Verhältnisse des Investors betrachtet. So kann es hierbei sachgerecht sein, die individuelle Renditeerwartung des Investors als Maßstab für die Bemessung des Kapitalisierungszinssatzes zu betrachten.[99]

Im Verlauf der weiteren Analyse wird aufgrund der zahlreichen Ermessensspielräume bei der Ermittlung subjektiver Entscheidungswerte lediglich auf die Ermittlung objektivierter Unternehmenswerte eingegangen. Somit wird grundsätzlich ein Aktienportfolio zur Ermittlung der Rendite einer Alternativanlage bei der Berechnung des Kapitalisierungszinssatzes zugrunde gelegt.

332. Berücksichtigung des Risikos

Zentrale Funktion des Kapitalisierungszinssatzes bei der Unternehmensbewertung ist es, neben der Erfassung des Zeitwertes des Geldes, das Risiko einer Investition in das zu bewertende Unternehmen widerzuspiegeln. Aus diesem Grund müssen sämtliche Risikokomponenten des Bewertungsobjektes in dem Kapitalisierungszinssatz erfasst werden.[100]

In der Praxis lassen sich die Kapitalmarktteilnehmer das Risiko der mit einer Investition in Unternehmensanteile verbundenen Unsicherheit über eine Risikoprämie abgelten. Das Risiko wird dabei als Abweichung vom Erwartungswert der künftigen finanziellen Überschüsse verstanden, wobei Chancen

97 Vgl. WAGNER et al. (2006), S. 1014.

98 Vgl. WAGNER et al. (2006), S. 1014. Zu bemerken ist, dass erst seit der Neufassung des IDW S 1 im Jahr 2005 die Ableitung der Rendite der Alternativanlage anhand eines Aktienportfolios vorgeschrieben ist. Davor wurde die Rendite risikofreier Wertpapiere mit langer Laufzeit als Ausgangspunkt zur Ermittlung dieser Rendite empfohlen, vgl. WAGNER et al. (2004), S. 891.

99 Vgl. WP Handbuch 2014, Abschn. A Tz. 306.

100 In der Stellungnahme HFA 2/1983 fand eine bewertungstechnische Trennung des Risikos in spezielle und generelle Risikofaktoren statt, die mit der Neufassung des IDW S 1 im Jahr 2000 abgeschafft wurde, vgl. SIEPE/DÖRSCHELL/SCHULTE (2000), S. 950.

positive und Risiken negative Abweichungen darstellen.[101] Grundsätzlich wird bei der Ermittlung objektivierter Unternehmenswerte von einem risikoscheuen Investor ausgegangen, d. h. künftige Risiken werden stärker gewichtet als künftige Chancen.[102]

Wie in Abschn. 225. dargestellt, gibt es mit der Risikoabschlags- und der Risikozuschlagsmethode grundsätzlich zwei verschiedene Arten, das Risiko in das Bewertungskalkül einzubeziehen. In der Praxis der Unternehmensbewertung wird in aller Regel nur die Risikozuschlagsmethode verwendet. Vor allem bei Bewertungen für objektivierte Zwecke weist diese den Vorteil auf, dass die erforderlichen Parameter anhand von Kapitalmarktdaten bestimmt werden und so intersubjektiv nachvollziehbar sind.[103]

Zur konkreten Ermittlung des Risikozuschlags werden in IDW S 1 die Kapitalpreisbildungsmodelle CAPM und Tax-CAPM vorgeschlagen.[104] Anzumerken ist, dass vom IDW auf einige Umsetzungsprobleme bei der Anwendung des CAPM bzw. des Tax-CAPM zur Bestimmung des Risikozuschlags hingewiesen wird.[105] Im Einzelnen sind dies die Modellprämissen als Einperiodenmodell, der Vergangenheitsbezug, die Auswahl des Marktindex, die Abhängigkeit der ermittelten Rendite von den zugrunde gelegten Annahmen und die Ermessensspielräume bei Anwendung einer Peer Group-Analyse. Auf diese Aspekte wird in Abschn. 334. bei der Analyse der Ermessensspielräume bei der Ermittlung der Parameter des CAPM bzw. des Tax-CAPM näher eingegangen. Sowohl CAPM als auch Tax-CAPM fungieren daher als marktbezogene Ausgangs- und Orientierungsgröße zur Bestimmung des Kapitalisierungszinssatzes im konkreten Bewertungsfall.[106]

In den letzten Jahren hat die Diskussion über die Erfassung zusätzlicher Zu- oder Abschläge zum anhand des CAPM ermittelten Kapitalisierungszinssatz sowohl in der Praxis der Unternehmensbewertung als auch im praxisnahen Schrifttum mit Hinweis auf das Vorgehen der internationalen Bewertungspraxis zugenommen.[107] Grundsätzliche Zielsetzung dieser Zu- oder Abschläge ist die Erfassung bewertungsspezifischer Besonderheiten des Bewertungsobjektes. Infrage kommen hierbei vor allem Zu- oder Abschläge aufgrund geringer Unternehmensgröße („Size-Effekt“) oder aufgrund eines Län-

101 Vgl. GLEISSNER/WOLFRUM (2008), S. 343.

102 Vgl. WP Handbuch 2014, Abschn. A Tz. 319.

103 Durch die Vielzahl an Kapitalmarktteilnehmern und die damit verbundenen Einflüsse auf die Preisbildung, kann davon ausgegangen werden, dass die am Kapitalmarkt beobachteten Renditen weitgehend objektiviert sind.

104 Vgl. IDW S 1 i. d. F. 2008, Tz. 92. Vgl. dazu auch die Ausführungen in Abschn. 25.

105 Vgl. WP Handbuch 2014, Abschn. A Tz. 334.

106 Vgl. WP Handbuch 2014, Abschn. A Tz. 335.

107 Vgl. BAETGE/SCHULZ/KLÖNNE (2010), S. 49.

derrisikos.[108] In beiden Fällen soll die Erfassung anhand eines modifizierten CAPM erfolgen, indem zusätzlich zu den Parametern des CAPM eine den jeweiligen Effekt widerspiegelnde Komponente zu ermitteln und additiv zu erfassen ist.[109]

Der Einbezug eines Zu- oder Abschlags aufgrund der Unternehmensgröße wird meist mit Hinweis auf Untersuchungen des amerikanischen Aktienmarktes begründet, da hier für kleine Unternehmen eine höhere Aktienrendite festgestellt wurde.[110] Für den deutschen und den österreichischen Aktienmarkt konnten aktuelle Studien indes keinen vergleichbaren Effekt messen, so dass es aus empirischer Sicht fraglich erscheint, ob für Bewertungsfälle in Deutschland ein solcher Zuschlag zum Kapitalisierungszinssatz gerechtfertigt ist.[111]

Mit der Erfassung einer Länderrisikoprämie sollen politische und wirtschaftliche Risiken eines Unternehmens in das Bewertungskalkül einbezogen werden, welches entweder seine Produktion oder seine Absatzmärkte in risikobehafteten Ländern hat.[112] Um das erhöhte Risiko eines solchen Unternehmens abzubilden, wird ebenfalls ein Zuschlag zum anhand des CAPM ermittelten Kapitalisierungszinssatz vorgenommen.

Für objektivierte Bewertungen nach IDW S 1 sprechen indes zahlreiche Argumente gegen die separate Erfassung zusätzlicher Risiken durch die Unternehmensgröße oder durch den Bezug des Unternehmens zu risikobehafteten Ländern. Modelltheoretisch ist der Einbezug zusätzlicher Risiken bei einem anhand des CAPM ermittelten Kapitalisierungszinssatz abzulehnen, da der Denkrahmen des CAPM bei dieser Vorgehensweise verlassen wird.[113] Weiterhin konnten bislang vor allem in der jüngeren Vergangenheit keine empirisch gefestigten Ergebnisse zu den diskutierten Sachverhalten gemessen werden.[114] Eine im konkreten Bewertungsfall vorzunehmende Quantifizierung eines Zu- oder Abschlags

108 Weiterhin werden Zu- oder Abschläge aufgrund mangelnder Fungibilität und geringer Liquidität kleiner und mittlerer Unternehmen diskutiert, vgl. BALLWIESER (2009b), JONAS (2011) und LORSON et al. (2012). Zu einer aktuellen Diskussion im Schrifttum zur Erfassung einer Länderrisikoprämie, vgl. KRUSCHWITZ/LÖFFLER/MANDL (2011) und ERNST/GLEISSNER (2012).

109 Vgl. SCHULZ (2009), S. 114-120.

110 Vgl. dazu vor allem die Untersuchungen von GRABOWSKI/KING (1995), GRABOWSKI/KING (1996) und GRABOWSKI/KING (1997). Zu einer Übersicht über weitere Studien zum Size-Effekt auch für andere Märkte, vgl. BAETGE et al. (2010), S. 5.

111 Für den deutschen Aktienmarkt, vgl. SCHULZ (2009), S. 135-245 und für den österreichischen Aktienmarkt, vgl. BAETGE/SCHULZ/KLÖNNE (2010), S. 55-58.

112 Vgl. DÖRSCHELL/FRANKEN/SCHULTE (2012), S. 359-365.

113 Vgl. GLEISSNER/IHLAU (2012), S. 318.

114 Vgl. SCHULZ (2009), S. 130.

ist daher einerseits empirisch nicht belegt und andererseits in erheblichem Maße vom Ermessen des Bewertenden abhängig.[115] Aus diesen Gründen ist ein Einbezug solcher Zu- oder Abschläge bei der Ermittlung objektivierter Werte nach IDW S 1 nicht zu berücksichtigen.[116]

333. Berücksichtigung persönlicher Steuern

Da sich der Unternehmenswert aus den Nettozuflüssen an die Anteilseigner bemisst, sind grundsätzlich sämtliche ertragsteuerlichen Einflüsse auf Ebene der Anteilseigner[117] in die Bewertung einzubeziehen.[118] Aufgrund des Äquivalenzprinzips muss bei einer Verminderung der künftigen finanziellen Überschüsse um persönliche Ertragsteuern auch der Kapitalisierungszinssatz unter unmittelbarer Berücksichtigung ertragsteuerlicher Einflüsse ermittelt werden.[119]

Dem Bewertenden ergeben sich nach IDW S 1 grundsätzlich zwei Möglichkeiten zur Berücksichtigung persönlicher Steuern:

- mittelbare Berücksichtigung auf Basis des CAPM oder
- unmittelbare Berücksichtigung auf Basis des Tax-CAPM.

In der internationalen Bewertungspraxis wird meist auf die erste Möglichkeit zurückgegriffen.[120] Da bei der Ermittlung der einzelnen Parameter der CAPM-Renditegleichung solche Daten eingehen, die die persönliche Ertragsteuer sämtlicher Marktteilnehmer ausdrücken, berücksichtigen die auf diese Weise ermittelten Eigenkapitalkosten die persönliche Ertragsteuer mittelbar.[121] Dies wird speziell bei der Bemessung des risikofreien BZS und der MRP vor Steuern deutlich.[122] Auch in Deutschland war es üblich, nur die Steuern auf Unternehmensebene in das Bewertungskalkül einzubeziehen.[123] Dies

115 Vgl. HAYN/LAAS (2012), S. 153.

116 Vgl. WP Handbuch 2014, Abschn. A Tz. 441. Daher wird im weiteren Verlauf der vorliegenden Arbeit nicht weiter auf die Berücksichtigung solcher Zu- oder Abschläge eingegangen.

117 Zu einer Literaturübersicht über die Diskussion des Einbezugs persönlicher Ertragsteuern, vgl. BEYER/GAAR (2005), S. 241 Fn. 13. Zu einer ausführlichen Diskussion zur konsistenten Berücksichtigung persönlicher Steuern im Kapitalisierungszinssatz, vgl. WIESE (2006b), S. 75-144.

118 Vgl. WP Handbuch 2014, Abschn. A Tz. 339.

119 Vgl. WP Handbuch 2014, Abschn. A Tz. 339.

120 Grundsätzlich wird in der internationalen Bewertungspraxis meist auf den Einbezug persönlicher Steuern verzichtet, vgl. BERGER/KNOLL (2009), S. 9.

121 Vgl. WP Handbuch 2014, Abschn. A Tz. 340.

122 Vgl. WP Handbuch 2014, Abschn. A Tz. 340.

123 Vgl. AKU des IDW (1997), S. 33 f.

hat sich indes durch die Einführung des Halbeinkünfteverfahrens und die dadurch bedingte steuerlich unterschiedliche Behandlung von Zahlungsströmen auf Unternehmens- und Unternehmerebene, die auch im aktuell gültigen Abgeltungsteuersystem besteht, geändert.[124]

Im Gegensatz dazu werden bei Anwendung des Tax-CAPM die Einflüsse persönlicher Besteuerung der Anteilseigner unmittelbar berücksichtigt. In diesem Kapitalmarktmodell werden Gleichgewichtsrenditen unter Berücksichtigung differenzierter Besteuerung unterschiedlicher Kapitaleinkünfte berechnet.[125] Durch die damit einhergehende Berücksichtigung der steuerlichen Situation der Kapitalmarktteilnehmer können durch das Tax-CAPM persönliche Ertragsteuern unmittelbar im Kapitalisierungszinssatz abgebildet werden.[126] Zu beachten ist dabei, dass bei Verwendung des Tax-CAPM typisierende Annahmen zur Höhe der persönlichen Steuerbelastung getroffen werden müssen.[127] Zur Ermittlung objektivierter Unternehmenswerte wird dabei als Anteilseigner eine inländische unbeschränkt steuerpflichtige natürliche Person unterstellt.[128]

334. Konkrete Vorgaben zur Ermittlung der Parameter des Kapitalisierungszinssatzes

334.1 Überblick

In diesem Abschnitt werden, der Struktur des IDW S 1 folgend, die Vorgaben des IDW S 1 zur Ermittlung der einzelnen Parameter bei der Bestimmung des Kapitalisierungszinssatzes erläutert. Da der Standard eine kapitalmarktgestützte Ermittlung der Parameter anhand des CAPM bzw. des Tax-CAPM vorsieht, werden im Folgenden die Vorgaben zur Ermittlung der drei Parameter BZS, MRP und Beta-Faktor ausführlich behandelt. Weiterhin wird anschließend auf ergänzende Vorgaben des IDW S 1 zur Bestimmung des Kapitalisierungszinssatzes eingegangen.

124 Vgl. ALBRECHT (2004), S. 733, DÖRSCHELL/FRANKEN (2005), S. 2258 und PEEMÖLLER/BECKMANN/MEITNER (2005), S. 93-95. Zu einer ausführlichen Darstellung der Auswirkungen der Unternehmensteuerreform 2008 auf die verschiedenen Bewertungsverfahren und vor allem die Berücksichtigung persönlicher Steuern sei auf die Darstellungen bei WENZEL/HOFFMANN (2008), S. 194-208 und ZEIDLER/SCHÖNINGER/TSCHÖPEL (2008), S. 278-288 verwiesen. Einen allgemeinen Überblick über die Unternehmensteuerreform liefert HERZIG (2007).

125 Vgl. BEYER (2006), S. 8. Vgl. dazu auch die Ausführungen in Abschn. 253.

126 Vgl. WP Handbuch 2014, Abschn. A Tz. 343.

127 Vgl. WAGNER/SAUR/WILLERSHAUSEN (2008), S. 738.

128 Vgl. IDW S 1 i. d. F. 2008, Tz. 31.

334.2 Vorgaben zur Ermittlung des Basiszinssatzes

Bei der kapitalmarktgestützten Ermittlung des Kapitalisierungszinssatzes anhand des CAPM setzt sich dieser aus einem BZS und einer unternehmensindividuellen Risikoprämie zusammen.[129] Der BZS soll dabei grundsätzlich die Anlage in einen risikolosen Kapitalmarkttitel widerspiegeln.[130] Da in der Realität keine vollkommen risikolose Anlage existiert, müssen entsprechende Vorgaben gemacht werden, wie die Ermittlung eines nahezu risikolosen Zinssatzes operationalisiert werden kann.[131] Die Vorgaben des IDW S 1 zur Ermittlung des BZS mittels Kapitalmarktdaten werden im Folgenden dargestellt. Dabei wird auf die folgenden Punkte eingegangen:

- Art des zugrunde liegenden Kapitaltitels,
- Laufzeit des Kapitaltitels,
- Methode der Schätzung einer ZSK,
- Datenquelle zur Schätzung einer ZSK,
- Methode der Schätzung der Anschlussverzinsung und
- Methode des Diskontierens.

Ausgangspunkt bei der Ermittlung des BZS bei der Bestimmung objektivierter Unternehmenswerte bilden landesübliche Zinssätze für (quasi-)risikofreie Kapitalmarktanlagen.[132] Dadurch wird erreicht, dass das Risiko weitmöglichst aus der Betrachtung ausgeschlossen wird. Im Wesentlichen betrifft dies Ausfall-, Termin- und Währungsrisiken.[133] In der Regel erfüllen Anleihen der öffentlichen Hand die Forderung der Risikofreiheit und haben demnach einen quasi-sicheren Charakter.[134]

129 Vgl. IDW S 1 i. d. F. 2008, Tz. 115.

130 Wie im Finanzbereich üblich, ist der Ausdruck „risikolos" bezogen auf die Varianz des zugrunde liegenden Kapitalmarkttitels. Da der Erwartungswert der Renditen immer den tatsächlich eintretenden Renditen entsprechen muss, beträgt die Varianz bei risikolosen Titeln stets den Wert Null, vgl. DAMODARAN (2008), S. 3 f.

131 In Deutschland haben die Beiträge von BALLWIESER und WENGER zu einer verstärkten Diskussion über die konzeptionell korrekte Ermittlung des BZS geführt, vgl. BALLWIESER (2003) und WENGER (2003).

132 Vgl. IDW S 1 i. d. F. 2008, Tz. 116.

133 Vgl. WIESE/GAMPENRIEDER (2008), S. 1722. Das Kaufkraftrisiko aufgrund sich ändernder Preisentwicklungen wird indes getrennt berücksichtigt, vgl. BALLWIESER (2003), S. 23.

134 Vgl. AKU des IDW (2003), S. 26.

Der BZS muss nach dem Grundsatz der Laufzeitäquivalenz einen fristadäquaten Zinssatz in Bezug auf die prognostizierten finanziellen Überschüsse bzw. die unterstellte Lebensdauer des Unternehmens darstellen.[135] Da i. d. R. von einer unendlichen Lebensdauer ausgegangen wird,[136] müsste demnach auch der Zinssatz einer zeitlich nicht begrenzten Anleihe zur Diskontierung der finanziellen Überschüsse herangezogen werden.[137] Da es am Kapitalmarkt keine Anleihen mit einer unbegrenzten Laufzeit gibt, ergeben sich zwei Probleme in Bezug auf den BZS: Zum einen ist zu klären, welche Laufzeit der Anleihen bei der Berechnung eines BZS zugrunde zu legen ist und zum anderen müssen Annahmen über die Anschlussverzinsung für den über die Laufzeit hinausgehenden Zeitraum getroffen werden.

Bezüglich der Laufzeit der entsprechenden öffentlichen Anleihen fand im IDW S 1 beim Übergang zu der Fassung des Jahres 2005 ein Methodenwechsel statt. Während vorher aufgrund des geringen Marktvolumens 30-jähriger Staatsanleihen auch die Verwendung von Anleihen mit einer Restlaufzeit von neun oder zehn Jahren als sachgerecht angesehen wurde,[138] wird inzwischen auf die Ermittlung der Zinssätze anhand der Schätzung einer ZSK abgestellt.[139] Für die Diskontierung der finanziellen Überschüsse eigenen sich daher vor allem laufzeitspezifische Zinssätze für einzelne Zahlungen, also Zinssätze von Null-Kupon-Anleihen oder Zerobonds.[140] Diese lassen sich aus den am Kapitalmarkt beobachtbaren Renditen von Kupon-Anleihen mit endlicher Laufzeit ermitteln.

Als bevorzugte Methodik verweist der IDW S 1 hierbei auf die SVENSSON-Methode,[141] bei der eine ZSK hypothetischer Zerobonds ermittelt wird.[142] Hierzu wird ein funktionaler Zusammenhang zwischen dem zu berechnenden Zinssatz und der Laufzeit des Kapitaltitels unterstellt. Ein großer Vorteil der Ermittlung von Zerobondzinssätzen aus einer ZSK ist, dass die so ermittelten Zinssätze die Einhaltung der Laufzeitäquivalenz gewährleisten.[143]

135 Vgl. IDW S 1 i. d. F. 2008, Tz. 117.

136 Zur Diskussion über die Annahme einer unendlichen Lebesdauer, vgl. FRÜHLING (2004), FRÜHLING (2009) und LOBE (2010).

137 Zudem müsste der entsprechende Kapitaltitel das gleiche Zahlungs- und Laufzeitprofil wie das zu bewertende Unternehmen aufweisen, vgl. STELLBRINK (2005), S. 31.

138 Vgl. AKU des IDW (2003), S. 26.

139 Vgl. AKU des IDW (2005b), S. 555.

140 Vgl. WP Handbuch 2014, Abschn. A Tz. 353.

141 Vgl. WP Handbuch 2014, Abschn. A Tz. 353. Zur Darstellung weiterer Methoden zur Ermittlung einer ZSK, vgl. Abschn. 341.4.

142 Vgl. SVENSSON (1994) und SVENSSON (1995).

143 Vgl. GEBHARDT/DASKE (2005), S. 655.

Zur Ermittlung der Zinssätze müssen verschiedene Parameter in die SVENSSON-Formel eingesetzt werden. Hierfür stehen dem Bewerter grundsätzlich zwei Datenquellen zur Verfügung. Vom IDW S 1 wird empfohlen, die von der Deutschen Bundesbank börsentäglich berechneten Daten zu verwenden. Diese werden auf der Homepage der Deutschen Bundesbank zur Verfügung gestellt.[144] Die von der Bundesbank ermittelten Daten stellen Schätzwerte dar, die auf Grundlage von Kupon-Anleihen ermittelt werden.[145] Daneben werden methodisch vergleichbare Daten ebenfalls von der Europäischen Zentralbank zur Verfügung gestellt.[146] Das IDW geht auf diese Möglichkeit des Datenbezugs ein, ohne eine Verwendung dieser Daten gegenüber den Daten der Deutschen Bundesbank zu präferieren.[147]

Um die Auswirkungen von Marktschwankungen und Schätzungenauigkeiten auf das Bewertungsergebnis abzumildern, wird vom IDW empfohlen, die anhand einer ZSK ermittelten Daten zu glätten.[148] Hierzu ist es sachgerecht, aus den Parametern der vorangehenden drei Monate, Durchschnitte zu bilden, die anschließend in die SVENSSON-Gleichung eingesetzt werden können.[149] Bei dieser Vorgehensweise wären beispielsweise für Bewertungsstichtage im April die Daten der Monate Januar bis März zur Berechnung des Durchschnitts heranzuziehen.[150] Diese Vorgabe des IDW S 1 wird im Schrifttum indes kritisch diskutiert.[151] Es wird generell die Notwendigkeit einer Glättung der entsprechenden Daten mit Verweis auf das Stichtagsprinzip infrage gestellt.[152] Darüber hinaus wird zum Teil der vorgegebene Zeitraum von drei Monaten als zu lang erachtet. Um die mit dieser Vorgabe verbundene Zielsetzung des Ausgleichens von Marktschwankungen und Schätzungenauigkeiten zu erreichen, könne auch ein kürzerer Zeitraum herangezogen werden.[153]

Eine weitere Vorgabe des IDW S 1 bezüglich des BZS betrifft die Berechnung der Anschlussverzinsung. Hierbei ist zur Wahrung der Laufzeitäquivalenz eine Wiederanlageprämisse für den über die Laufzeit der Anleihe hinausgehenden Zeitraum zu treffen. Früher wurde zur Ermittlung der Anschluss-

144 Vgl. WP Handbuch 2014, Abschn. A Tz. 353.

145 Vgl. DEUTSCHE BUNDESBANK (2012), S. 66.

146 Vgl. www.bundesbank.de/statistik für die Daten der Deutschen Bundesbank und www.ecb.eu/stats für die Daten der Europäischen Zentralbank.

147 Vgl. FAUB des IDW (2008), S. 490 f. Für eine gegenüberstellende Analyse der sich aus den unterschiedlichen Datenquellen ergebenden Basiszinssätze vgl. WIESE/GAMPENRIEDER (2008) sowie Abschn. 341.5 der vorliegenden Arbeit.

148 Vgl. AKU des IDW (2005b), S. 556.

149 Vgl. FAUB des IDW (2008), S. 490.

150 Dabei ist es irrelevant, ob der Bewertungsstichtag auf den 01. April oder den 30. April fällt.

151 Vgl. beispielsweise KNOLL (2006a), S. 527, OBERMAIER (2006), S. 475 und REESE/WIESE (2007), S. 44.

152 Vgl. WIESE/GAMPENRIEDER (2008), S. 1725.

153 Vgl. SCHULTE et al. (2011), S. 19 f.

verzinsung die historisch durchschnittliche Rendite öffentlicher Anleihen mit einer Laufzeit von neun bis zehn Jahren herangezogen.[154] Bei dieser Methode wurden demnach Vergangenheitswerte für die Prognose der künftigen Renditeentwicklung herangezogen.[155] Dieser Strukturbruch ist in den aktuellen Empfehlungen des IDW nicht mehr vorhanden, da empfohlen wird, als langfristigen risikolosen Zinssatz den anhand der SVENSSON-Methode ermittelten Zerobondzinssatz mit einer Laufzeit von 30 Jahren zu unterstellen.[156] Somit hat sich das IDW für eine plausible und pragmatische Methode entschieden, wie die Anschlussverzinsung bei der Bestimmung des BZS ermittelt werden kann.

Für die Diskontierung der finanziellen Überschüsse werden zwei Vorgehensweisen unterschieden: Entweder können die prognostizierten Überschüsse mit dem jeweiligen laufzeitäquivalenten Zinssatz diskontiert werden oder es wird ein barwertäquivalenter BZS ermittelt, welcher zur Diskontierung aller künftigen Überschüsse angewendet wird.[157] Hierbei sind beide Vorgehensweisen als gleichberechtigt anzusehen, da im IDW S 1 keine Aussage zu finden ist, welche Methode primär anzuwenden ist.

Bei Diskontierung der finanziellen Überschüsse mit den laufzeitspezifischen Kapitalisierungszinssätzen sind diese anhand der ZSK zu ermitteln und jeweils um den Risikozuschlag zu erhöhen.[158] Wird hingegen ein einheitlicher BZS ermittelt, so wird durch den IDW S 1 vorgegeben, dass dieser auf 0,25 %-Punkte gerundet wird.[159] Ebenso wie die Vorgabe zur Glättung der ZSK über einen 3-Monats-Zeitraum, wird auch diese Vorgabe des IDW S 1 im Schrifttum kritisiert, da nicht die anhand der ZSK ermitelten Daten zur Bewertung herangezogen werden.[160] Weiterhin ist es nach den Vorgaben des IDW S 1 sachgerecht, bei der Berechnung eines einheitlichen BZS eine Wachstumsrate von 1 % zu unterstellen.

Wird entgegen der in der Praxis üblichen Unterstellung einer unendlichen Lebensdauer des zu bewertenden Unternehmens von einer zeitlich begrenzten Lebensdauer ausgegangen, sind die künftigen

154 Vgl. GEBHARDT/DASKE (2005), S. 653.

155 Trotz dieses Strukturbruchs kann es dennoch, beispielsweise in Zeiten sich änderner Zinsniveaus, angebracht sein, Vergangenheitswerte zur Plausibilisierung der modellierten Renditeentwicklung heranzuziehen, vgl. MEINERT (2011), S. 2456.

156 Vgl. FAUB des IDW (2008), S. 491.

157 Vgl. WP Handbuch 2014, Abschn. A Tz. 356.

158 Vgl. AKU des IDW (2005b), S. 556.

159 Vgl. WP Handbuch 2014, Abschn. A Tz. 356.

160 Vgl. BALLWIESER (2011), S. 91. Vgl. dazu auch Abschn. 341.7.

finanziellen Überschüsse mit dem für die unterstellte Lebensdauer berechneten BZS zuzüglich des spezifischen Risikozuschlags zu diskontieren.[161]

334.3 Vorgaben zur Ermittlung der Marktrisikoprämie

In den Kapitalpreisbildungsmodellen des CAPM und des Tax-CAPM setzten sich die zu ermittelnden Eigenkapitalkosten des zu bewertenden Unternehmens aus dem BZS und einer unternehmensindividuellen Risikoprämie zusammen.[162] Diese Risikoprämie ergibt sich wiederum aus der MRP sowie des unternehmensspezifischen Beta-Faktors. Im Folgenden werden die Vorgaben des IDW S 1 zur Ermittlung der MRP dargestellt.

Die MRP stellt die Überrendite dar, die bei einer Investition in mit Risiko behaftete Unternehmensanteile im Gegensatz zu einer Investition in (nahezu) sichere Staatsanleihen realisiert wird.[163] Um die MRP zu ermitteln, ist daher zu untersuchen, welche Prämie ein Investor erwarten kann, wenn er sein Geld langfristig in riskante Anlagen investiert.[164] Da bei der Unternehmensbewertung von einer Anlage in ein Aktienportfolio als Alternativanlage ausgegangen wird,[165] und bei der Ermittlung des BZS die Rendite von Staatsanleihen zugrunde gelegt wird, ist die MRP anhand der Überrendite eines Aktienportfolios gegenüber einer Anlage in Staatsanleihen zu ermitteln.[166]

Die MRP wird i. d. R. anhand vorliegender Studien über den Rendite-Spread von Aktien gegenüber Staatsanleihen ermittelt.[167] Da den Studien zu der Messung des Rendite-Spreads meist historische Kapitalmarktdaten zugrunde liegen, ist zu prüfen, ob der aus Vergangenheitsdaten ermittelte Risikozuschlag aufgrund sich in Zukunft ändernder Umwelt- oder Branchensituationen an die spezifischen Gegebenheiten des Bewertungsobjektes angepasst werden muss.[168]

161 Vgl. IDW S 1 i. d. F. 2008, Tz. 117.

162 Vgl. IDW S 1 i. d. F. 2008, Tz. 115.

163 Diese Überrendite wird auch als Rendite-Spread bezeichnet.

164 Beispiele für Risiken, die durch die Risikoprämie abgegolten werden sind Konjunktur, Management- oder allgemeine Branchenrisiken, vgl. BEHRENDT/BAUMUNK (2001), S. 11.

165 Vgl. IDW S 1 i. d. F. 2008, Tz. 115.

166 Vgl. BALLWIESER (1995), S. 123.

167 Als Beispiel für solche Studien zur Ermittlung des Rendite-Spreads von Aktien und sicheren Kapitalanlagemöglichkeiten sei die Analyse des Deutschen Aktieninstitutes (DAI) angeführt, vgl. DAI (2004).

168 Vgl. WP Handbuch 2014, Abschn. A Tz. 326.

Da sowohl Aktienrenditen als auch die Renditen öffentlicher Anleihen durch den Einbezug persönlicher Steuern beeinflusst werden, ist bei der Berechnung der MRP auf die konzeptionelle Konsistenz bezüglich des angewendeten Preisbildungsmodells (CAPM oder Tax-CAPM) zu achten.[169] Hinsichtlich der Berücksichtigung persönlicher Steuern unterscheiden sich die beiden Preisbildungsmodelle folgendermaßen: Während im CAPM persönliche Steuern auf Anteilseignerebene nicht in die Berechnung der erwarteten Rendite einbezogen werden, werden diese bei Anwendung des Tax-CAPM explizit berücksichtigt.[170] Dies geschieht derart, dass sich die erwartete Nachsteuerrendite bei Anwendung des Tax-CAPM als Summe aus dem risikolosen BZS nach Ertragsteuern zuzüglich einer MRP nach Ertragsteuern ergibt.[171]

Zur Ermittlung der MRP verweist IDW S 1 auf empirische Studien auf Grundlage historischer Daten des deutschen Aktienmarktes, die sich in Hinblick auf die betrachteten Zeiträume, die Art der Renditeberechnung und der Berücksichtigung von Steuern unterscheiden.[172] Durch diese unterschiedlichen Prämissen kommt es zu einer großen Bandbreite von im Bewertungskalkül potentiell zu verwendenden MRP. Als Referenzstudie wird im IDW S 1 diejenige von STEHLE angeführt,[173] da diese gesondert Nachsteuerrenditen ausweist, die die unterschiedliche steuerliche Behandlung von Kurs- und Dividendenrendite im Halbeinkünfteverfahren sowie das Tax-CAPM explizit berücksichtigt.[174] Nach der Studie von STEHLE ergibt sich beispielsweise für den DAX eine MRP in Höhe von 6,02 % vor Einkommensteuer und 7,04 % nach Einkommensteuer.[175]

Die aus historischen Kapitalmarktdaten ermittelten Werte für die Höhe der MRP können als Ausgangspunkt für die Bewertung relevante Prognose der künftigen MRP dienen.[176] Vor allem für die Terminal Value-Phase ist zu prüfen, ob die Gegebenheiten der Vergangenheit, die für die Höhe der ermittelten

169 Vgl. AKU des IDW (2005a), S. 71.

170 Vgl. IDW S 1 i. d. F. 2008, Tz. 119.

171 Vgl. IDW S 1 i. d. F. 2008, Tz. 120.

172 Diese und weitere Ermessensspielräume bei der Durchführung einer Studie zur Ermittlung der MRP werden in Abschn. 342. näher analysiert.

173 Durch den expliziten Verweis auf diese Studie kann davon ausgegangen werden, dass das IDW empfiehlt, diese Studie bei der Ermittlung der MRP zugrunde zu legen. Auf weitere Studien zur MRP wird lediglich in Fn. 585 verwiesen, vgl. WP Handbuch 2014, Abschn. A Tz. 358 f.

174 Vgl. STEHLE (2004). Das seit 2008 geltende Abgeltungsteuersystem sieht eine Gleichbehandlung von Kurs- und Dividendengewinnen vor. Diese Änderungen müssen entsprechend bei der Ableitung der MRP berücksichtigt werden. Zu den Konsequenzen des geänderten Steuerrechts für die Unternehmensbewertung vgl. WIESE (2007).

175 Vgl. WP Handbuch 2014, Abschn. A Tz. 360.

176 Vgl. WP Handbuch 2014, Abschn. A Tz. 360.

MRP verantwortlich waren, in ähnlicher Form auch für die (ferne) Zukunft zu erwarten sind.[177] Ergibt diese Analyse signifikante Änderungen der Einflussgrößen auf die Höhe der MRP, muss diese angepasst werden. Eine weitere Möglichkeit besteht darin, eine phasendifferenzierte MRP anzusetzen, die die identifizierten Änderungen berücksichtigt.[178]

Als mögliche Indikatoren für eine künftig niedrigere MRP identifiziert der IDW S 1 sinkende Transaktionskosten, bessere Diversifikationsmöglichkeiten und ein niedrigeres Risiko von Kursschwankungen.[179] Auf dieser Grundlage wird im IDW S 1 für das Halbeinkünfteverfahren eine Größenordnung der MRP vor persönlichen Steuern von 4 % und nach persönlichen Steuern von 5–6 % angegeben.[180] Seit der Unternehmenssteuerreform 2008 und der damit verbundenen Einführung der Abgeltungsteuer hält das IDW eine MRP von 4,5–5,5 % vor Einkommensteuern und 4–5 % nach Einkommensteuern für sachgerecht.[181] An dieser Empfehlung wurde auch in Anbetracht der Finanz- und Wirtschaftskrise zunächst festgehalten.[182] Im September 2012 wurde die Bandbreite allerdings an die geänderte Situation an den Kapitalmärkten angepasst. Seitdem wird vom IDW eine Bandbreite von 5,5–7 % vor Einkommensteuern für die MRP empfohlen.[183]

Weiterhin empfiehlt der IDW S 1, die berechneten Risikoprämien zu plausibilisieren. Hierzu werden im Standard die von BALLWIESER vorgeschlagenen Möglichkeiten zur Abschätzung einer Ober- und einer Untergrenze der anzuwendenden MRP genannt.[184] Einschränkend wird indes auf die in der Realität selten erfüllten Prämissen des zugrunde liegenden Modells hingewiesen.[185] Darüber hinaus bieten sich in der Vergangenheit realisierte MRP zur Plausibilisierung der für die Bewertung ermittelten MRP an.

177 Vgl. GROSSFELD (2002), S. 131 f. Dieser Vorgehensweise liegt die Annahme zugrunde, dass die Verteilung der Renditen einem Mean Reverting-Prozess folgt. Demnach schwanken die Renditen langfristig um einen bestimmten Renditetrend, womit die aus historischen Daten ermittelten Werte in die Zukunft übertragbar sind, vgl. BARK (2011), S. 92 sowie WIDMANN/SCHIESZL/JEROMIN (2003), S. 802.

178 Hierzu fehlen indes weitere Ausführungen im Standard, vgl. BALLWIESER (2009a), S. 129.

179 Vgl. WP Handbuch 2014, Abschn. A Tz. 360.

180 Vgl. WP Handbuch 2014, Abschn. A Tz. 360.

181 Vgl. WAGNER/SAUR/WILLERSHAUSEN (2008), S. 741.

182 Vgl. FAUB des IDW (2009), S. 697.

183 Vgl. FAUB des IDW (2012), S. 569.

184 Vgl. BALLWIESER (1993), S. 151-162.

185 Vgl. WP Handbuch 2014, Abschn. A Tz. 337.

334.4 Vorgaben zur Ermittlung des Beta-Faktors

Der Beta-Faktor stellt neben der MRP den zweiten in die Berechnung der unternehmensspezifischen Risikoprämie einfließenden Parameter dar. Der Beta-Faktor repräsentiert dabei das individuelle Risiko des zu bewertenden Unternehmens und ist bei der Bestimmung der Eigenkapitalrendite mittels des CAPM oder des Tax-CAPM der einzige unternehmensbezogene Faktor.[186] Als Maß für das unternehmensindividuelle Risiko wird dabei die Volatilität des Kurses der Aktie des zu bewertenden Unternehmens (bzw. der Durchschnittskurs einer entsprechenden Peer Group bei nicht börsennotierten Unternehmen) zu dem Gesamtmarkt betrachtet.[187] Im Folgenden werden die Vorgaben des IDW S 1 zur Ermittlung des Beta-Faktors erläutert.

Explizit wird im IDW S 1 darauf verwiesen, dass der Beta-Faktor zukunftsbezogen zu ermitteln ist.[188] Diese Aussage wird indes dahingehend gemildert, dass anschließend auf die übliche Bewertungspraxis hingewiesen wird, den Beta-Faktor anhand historischer Kapitalmarktdaten zu berechnen.[189] Die Möglichkeit der Verwendung zukunftsbezogener Methoden zur Ermittlung des Beta-Faktors[190] wird im Standard lediglich erwähnt.[191] Weiterhin wird zur Überprüfung der Plausibilität des ermittelten Beta-Faktors empfohlen, diesen mit dem Beta-Faktor einer Peer Group zu vergleichen.[192] Weitere Vorgaben zur Ermittlung einer geeigneten Peer Group werden indes nicht genannt.[193]

Bei der praktischen Ermittlung des Beta-Faktors wird, da die Rendite eines globalen Marktportfolios, welches sämtliche mit Risiko behaftete Anlageformen umfasst, nicht beobachtbar ist, auf die Rendi-

186 Im Gegensatz dazu stellen der BZS und die MRP unternehmensübergreifende Parameter dar, die theoretisch für alle Unternehmen im Bewertungszeitpunkt gleichermaßen Gültigkeit besitzen.

187 Vgl. IDW S 1 i. d. F. 2008, Tz. 121.

188 Vgl. WP Handbuch 2014, Abschn. A Tz. 363.

189 Hierbei wird die Annahme eines sich in der Zukunft nicht ändernden Beta-Faktors zugrunde gelegt, vgl. STEINER/BAUER (1992), S. 348. Zu weiteren Annahmen bei Anwendung dieser Methode, vgl. MAIER (2001), S. 299 f. Zu alternativen Methoden, den Beta-Faktor zu ermitteln, ohne auf historische Kapitalmarktdaten zurückgreifen zu müssen, vgl. HUSMANN/STEPHAN (2007), S. 965-970 und PFENNIG (1993), S. 25-43.

190 Zu den zukunftsbezogenen Methoden zur Ermittlung des Beta-Faktors vgl. Abschn. 343.1. Zur Diskussion über die Eignung von geschätzten Beta-Faktoren für Zwecke der Untenehmensbewertung vgl. befürwortend DASKE/GEBHARDT/KLEIN (2006) sowie kritisch BALLWIESER (2005).

191 Vgl. WP Handbuch 2014, Tz. 364 Fn. 609.

192 Vgl. WP Handbuch 2014, Abschn. A Tz. 363.

193 Zu einer detaillierten Darstellung der Ableitung von Beta-Faktoren anhand einer Peer Group-Analyse, vgl. KERN/MÖLLS (2010) und Abschn. 343.26. Kritisch zu Beta-Faktoren, die anhand einer Peer Group-Analyse ermittelt wurden, für die Verwendung der Abfindungsbemessung, vgl. KNOLL (2008).

te eines geeigneten Marktindex zurückgegriffen.[194] Mithilfe einer Regressionsanalyse kann somit der Beta-Faktor aus der Gegenüberstellung von Renditen des zu bewertenden Unternehmens und der Rendite des Aktienindex berechnet werden.[195]

Anzumerken ist indes, dass es im Standard keine darüber hinausgehenden Vorgaben zur Ermittlung des Beta-Faktors anhand historischer Kapitalmarktdaten gibt. So wird die Enscheidung über wesentliche Parameter bei der Bestimmung des Beta-Faktors, wie der zugrunde zu legende Referenzindex, die Länge des Betrachtungszeitraumes und der Renditeintervalle oder die Bestimmung der zu berechnenden Mittelwerte dem Bewerter überlassen.[196]

Analog zu der Vorgehensweise bei der Ermittlung der MRP, ist es bei der Bestimmung des Beta-Faktors ebenfalls notwendig, nicht-wiederkehrende Einflüsse aus vergangenen Marktgegebenheiten zu eliminieren. Als Beispiel für solche außergewöhnlichen Umstände werden im IDW S 1 Restrukturierungen oder Übernahmeangebote angeführt.[197] Darüber hinaus ist es, vor allem in schnell wachsenden Märkten,[198] notwendig, den ermittelten Beta-Faktor an erwartete strukturelle Veränderungen der Branche anzupassen.[199] In diesem Zusammenhang ist allerdings auch zu beachten, dass der Beta-Faktor aufgrund der individuellen Risikolage des Unternehmens im Zeitablauf erheblich schwanken kann. Gründe dafür können beispielsweise neu erschlossene Geschäftsfelder, die Übernahme anderer Unternehmen oder eine veränderte Wettbewerbssituation der Branche sein.[200]

Neben den durch die vorangehenden Ausführungen erläuterten Anpassungen des Beta-Faktors an das operative Risiko des zu bewertenden Unternehmens, ist es erforderlich, das finanzielle Risiko in die Prognose einzubeziehen. Dieses wird durch die Verschuldung des Unternehmens determiniert. Um den notwendigen Zukunftsbezug der Bewertung zu gewährleisten, ist darauf zu achten, dass statt der im Bewertungszeitpunkt vorhandenen Finanzierungsstruktur, die von dem zu bewertenden Unterneh-

194 Zur Wahl eines geeigneten Index zur Bestimmung des Beta-Faktors vgl. WINKELMANN (1981). Da die Wahl eines Index als Surrogat für das Marktportfolio stets mit Limitationen des zugrunde liegenden Modells einhergeht, gestaltet sich die Überprüfbarkeit des CAPM als schwierig, vgl. ROLL (1977). Zu einem Überblick über verschiedene Studien zur empirischen Überprüfung der Validität des CAPM, vgl. ULSCHMID (1994), S. 93-137.

195 Vgl. BERNER et al. (2005), S. 712.

196 Vgl. BARK (2011), S. 93. Diese und weitere Ermessensspielräume bei der Ermittlung des Beta-Faktors werden in Abschn. 343. ausführlich analysiert.

197 Vgl. WP Handbuch 2014, Abschn. A Tz. 369.

198 Ausführlich zu dem Zusammenhang des Beta-Faktors von Wachstumsmöglichkeiten und dem Beta-Faktor des Unternehmens, vgl. BERNARDO/CHOWDHRY/GOYAL (2007), S. 7-9.

199 Vgl. WP Handbuch 2014, Abschn. A Tz. 369.

200 Vgl. GROTTKE (1998), S. 3.

men geplante Finanzierungsstruktur zugrunde gelegt wird. Auftretende Abweichungen müssen durch entsprechende Anpassungen des Beta-Faktors berücksichtigt werden. Die im IDW S 1 vorgestellten Möglichkeiten zur Anpassung des Beta-Faktors bezüglich des finanziellen Risikos unterscheiden sich im Wesentlichen in Bezug auf die zugrunde liegenden Annahmen über die Ausfallwahrscheinlichkeit des Fremdkapitals und der damit verbundenen Sicherheit der Steuerersparnisse durch die Abzugsfähigkeit des Fremdkapitals von der steuerlichen Bemessungsgrundlage.[201]

Die korrekte Anpassung des Beta-Faktors an die Finanzierungspolitik des Unternehmens ist vor allem dann geboten, wenn der Beta-Faktor mithilfe einer Peer Group-Analyse bestimmt wurde. Der auf solche Weise ermittelte Beta-Faktor, der in diesem Fall das finanzielle Risiko der Peer Group widerspiegelt, muss anschließend an den Verschuldungsgrad des zu bewertenden Unternehmens angepasst werden.[202]

Abschließend wird im IDW S 1 darauf hingewiesen, dass von Finanzdienstleistern Prognosen für Beta-Faktoren angeboten werden.[203] Diese zur Verfügung gestellten Daten sind in Hinblick auf ihre Übertragbarkeit auf das Bewertungsobjekt bezüglich ihrer Prognoseeignung vor allem auf die Punkte Zukunftsausrichtung, Datenqualität, Eignung der unterstellten Kapitalstruktur und Übertragung ausländischer Beta-Faktoren zu prüfen.[204]

334.5 Ergänzende Vorgaben des IDW S 1

An verschiedenen Stellen des IDW S 1 finden sich weitere Vorgaben und Erläuterungen zur Ermittlung des Kapitalisierungszinssatzes. Diese beziehen sich indes, entgegen der in den vorangehenden Abschnitten erläuterten Vorgaben, nicht auf die Ermittlung einzelner Parameter des Kapitalisierungs-

201 Vgl. WP Handbuch 2014, Abschn. A Tz. 370-372.

202 Diese Anpassung an das Kapitalstrukturrisiko des zu bewertenden Unternehmens wird auch als Levern oder Gearing bezeichnet. Die verschiedenen Umrechnungsmöglichkeiten zur Anpassung eines anhand einer Peer Goup ermittlten Beta-Faktors werden ausführlich in Abschn. 343.264. behandelt.

203 Vgl. WP Handbuch 2014, Abschn. A Tz. 375. Finanzdienstleister, die Beta-Faktoren publizieren, sind beispielsweise Bloomberg (bloomberg.com), Thomson Reuters (thomsonreuters.com), Standard & Poor's (standardandpoors.com) oder Yahoo! Finanzen (finance.yahoo.com).

204 Vgl. IDW S 1 i. d. F. 2008, Tz. 121. Hierbei ist zu beachten, dass oftmals nicht die von den Finanzdienstleistern zur Ermittlung des Beta-Faktors verwendeten Parametereinstellungen veröffentlicht werden. So können den unterschiedlichen Datenbanken auch zu einem Bewertungsstichtag äußerst verschiedene Beta-Faktoren entnommen werden, vgl. die Analyse bei DÖRSCHELL/FRANKEN/SCHULTE (2012), S. 209-213. Vor allem für objektivierte Zwecke ist daher zu empfehlen, solche Beta-Faktoren nur dann heranzuziehen, wenn hinreichende Informationen über das Zustandekommen der Daten vorliegen, vgl. SIEPE/DÖRSCHELL/SCHULTE (2000), S. 952.

zinssatzes, sondern auf Anpassungen des Kapitalisierungszinssatzes, die sachgerecht in das Bewertungskalkül zu integrieren sind. Diese ergänzenden Vorgaben werden im Folgenden dargestellt.

Eine in diesem Zusammenhang an verschiedenen Stellen des Standards zu findende Forderung betrifft die Anpassung des aus historischen Kapitalmarktdaten ermittelten Kapitalisierungszinssatzes an die künftig zu erwartende (Umwelt-)Situation des Unternehmens. Vor allem wird hierbei die Anpassung an künftige (Branchen-)Entwicklungen und die künftige Kapitalstruktur genannt.[205] Bei der Analyse der zu erwartenden (Branchen-)Entwicklung soll geprüft werden, ob die Ereignisse, die zu den zur Berechnung des Kapitalisierungszinssatzes verwendeten historischen Daten geführt haben, auch in Zukunft in dieser Form zu erwarten sind. Ist dies nicht der Fall, sind die entsprechenden Ereignisse in geeigneter Form aus der Bewertung auszuschließen.

Weiterhin muss der ermittelte Kapitalisierungszinssatz an das Kapitalstrukturrisiko angepasst werden. Ist künftig von einer von der Vergangenheit abweichenden Kapitalstruktur auszugehen, ist der Kapitalisierungszinssatz an die veränderte Finanzierungssituation anzupassen. Dies gilt sowohl bei einer Reduzierung als auch bei einer Erhöhung des Bestandes an Fremdkapital.

Darüber hinaus wird im Standard explizit die Möglichkeit genannt, periodenspezifische Kapitalisierungszinssätze zu bestimmen, um die finanziellen Überschüsse mit den fristadäquaten Kapitalisierungszinssätzen zu diskontieren.[206] Wird nicht von dieser Möglichkeit Gebrauch gemacht und stattdessen ein im Zeitablauf konstanter Kapitalisierungszinssatz unterstellt, wird durch diese Vereinfachung das Bewertungsergebnis verzerrt.[207] Weitere ergänzende Vorgaben des Standards bezüglich möglicher Anpassungen des Kapitalisierungszinssatzes betreffen die Berücksichtigung wachsender finanzieller Überschüsse und deren korrekte Abbildung im Bewertungskalkül.[208]

Sämtliche bislang dargestellten Regelungen beziehen sich auf die Ermittlung objektivierter Unternehmenswerte. Bei der Ermittlung subjektiver Entscheidungswerte repräsentiert der Kapitalisierungszinssatz die Renditeerwartung des jeweiligen Investors.[209] Somit richtet sich die Bestimmung des Kapita-

205 Vgl. WP Handbuch 2014, Abschn. A Tz. 326.

206 Vgl. WP Handbuch 2014, Abschn. A Tz. 316.

207 Vgl. KOHL/SCHULTE (2000), S. 1150 f. Zu einer detaillierten Analyse des Einflusses der unterstellten Kapitalstruktur auf den Kapitalisierungszinssatz und damit auf die Höhe des Unternehmenswertes, vgl. LOBE (2006), S. 127-221.

208 Da diese Regelungen allerdings den in die Bewertung einzubeziehenden Wachstumsfaktor und nicht den Kapitalisierungszinssatz betreffen, wird in der vorliegenden Arbeit nicht weiter auf diesen Faktor eingegangen.

209 Vgl. WP Handbuch 2014, Abschn. A Tz. 378.

lisierungszinssatzes nach den investorspezifischen Risikoeinstellungen und dessen subjektiven Erwartungen.[210]

34 Analyse der Ermessensspielräume bei der Ermittlung des Kapitalisierungszinssatzes

341. Ermessensspielräume bei der Ermittlung des Basiszinssatzes

341.1 Überblick

In diesem Abschnitt werden die Ermessensspielräume des IDW S 1 bei der Ermittlung des BZS analysiert. Die hierbei auftretenden Ermessensspielräume sind, zusammen mit dem Verweis auf den entsprechenden Abschnitt der vorliegenden Arbeit, in Abbildung 3.1 dargestellt:

Überblick über die Ermessensspielräume bei der Ermittlung des Basiszinssatzes	
Ermessensspielraum	**Abschnitt**
Wahl der Kapitaltitel	341.2
Zeitbezug des BZS	341.3
Methodik zur Schätzung einer ZSK	341.4
Auswahl der Parameter für die SVENSSON-Gleichung	341.5
Methodik zur Schätzung der Anschlussverzinsung	341.6
Art des Diskontierens der finanziellen Überschüsse	341.7

Quelle: Eigene Darstellung.

Abbildung 3.1: Überblick über die Ermessensspielräume bei der Ermittlung des Basiszinssatzes

341.2 Wahl der Kapitaltitel

In Bezug auf die Wahl der zugrunde liegenden Kapitaltitel bei der Ermittlung des BZS ergeben sich nur relativ wenige Ermessensspielräume für den Bewerter. Theoretisch stellt der BZS einen Zinssatz

210 Aufgrund dieser intersubjektiv kaum nachprüfbaren Vorgehensweise, werden die Ermessensspielräume bei der Ermittlung des Kapitalisierungszinssatzes für subjektive Entscheidungswerte in dieser Untersuchung nicht weiter analysiert.

dar, der keine Risiken umfasst und damit die risikofreie Alternativinvestition zum Bewertungszeitpunkt repräsentiert. Da es in der Praxis keinen vollständig risikofreien Kapitaltitel gibt, wird bei der Unternehmensbewertung auf (quasi-)risikofreie Kapitaltitel ausgewichen.[211] Diese zeichnen sich durch die Abwesenheit von Ausfall-, Termin- und Währungsrisiken aus.[212]

Der Staat gilt als einziger Schuldner höchster Bonität, der die geforderten Risikogesichtspunkte erfüllt.[213] Daher ist es in der deutschen Bewertungspraxis üblich, den BZS anhand der Rendite von Staatsanleihen zu ermitteln.[214] Im Zuge der europäischen Währungsunion trat die Frage auf, ob es sachgerecht sei, auch für Bewertungsanlässe in Deutschland die Rendite von anderen mit einem AAA-Rating versehenen Staaten des Euro-Raumes zu verwenden. Hierzu ist zum einen zu prüfen, ob ein Renditeunterschied zwischen den deutschen und den ausländischen Anleihen besteht und wie dieser zu begründen ist. Zum anderen muss für jeden Bewertungsfall spezifisch entschieden werden, ob der Ansatz ausländischer Staatsanleihen zur Ermittlung des BZS gerechtfertigt ist.

341.3 Zeitbezug des Basiszinssatzes

Bei der Ermittlung des BZS muss der Bewerter eine Entscheidung treffen, welchen Zeitbezug die von ihm verwendeten Daten aufweisen sollen. Grundsätzlich stehen dem Bewerter dabei drei verschiedene Möglichkeiten zur Auswahl. Es können

- historische Zinssätze,
- Stichtagszinssätze oder
- künftige Zinssätze

als Grundlage zur Berechnung des BZS herangezogen werden.[215] Die je nach Datenauswahl abweichenden Vorgehensweisen sowie die damit korrespondierenden Vor- und Nachteile der einzelnen Datengrundlagen werden im Folgenden diskutiert.

211 Vgl. MOXTER (1983), S. 146.

212 Vgl. REESE/WIESE (2007), S. 1722.

213 Vgl. KNOLL/DEININGER (2004), S. 373.

214 Vgl. WIESE/GAMPENRIEDER (2008), S. 1723. Explizit handelt es sich dabei um börsennotierte Bundeswertpapiere, nämlich Anleihen der Bundesrepublik Deutschland, Bundesobligationen und Bundesschatzanweisungen, vgl. SCHICH (1997), S. 21.

215 Vgl. WIESE/GAMPENRIEDER (2008), S. 1723.

Bis zur Neufassung des IDW S 1 im Jahr 2005 war es in der Praxis der Unternehmensbewertung üblich, den BZS anhand historischer Daten zu ermitteln.[216] Da diese Ermittlungsweise in der Bewertungspraxis nur noch selten angewendet wird, werden an dieser Stelle nur die Vorgehensweise und die im Schrifttum geäußerte Kritik an dieser Methode dargestellt.[217] Wie in Abschn. 334.2 dargestellt, empfiehlt der IDW S 1 eine Ableitung des BZS aus einer ZSK. Dennoch wird im Standard nicht explizit ausgeschlossen, historische Zinssätze zur Ermittlung des BZS zu verwenden.

Die Verwendung historischer Zinssätze zur Ermittlung des BZS wurde in der Vergangenheit im Wesentlichen durch zwei Argumente begründet: Zum einen wurde diese Vorgehensweise von der Rechtsprechung anerkannt.[218] Diese sah die Verwendung durchschnittlicher historischer Zinssätze als die plausibelste Schätzung des risikolosen Zinssatzes an.[219] Zum anderen wurde der Ansatz eines Stichtagszinses abgelehnt, da dieser durch kurzfristige Einflüsse verzerrt sein könne und dadurch die Gefahr bestehe, das Niveau des risikolosen BZS nicht angemessen widerzuspiegeln.[220] Diese Einflüsse können zu einem im Vergleich zum langfristigen Durchschnitt sowohl nach oben als auch nach unten abweichenden BZS führen. Bei dem Ansatz eines Durchschnittskurses würden die Effekte der außerordentlichen Einflüsse egalisiert, da die Zinssätze bestimmten Konvergenztendenzen unterlägen.[221]

Bei Anwendung dieser Methode zur Bestimmung des BZS werden die zum Bewertungsstichtag zu beobachtenden Umlaufrenditen öffentlicher Anleihen mit einer (Rest-)Laufzeit von mindestens 10 Jahren herangezogen.[222] Da die Laufzeit für Anleihen der öffentlichen Hand höchstens 30 Jahre betragen,[223] muss eine Annahme über die Entwicklung der Zinssätze des über diese Laufzeit hinausgehenden Zeitraumes getroffen werden.[224] An dieser Stelle wird die Zinsentwicklung der Vergangenheit als

216 Vgl. KNOLL (2006a), S. 525.

217 Für weitergehende Informationen zur Methodik der Bestimmung des BZS aus historischen Daten, vgl. OBERMAIER (2005), S. 16-20. Zu einem Überblick über den methosichen Wechsel der Vorgaben des IDW S 1, von einer Ableitung aus historischen Daten zu einer Ableitung anhand einer ZSK, vgl. KNOLL (2006a), S. 525 f. und GEBHARDT/DASKE (2005).

218 Vgl. BALLWIESER (2011), S. 123-128, der eine Reihe von Gerichtsurteilen aufführt.

219 Vgl. OBERMAIER (2006), S. 496 f.

220 Zur einer detaillierten Kritik an dieser Argumentation vgl. SCHWETZLER (1996b), S. 1090 f. und SCHWETZLER (1996a), S. 1962 f.

221 Vgl. OBERMAIER (2006), S. 497.

222 Vgl. IDW S 1 i. d. F. 2008, Tz. 121.

223 Bei Verabschiedung der Stellungnahme HFA 2/1983 waren sogar keine Bundesanleihen mit einer längeren Laufzeit als zehn Jahren vorhanden, vgl. JONAS/WIELAND-BLÖSE/SCHIFFARTH (2005), S. 650.

224 Diese Annahme wird auch als sog. Wiederanlageprämisse bezeichnet, vgl. WAGNER et al. (2006), S. 1015. Daneben muss beachtet werden, dass nicht für alle Laufzeiten entsprechende öffentliche Anleihen verfügbar sind, vgl. JONAS (1995), S. 87 f.

Ausgangspunkt für die Schätzung des langfristig zu erzielenden Zinssatzes herangezogen.[225] Aus der Kombination dieser Zinssätze in Verbindung mit dem Ansatz eines Wachstumsfaktors wird anschließend der zur Diskontiertung zu verwendende Zinssatz ermittelt.[226] Aufgrund der bei einer Bewertung meist getroffenen Annahme einer unendlichen Lebensdauer des Unternehmens, muss zur Herstellung der Fristenkongruenz eine solche Wiederanlageprämisse unterstellt werden.

Einer der wesentlichen Kritikpunkte an diesem Verfahren ist, dass es nicht mit dem im IDW S 1 festgeschriebenen Stichtagsprinzip vereinbar ist.[227] Obwohl am Bewertungsstichtag aktuelle Kapitalmarktdaten zur Verfügung stehen, werden diese bei der Ermittlung anhand historischer Kapitalmarktdaten nicht genutzt. Die aktuellen Verhältnisse am Kapitalmarkt werden somit bei Verwendung historischer Daten ignoriert und implizit wird die Prämisse getroffen, dass sich die vergangenen Zinssätze in die Zukunft fortschreiben lassen.[228] Dies widerspricht der Konzeption einer Unternehmensbewertung in zweierlei Hinsicht: Zum einen ist der erforderliche im IDW S 1 festgeschriebene Zukunftsbezug der Bewertung nicht gegeben[229] und zum anderen zielt jede Bewertung auf den Vergleich mit einer Alternativanlage ab, was in diesem Fall ebenfalls nicht korrekt umgesetzt wird. Dem potentiellen Investor muss es möglich sein, am Bewertungsstichtag eine entsprechende Anlagealternative zu wählen.[230] Dies ist bei Verwendung durchschnittlicher historischer Zinssätze i. d. R. nicht oder höchstens zufällig der Fall.[231]

Eine weitere Möglichkeit zur Ermittlung des BZS stellt die Verwendung am Bewertungsstichtag realisierbarer Renditen dar, die auch als Stichtagszinssätze bezeichnet werden.[232] Hierbei können prin-

225 Vgl. IDW S 1 i. d. F. 2008, Tz. 121.

226 Eine Variation dieses Ansatzes stellt die Differenzierung des BZS nach der Phasenmethode dar. Hierbei wird in der Detailplanungsphase die am Stichtag erzielbare Rendite angesetzt und erst bei der Terminal Value-Phase auf die Durchschnittswerte der Vergangenheit zurückgegriffen, vgl. KNIEST (2005), S. 10. Oftmals werden in der Praxis der Unternehmensbewertung zudem die am Stichtag beobachtbaren Renditen um Zu- oder Abschläge korrigiert. Dies geschieht meist mit dem Hinweis, dass diese aufgrund momentaner Markteinflüsse verzerrt seien. Diese Vorgehensweise ignoriert indes, dass diese Zinsen ebenfalls durch das Zusammenspiel von Angebot und Nachfrage entstanden sind, vgl. SCHWETZLER (1996b), S. 1090. Da diese Korrektur von am Markt beobachtbaren Daten meist intersubjektiv kaum nachvollziehbar ist, wird diese Vorgehensweise entsprechend kritisch betrachtet, vgl. BALLWIESER (2003), S. 24.

227 Vgl. GEBHARDT/DASKE (2005), S. 655.

228 Vgl. KNIEST (2005), S. 9 und MUNKERT (2005), S. 124 f.

229 Vgl. WIESE/GAMPENRIEDER (2007), S. 443.

230 Vgl. SCHWETZLER (1996b), S. 1085 f.

231 Vgl. WIESE/GAMPENRIEDER (2008), S. 1723 und BARK (2011), S. 18.

232 Vgl. HETZEL (1988), S. 725-727.

zipiell zwei Vorgehensweisen unterschieden werden.[233] Zum einen können, wie bei der Verwendung historischer Zinssätze, zum Bewertungszeitpunkt tatsächlich verfügbare Kapitaltitel als Alternativanlage herangezogen werden.[234] Die Schätzung der erforderlichen Zinsprognose für den über 30 Jahre hinausgehenden Zeitraum orientiert sich dann ebenfalls an zum Stichtag verfügbaren Anlagemöglichkeiten statt an vergangenen Zinssätzen. Zum anderen kann anhand vorliegender Kapitalmarktdaten eine aktuelle ZSK geschätzt werden, die ebenfalls die Zinseinschätzungen der Kapitalmarktteilnehmer am Bewertungsstichtag abbildet.

Eine ZSK spiegelt den funktionalen Zusammenhang zwischen unterschiedlichen Zinssätzen und deren (Rest-)Laufzeiten wider. Sie operationalisiert damit die empirische Beobachtung, dass i. d. R. Kapitaltitel mit unterschiedlicher Laufzeit auch ein unterschiedlicher Zinssatz zugrunde liegt.[235] Prinzipiell lässt sich zu jedem Kapitaltitel eine spezifische ZSK ermitteln. Bei der Bestimmung des BZS müssen demnach möglichst risikolose Kapitaltitel wie Bundesanleihen verwendet werden. Zur Ableitung einer ZSK aus den Kapitalmarktdaten bestehen unterschiedliche Konzepte.[236]

Das im IDW S 1 empfohlene SVENSSON-Modell wurde ursprünglich von NELSON/SIEGEL entwickelt[237] und anschließend von SVENSSON erweitert.[238] Das Modell unterstellt einen funktionalen Zusammenhang zwischen der Rendite und der Laufzeit eines Kapitaltitels.[239] Hierdurch lässt sich eine stetige ZSK für einen bestimmten Zeitraum ermitteln. Dieser wird durch die Laufzeit der am längsten laufenden Anleihe determiniert. Da in Deutschland 30-jährige Bundesanleihen zur Verfügung stehen, kann dementsprechend die ZSK der nächsten 30 Jahre ermittelt werden.[240]

Die Verwendung einer ZSK zur Ermittlung des BZS hat den Vorteil, dass dadurch die Möglichkeit zur Einhaltung der geforderten Laufzeitäquivalenz gegeben ist. Die ermittelten Zinssätze können zur periodenspezifischen Diskontierung der künftigen finanziellen Überschüsse herangezogen werden. Dar-

233 Während die Verwendung historischer Zinssätze zur Ermittlung des BZS als „vergangenheitsorientierte Methode" bezeichnet wird, wird die Verwendung von Stichtagszinssätzen als „marktorientierte Methode" bezeichnet, vgl. JONAS/WIELAND-BLÖSE/SCHIFFARTH (2005), S. 647.

234 Zu einer grundlegenden Gegenüberstellung von Stichtagszinsen und künftigen Zinsen, vgl. JAECKEL (1988), S. 555-563.

235 Vgl. WILHELM (2001), Sp. 2357.

236 Vgl. zu verschiedenen Konzepten zur Ermittlung einer ZSK Abschn. 341.4.

237 Vgl. NELSON/SIEGEL (1987).

238 Vgl. SVENSSON (1994).

239 Vgl. Abschn. 334.2.

240 In Frankreich wurde im Jahr 2003 eine Staatsanleihe mit einer Laufzeit von 50 Jahren begeben, so dass es möglich ist, eine ZSK sogar für die nächsten 50 Jahre zu schätzen, vgl. JONAS/WIELAND-BLÖSE/SCHIFFARTH (2005), S. 650.

über hinaus stellt diese Vorgehensweise einen hohen Grad an Objektivierung sicher, da die verwendeten Parameter aus öffentlich zugänglichen Quellen stammen. Ebenfalls wird durch die Verwendung einer ZSK das Prinzip der Zukunftsorientierung der Bewertung eingehalten.[241]

Die dritte Möglichkeit zur Ermittlung des BZS ist die Verwendung künftiger Zinssätze. Diese sollen zum Bewertungsstichtag für alle künftigen Perioden geschätzt werden. Ziel dieser Vorgehensweise ist es, den auf Dauer zu erzielenden Zinssatz zu ermitteln.[242] Dementsprechend wird bei Anwendung dieser Methode ein im Vergleich zu historischen Durchschnittszinssätzen besonders hoher oder niedriger Zinssatz durch entsprechende Anpassungen normalisiert.[243]

Da die Schätzung künftiger Zinssätze mit zahlreichen subjektiven Einflüssen durch den Bewertenden verbunden ist, wird diese Methode zur Ermittlung des BZS meist abgelehnt.[244] Vor allem bei Bewertungen mit einem erhöhten Objektivierungserfordernis wäre es nicht sachgerecht, künftig erzielbare Zinssätze zu schätzen, anstatt beispielsweise auf die aktuelle anhand von Kapitalmarktdaten ableitbare Zinsstruktur zurück zu greifen.[245]

341.4 Methodik zur Schätzung einer Zinsstrukturkurve

Wurde in einem vorgelagerten Schritt entschieden, den BZS anhand einer ZSK zu ermitteln, liegt für den Bewertenden bei der Wahl der Methodik zu deren Schätzung wiederum ein Ermessensspielraum vor. Im Wesentlichen werden hierbei drei Möglichkeiten diskutiert, die sich eignen, eine ZSK anhand empirischer Kapitalmarktdaten zu ermitteln. Diese unterschiedlichen Konzepte werden im Folgenden analysiert. Im Einzelnen sind dies:[246]

- direkte Ermittlung der ZSK aus Seperate Trading of Registered Interest and Principal Securities (STRIPS),
- Schätzung der ZSK aus Zinsswaps oder
- Schätzung der ZSK mithilfe der SVENSSON-Methode.

241 Vgl. WAGNER et al. (2006), S. 1016.
242 Vgl. HETZEL (1988), S. 726.
243 Vgl. HETZEL (1988), S. 726.
244 Vgl. SCHWETZLER (1996b), S. 1088 f.
245 Vgl. JONAS/WIELAND-BLÖSE/SCHIFFARTH (2005), S. 653.
246 Vgl. REESE/WIESE (2007), S. 40-43.

Theoretisch stellt die direkte Ermittlung aus STRIPS die einfachste Möglichkeit zur Bestimmung einer ZSK dar. Bei diesem Verfahren werden die Kapital- und die Zinsansprüche von Bundesanleihen getrennt und separat am Markt gehandelt.[247] Damit stellen STRIPS faktisch echte Null-Kupon-Anleihen dar.[248] Anhand der am Kapitalmarkt zu beobachtenden Renditen dieser Null-Kupon-Anleihen können die Zinssätze für die jeweilige Laufzeit ermittelt werden. Gäbe es demnach für jede benötigte Laufzeit eine korrespondierende Null-Kupon-Anleihe, könnte hieraus eine stetige ZSK ermittelt werden.[249] Den wesentlichen Nachteil dieser Methode zur Schätzung einer ZSK stellt das geringe Handelsvolumen und die damit verbundene Illiquidität dieser Finanzinstrumente dar.[250] Da in der Praxis nur wenige Null-Kupon-Anleihen beobachtbar sind und auch ähnliche Finanzinstrumente keinen geeigneten Ersatz zur direkten Ermittlung einer ZSK darstellen, wird dieses Verfahren zur Ermittlung des BZS aus theoretischer Sicht meist abgelehnt.[251]

Die zweite Möglichkeit zur Bestimmung einer ZSK ist die Schätzung aus Zinsswaps. Bei Swap-Geschäften vereinbaren die Vertragsparteien einen Austausch von fixen und variablen Zinszahlungen auf einen fiktiven Nominalbetrag über eine feste Laufzeit, wobei den Zinssätzen unterschiedliche Konditionen zugrunde gelegt werden.[252] Als Vorteil dieser Methodik wird zum einen die Liquidität des zugrunde liegenden Marktes genannt.[253] Zum anderen werden in der Praxis Swapsätze mit Restlaufzeiten bis zu 50 Jahren gehandelt.[254] Dadurch wären diese für Zwecke der Unternehmensbewertung besser geeignet als die i. d. R. verwendeten 30-jährigen Staatsanleihen.

Allerdings hat diese Methodik auch zwei entscheidende Nachteile, weshalb sie in der Praxis nicht angewendet wird. Zum einen werden meist nur kurze Laufzeiten gehandelt und zum anderen werden Swaps meist nicht mit einem AAA-Rating versehen.[255] Damit ist einerseits die Erfordernis der Laufzeitäquivalenz[256] nicht erfüllt und andererseits spiegeln die auf diese Weise ermittelten Zinssätze

247 Vgl. WIESE/GAMPENRIEDER (2007), S. 444.
248 Vgl. REESE/WIESE (2007), S. 40.
249 Vgl. DÖRSCHELL/FRANKEN/SCHULTE (2012), S. 53 f.
250 Vgl. WIESE/GAMPENRIEDER (2008), S. 1723.
251 Vgl. BARK (2011), S. 20 f.
252 Vgl. DÖRSCHELL/FRANKEN/SCHULTE (2012), S. 54.
253 Vgl. BARK (2011), S. 21.
254 WIESE/GAMPENRIEDER (2008), S. 1723. Der Swapsatz entspricht dabei dem festen Zinssatz des Swap-Geschäftes.
255 Vgl. DÖRSCHELL/FRANKEN/SCHULTE (2012), S. 54.
256 Zur Laufzeitäquivalenz vgl. JONAS/WIELAND-BLÖSE/SCHIFFARTH (2005), S. 650.

keinen im Sinne des BZS risikofreien Zinssatz wider.[257] Aufgrund dieser Nachteile wird auch diese Möglichkeit zur Bestimmung einer ZSK im Schrifttum abgelehnt.

Die dritte Möglichkeit zur Bestimmung einer ZSK besteht darin, diese anhand empirisch beobachtbarer Renditestrukturkurven zu modellieren.[258] Das zur Ermittlung des BZS für Zwecke der Unternehmensbewertung bekannteste Modell ist das von IDW S 1 empfohlene SVENSSON-Modell.[259] Hierbei wird folgender funktionale Zusammenhang zwischen Laufzeit T und Zinssatz $z(T;\beta;\tau)$ unterstellt:[260]

$$\begin{aligned} z(T;\beta;\tau) &= \beta_0 + \beta_1 \left(\frac{1 - exp(-T/\tau_1)}{T/\tau_1} \right) \\ &+ \beta_2 \left(\frac{1 - exp(-T/\tau_1)}{T/\tau_1} - exp(-T/\tau_1) \right) \\ &+ \beta_3 \left(\frac{1 - exp(-T/\tau_2)}{T/\tau_2} - exp(-T/\tau_2) \right) \end{aligned} \tag{3.1}$$

Die zur Berechnung des Zinssatzes benötigten Parametervektoren $\beta := (\beta_0; \beta_1; \beta_2; \beta_3)$ und $\tau := (\tau_1; \tau_2)$[261] können anhand am Kapitalmarkt beobachtbarer Renditen öffentlicher Anleihen berechnet werden.[262] Die andere Möglichkeit besteht darin, die von der Deutschen Bundesbank oder der EZB täglich berechneten Parametervektoren zu verwenden.[263]

257 Um diese Zinssätze dennoch zu verwenden, schlägt BARK vor, eine das Ausfallrisiko widerspiegelnde Risikoprämie abzuziehen. Wie diese Risikoprämie zu bemessen wäre, bleibt indes offen, vgl. BARK (2011), S. 21.

258 Hierzu sind im Schrifttum verschiedene Ansätze diskutiert worden. Beispielsweise die rekursive Berechnung anhand des Bootstrapping-Verfahrens oder die Schätzung mittels eines Regressionsmodells. Da diese Verfahren in der Praxis der Unternehmensbewertung nur in Ausnahmefällen angewendet werden, sei für eine ausführlichere Darstellung auf die entsprechende Literatur verwiesen, vgl. z. B. FABOZZI (2012), S. 175-179, SUNDARESAN (2009), S. 143-151 und GEBHARDT/DASKE (2005), S. 651.

259 Vgl. WP Handbuch 2014, Abschn. A Tz. 353-355.

260 Vgl. SVENSSON (1994), S. 7.

261 Die Zeitabhängigkeit der beiden Parametervektoren wird häufig durch den zusätzlichen Index t deutlich gemacht. Hierauf wird in dieser Untersuchung verzichtet und stattdessen jeweils das Datum der Ermittlung der Parametervektoren explizit angegeben.

262 Zur Vorgehensweise und der entsprechenden mathematischen Herleitung für die Berechnung der beiden Parametervektoren, vgl. REESE/WIESE (2007), S. 40-42. Zu einer Analyse der mathematischen Eigenschaften einer solchen Schätzung, wie die Güte der Kalibirierung und die Konditionierung in Bezug auf die Stabilität der ermittelten Parameter, vgl. GILLI/GROSSE/SCHUMANN (2010).

263 Vgl. ausführlich dazu, Abschn. 341.5.

Die Eigenschaften der mittels der SVENSSON-Methode ermittelten ZSK ergeben sich direkt aus der Definition der SVENSSON-Formel: Es können normale, inverse, U- oder S-förmige[264] Kurvenverläufe abgebildet werden.[265] Für die Bedeutung der in die Gleichung einfließenden Parameter können die Grenzwerte der Funktion gegen Null und gegen unendlich berechnet werden.[266] Der Parameter β_0 wird oftmals als langfristiger Zinssatz interpretiert, da die Funktion gegen diesen Grenzwert konvergiert.[267] Für sehr kurze Laufzeiten ergibt sich als Zinssatz die Summe $\beta_0 + \beta_1$, weshalb diese auch als Tagesgeldzinssatz aufgefasst wird.[268]

Zur Veranschaulichung wird in Abbildung 3.2 die anhand der SVENSSON-Methode ermittelte ZSK mit den Daten der Deutschen Bundesbank vom 28.09.2011 für einen Zeitraum von 30 Jahren dargestellt.[269] Wie der Abbildung zu entnehmen ist, weist die ZSK einen normalen Verlauf auf.[270] Die auf diese Weise ermittelte ZSK könnte zur Bestimmung des BZS herangezogen werden. Ein weiterer Ermessensspielraum besteht nun darin, ob die finanziellen Überschüsse mit den periodenspezifischen Spot Rates oder mit einem barwertäquivalenten BZS diskontiert werden.[271]

341.5 Wahl der Parameter der SVENSSON-Formel

Wie in dem vorangehenden Abschnitt bereits erläutert, müssen bei Anwendung der SVENSSON-Methode die Parametervektoren β und τ in die entsprechende Gleichung eingesetzt werden, um die für den Bewertungsstichtag gültige ZSK zu erhalten.[272] Die erforderlichen Daten werden sowohl von der Deutschen Bundesbank als auch von der EZB täglich berechnet und zum Download zur Verfügung ge-

264 Speziell bei einem S-förmigen Verlauf erweist sich die Erweiterung von SVENSSON als Vorteil gegenüber der von NELSON und SIEGEL zunächst vorgeschlagenen Variante, da diese eine höhere Flexibilität für solch kompliziertere Kurvenverläufe aufweist, vgl. SCHICH (1997), S. 34.

265 Vgl. BARK (2011), S. 22.

266 Vgl. SCHICH (1997), S. 15.

267 Zu einer Diskussion und Interpretation des Wertes β_0 als langfristige Spot Rate, vgl. WIESE/GAMPENRIEDER (2008), S. 1723 und OBERMAIER (2005), S. 14 und S. 22. Die SVENSSON-Methode ist ursprünglich nicht entwickelt worden, um Zinssätze über einen 30-jährigen Zeitraum zu schätzen, weshalb bei Verwendung von β_0 als langfristiger Zinssatz die Gefahr einer Überinterpretation dieses Parameters besteht, vgl. OBERMAIER (2006), S. 476.

268 Vgl. REESE/WIESE (2007), S. 41 Fn. 45.

269 Die Parametervektoren lauten: $\beta = (0,70658;-0,50445;30;-23,0012)$ und $\tau = (8,3022;3,94164)$.

270 Zu abweichenden Verläufen von ZSK, vgl. DEUTSCHE BUNDESBANK (1997), S. 62.

271 Vgl. dazu die Ausführungen in Abschn. 341.7.

272 Zu einer ausführlichen Erläuterung über das Schätzverfahren zur Ermittlung der relevanten Zinssätze anhand der SVENSSON-Methode, vgl. SCHICH (1997), S. 17-20.

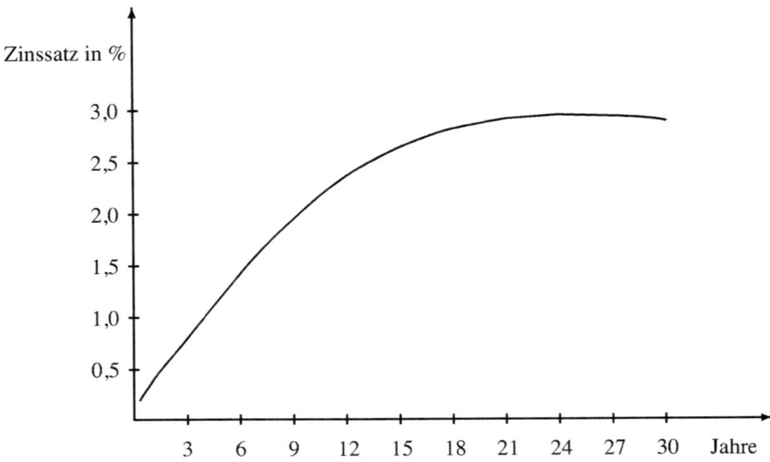

Quelle: Eigene Darstellung, in Anlehnung an OBERMAIER (2006), S. 474.

Abbildung 3.2: Zinsstrukturkurve nach der SVENSSON-Methode

stellt.[273] Nach IDW S 1 wird empfohlen, die von der Deutschen Bundesbank zur Verfügung gestellten Parameterschätzungen zu verwenden.[274] Indes wird durch den Hinweis auf methodisch vergleichbare Daten der EZB impliziert, dass auch diese Daten verwendet werden dürfen.[275] Es liegt demnach im Ermessen des Bewerters, für welche Datenquelle er sich entscheidet. Die Unterschiede zwischen den Daten der Deutschen Bundesbank und den Daten der EZB sowie die mit der Festlegung auf eine Datenquelle verbundenen Bewertungskonsequenzen werden im Folgenden diskutiert.

Methodisch stimmen die Schätzungen der beiden Institute überein. In beiden Fällen wird die SVENSSON-Methode zur Ableitung der aktuellen ZSK verwendet.[276] Wesentliche Unterschiede ergeben sich bei der Datengrundlage zur Berechnung der erforderlichen Spot Rates. Während die Deutsche Bundesbank auf Durchschnittskurse von Bundesanleihen, Bundesobligationen und Bundesschatzanweisungen mit einer (Rest-)Laufzeit von mindestens drei Monaten zurückgreift, verwendet die EZB eine Aus-

273 Vgl. FAUB des IDW (2008), S. 490.
274 Vgl. WP Handbuch 2014, Abschn. A Tz. 353.
275 Vgl. FAUB des IDW (2008), S. 490.
276 Vgl. WIESE/GAMPENRIEDER (2008), S. 1726.

wahl von 160 Staatsanleihen, die von Zentralstaaten des Euro-Raumes begeben wurden und mit einem AAA-Rating versehen sind.[277] Ein weiterer Unterschied besteht darin, dass die Deutsche Bundesbank diskrete Spot Rates ermittelt, während die mittels der EZB-Daten ermittelten stetigen Spot Rates vor der Verwendung für die Unternehmensbewertung zuerst in diskrete Zinssätze umgerechnet werden müssen.[278]

Zur Veranschaulichung der Auswirkungen auf den BZS, den Kapitalisierungszinssatz und den zu ermittelnden Unternehmenswert, werden die sich ergebenden Unterschiede zwischen der Verwendung von Daten der Deutschen Bundesbank und der EZB anhand des folgenden Beispiels dargestellt. Als Bewertungsstichtag wird der 01.10.2011 festgelegt, so dass nach den Vorgaben des IDW S 1 der Durchschnittswert der Parameter der Monate Juli, August und September zur Ermittlung der ZSK herangezogen wird.[279] Es ergeben sich die in Tabelle 3.1 dargestellten Parametervektoren für die Deutsche Bundesbank β_{BB} und τ_{BB} sowie für die EZB β_{EZB} und τ_{EZB}.

Parametervektoren unterschiedlicher Datenquellen	
Datenquelle Deutsche Bundesbank	**Datenquelle** EZB
$(1{,}10; -0{,}94; -4{,}45; 13{,}69) = \beta_{BB}$ $(8{,}56; 5{,}06) = \tau_{BB}$	$(3{,}55; -2{,}79; 6{,}95; -6{,}71) = \beta_{EZB}$ $(4{,}31; 2{,}85) = \tau_{EZB}$

Quelle: Eigene Darstellung.

Tabelle 3.1: Parametervektoren unterschiedlicher Datenquellen

Um eine bessere Vergleichbarkeit der aus den verschiedenen Datensätzen ermittelten Zinssätze zu ermöglichen, werden die anhand der SVENSSON-Formel berechneten laufzeitspezifischen Zinssätze in einen barwertäquivalenten BZS umgerechnet.[280] Als Anschlussverzinsung wird der für das Jahr 30 ermittelte Zinssatz verwendet.[281] Wird der Bewertung zudem eine MRP von 5 % und ein Beta-Faktor von

277 Vgl. OBERMAIER (2008), S. 495.

278 Zur Umrechnung von stetigen in diskrete Zinssätze, vgl. OBERMAIER (2008), S. 496.

279 Vgl. FAUB des IDW (2008), S. 491.

280 Zur Umrechnung wird die Zahlungsreihe der finanziellen Überschüsse benötigt. Hierzu kann entweder die vorliegende Zahlungsreihe des Bewertungsobjektes oder, wie in der Beispielrechnung des IDW veranschaulicht, eine Zahlungsreihe finanzieller Überschüsse von 100 GE, die in jeder Periode mit einer Rate von 1 % wachsen, verwendet werden. Ausführlich zu der Berechnung eines barwertäquivalenten BZS, vgl. Abschn. 341.7.

281 Vgl. zur Methodik der Bestimmung einer Anschlussverzinsung ausführlich Abschn. 341.6.

0,8 zugrunde gelegt, ergeben sich die in Tabelle 3.2 enthaltenen Zinssätze für den barwertäquivalenten BZS und den Kapitalisierungszinssatz.

Zinssätze für Deutsche Bundesbank- und EZB-Daten		
Datenquelle	**BZS**	**r**
Deutsche Bundesbank	2,0278 %	6,0278 %
EZB	3,5090 %	7,5090 %

Quelle: Eigene Darstellung.

Tabelle 3.2: Zinssätze für Deutsche Bundesbank- und EZB-Daten

Wie der Tabelle zu entnehmen ist, unterscheiden sich die berechneten barwertäquivalenten BZS um fast 1,5 %-Punkte. Es ist somit ersichtlich, dass die anhand der Daten der EZB ermittelten Zinssätze einen deutlichen Aufschlag gegenüber den mittels den Daten der Deutschen Bundesbank ermittelten Zinssätzen aufweisen. Die anhand des CAPM ermittelten Kapitalisierungszinssätze unterscheiden sich unter der angenommenen Datenkonstellation um ca. 25 %. Wird ein Unternehmen mit zu diskontierenden finanziellen Überschüssen von 100 GE und einer konstanten Wachstumsrate der finanziellen Überschüsse von 1 % zugrunde gelegt, ergibt sich für den Fall der Daten der Deutschen Bundesbank ein Unternehmenswert von 1.989 GE und für die Daten der EZB von 1.536 GE. Somit unterscheiden sich die ermittelten Unternehmenswerte um ca. 30 %. Die Unterschiede sind in Abbildung 3.3 zusammengefasst. Dadurch wird deutlich, welchen Effekt die Wahl der in die SVENSSON-Formel einfließenden Parameter auf die Höhe des Unternehmenswertes hat. Daher ist in jedem Bewertungsfall zu prüfen, welche Datenbasis herangezogen werden sollte, um eine sachgerechte Bewertung zu gewährleisten.

Wie den vorangehenden Analysen zu entnehmen ist, liegen die aus Daten der Deutschen Bundesbank ermittelten Zinssätze meist unterhalb den vergleichbaren EZB-Zinssätze. Eine mögliche Interpretation dieses Zinsspreads ist, dass die EZB-Daten im Vergleich zu den Daten der Deutschen Bundesbank eine geringe Risikoprämie enthalten.[282] Eine Verwendung dieser Daten widerspräche daher dem Gedanken des BZS, der theoretisch frei von jeglichen Risikoaspekten sein sollte. Sollte sich diese Interpretation als richtig erweisen, wären demnach die von der Deutschen Bundesbank bereitgestellten Daten besser geeignet, um den BZS anhand einer ZSK zu ermitteln.[283]

282 Indes trifft diese Beobachtung nicht auf sämtliche Zeitpunkte zu. So verläuft beispielsweise die ZSK auf Grundlage der EZB-Daten vom 14.02.2007 vollständig unterhalb der ZSK auf Basis der Daten der Deutschen Bundesbank, vgl. WIESE/GAMPENRIEDER (2008), S. 1726.

283 Vgl. FAUB des IDW (2009), S. 697.

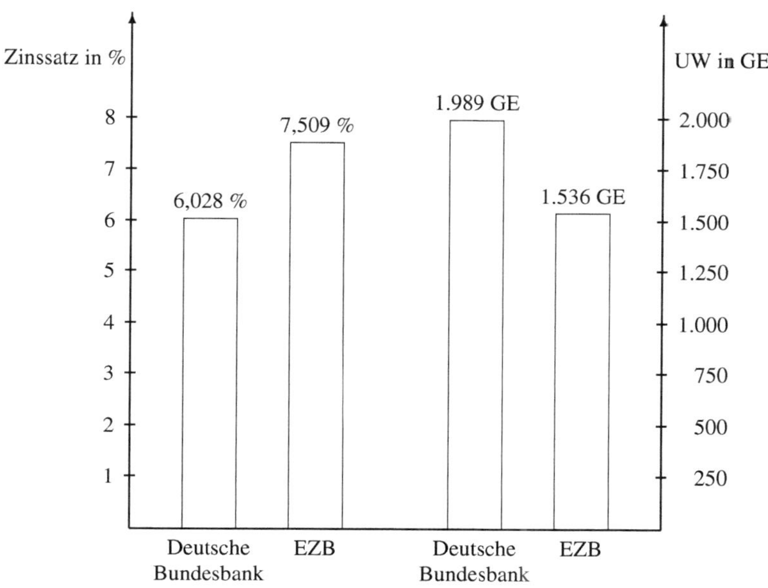

Quelle: Eigene Darstellung.

Abbildung 3.3: Einfluss von Deutsche Bundesbank- und EZB-Parametern auf Kapitalisierungszinssatz und Unternehmenswert

Zu empfehlen ist daher grundsätzlich eine Gegenüberstellung der beiden ZSK. Werden signifikante Abweichungen festgestellt, sind die Gründe für diese Abweichung zu analysieren und es ist zu entscheiden, welcher Datensatz den BZS geeigneter repräsentiert. Die im konkreten Bewertungsfall nicht gewählten Daten lassen sich anschließend zu einer Plausibilisierung der Bewertungsergebnisse heranziehen.[284]

284 Vgl. WIESE/GAMPENRIEDER (2008), S. 1726.

341.6 Methodik zur Schätzung der Anschlussverzinsung

Weitere Ermessensspielräume bei der Ermittlung des BZS ergeben sich bei der Bestimmung der Anschlussverzinsung. Da in Deutschland öffentliche Anleihen eine Laufzeit von höchstens 30 Jahren aufweisen, bei der Unternehmensbewertung i. d. R. aber eine unbegrenzte Lebensdauer des zu bewertenden Unternehmens unterstellt wird,[285] müssen Annahmen getroffen werden, wie sich die Zinssätze in dem über 30 Jahre hinausgehenden Zeitraum entwickeln werden.[286]

Zur Ermittlung der Anschlussverzinsung werden im Schrifttum unterschiedliche Möglichkeiten vorgeschlagen:[287] Expertenprognose, historische Durchschnittswerte, einheitliche Zinssätze, Regressionsmodelle, Modellierung anhand eines stochastischen Prozesses und Zinsstrukturmodelle. Da zur Schätzung des BZS i. d. R. das Zinsstrukturmodell von SVENSSON verwendet wird, ist es naheliegend, auch die Schätzung der Anschlussverzinsung anhand von Zinsstrukturmodellen vorzunehmen. Daher stehen diese Modelle im Mittelpunkt der folgenden Analyse.[288]

Bei Anwendung von Zinsstrukturmodellen gibt es drei unterschiedliche Vorgehensweisen, die Zinssätze für den über 30 Jahre hinausgehenden Zeitraum zu ermitteln. Diese werden im Folgenden näher erläutert:[289]

- Direkte Extrapolation der SVENSSON-Methode,
- Verwendung der letzten am Markt ableitbaren impliziten Forward Rates oder
- Verwendung der modellierten Spot Rate der 30-jährigen Anleihe.

Durch Extrapolation des SVENSSON-Modells ist es möglich, auch Zinssätze für den Zeitraum mit einer (Rest-)Laufzeit von über 30 Jahren zu schätzen.[290] Aufgrund der charakteristischen Eigenschaften

285 Zu der Vorgehensweise bei der Annahme einer zeitlich begrenzten Lebensdauer des Unternehmens, vgl. GEBHARDT/DASKE (2005), S. 650-653.

286 Anderer Ansicht sind JONAS/WIELAND-BLÖSE/SCHIFFAHRT, die mit Hinweis auf die Duration eines Wertpapieres eine explizite Schätzung einer Anschlussverzinsung für nicht erforderlich halten, da es ausreiche, auf Marktdaten lang laufender, aber endlicher Zahlungsströme zurückgreifen zu können, vgl. JONAS/WIELAND-BLÖSE/SCHIFFARTH (2005), S. 650.

287 Vgl. BALLWIESER (2002), S. 737 f., GOEHR/WENDE (2004), S. 288 und OBERMAIER (2008), S. 496-504.

288 Die Methodik der weiteren Verfahren sowie die damit verbundenen Vor- und Nachteile sind nachzulesen bei OBERMAIER (2005), S. 21-24 und OBERMAIER (2008), S. 496-504.

289 Vgl. DÖRSCHELL/FRANKEN/SCHULTE (2012), S. 65.

290 Diese Methode wurde ursprünglich vom IDW zur Ermittlung der Anschlussverzinsung vorgeschlagen, vgl. WAGNER et al. (2006), S. 1015.

der SVENSSON-Gleichung konvergiert die so extrapolierte ZSK gegen den Wert β_0. Somit wird bei Anwendung dieser Methode zur Schätzung der Anschlussverzinsung implizit der Faktor β_0 als langfristig erzielbarer Zinssatz gewählt. Dies ist vor allem aufgrund der hohen Volatilität dieses Faktors kritisch zu betrachten.[291] Im obigen Beispiel für den 28.09.2011 würde sich eine Anschlussverzinsung von lediglich 0,71 % ergeben. Im Vergleich zu der geschätzten Spot Rate mit einer Laufzeit von 30 Jahren in Höhe von 3,42 % würde dies einen theoretisch nur schwer zu begründenden Zinsspread von ca. 2,71 %-Punkten darstellen.

Darüber hinaus wird zum Teil vorgeschlagen, den Faktor β_0 als Obergrenze für den langfristig erzielbaren Zinssatz heranzuziehen.[292] Auch diese Argumentation erscheint nur dann plausibel, wenn der Faktor oberhalb des Zinssatzes der geschätzten Spot Rate mit einer 30-jährigen Laufzeit liegt.[293] Im obigen Beispiel würde sich eine Obergrenze von 0,71 % ergeben, was auch bei ungünstigen Marktbedingungen keiner realistischen Annahme entspräche. Die vorgetragenen Argumente sowie die damit verbundene hohe Abhängigkeit von dem zugrunde gelegten Bewertungsstichtag, lassen diese Möglichkeit der Schätzung der Anschlussverzinsung für eine objektivierte Unternehmensbewertung ungeeignet erscheinen.

Eine weitere Methode zur Schätzung der langfristigen Zinssätze stellt die Verwendung impliziter Forward Rates dar. Diese in der ZSK enthaltenen Forward Rates sind über den folgenden funktionalen Zusammenhang mit den Spot Rates verknüpft:[294]

$$i_{fr,s,t} = \sqrt[t-s]{\frac{(1+i_{0,t})^t}{(1+i_{0,s})^s}} - 1 \tag{3.2}$$

Unter Verwendung der Spot Rates mit 29 und 30 Jahren (Rest-)Laufzeit, lässt sich mittels der folgenden Funktion die ZSK für den über 30 Jahre hinausgehenden Zeitraum berechnen:[295]

$$i_{0,t} = \sqrt[t]{(1+i_{0,t-1})^{t-1} \cdot (1+i_{fr,29,30})} \tag{3.3}$$

291 Beispielsweise werden in dem vergleichsweise kurzen Zeitraum von Januar 2007 bis Januar 2009 Werte zwischen knapp 1 % und über 5 % angenommen.

292 Vgl. OBERMAIER (2008), S. 502.

293 An diesem Beispiel zeigt sich, dass sich auch bei einer Extrapolation der nach der SVENSSON-Methode ermittelten ZSK inverse Verläufe für lange Laufzeiten abbilden lassen, vgl. REESE/WIESE (2007), S. 43.

294 Vgl. DÖRSCHELL/FRANKEN/SCHULTE (2012), S. 69.

295 Vgl. DÖRSCHELL/FRANKEN/SCHULTE (2012), S. 69.

Diese Methode weist den Vorteil auf, dass die Entwicklung der ZSK für lange Laufzeiten berücksichtigt wird. Indes zeigt sich auch hier ein ähnlicher Verlauf der auf diese Weise geschätzten ZSK wie bei Anwendung der Extrapolation der SVENSSON-Methode. Vor allem ist der hohe Einfluss der Spot Rates mit 29 bzw. 30 Jahren (Rest-)Laufzeit zu nennen, von dem die Entwicklung der ZSK wesentlich abhängt. Ist die Veränderung vom 29. auf das 30. Jahr groß, so sind volatile Ergebnisse für die ZSK zu erwarten.[296]

Die dritte Möglichkeit für die Schätzung der Zinssätze für Laufzeiten über 30 Jahre stellt die Fortschreibung der letzten am Markt ableitbaren Spot Rate dar.[297] Somit wird für Laufzeiten ab 30 Jahren ein flacher Verlauf der ZSK unterstellt, was im Gegensatz zu den beiden bislang vorgestellten Verfahren einen plausibleren Verlauf darstellt.[298] Der Vorteil dieser Methode ist die pragmatische Vorgehensweise, da kein weiterer Rechen- und Arbeitsaufwand anfällt. Ein weiteres Argument für die Anwendung dieser Methode ist, dass es einer intuitiven Vorgehensweise entspricht, den längsten am Markt beobachtbaren Zinssatz als besten Schätzer für darüber hinausgehende Laufzeiten zu betrachten.[299]

Um die Unterschiede der drei Methoden zur Schätzung der Anschlussverzinsung zu verdeutlichen, werden die sich ergebenden Zinssätze und die daraus ermittelten Unternehmenswerte im folgenden Beispiel dargestellt. Als maßgeblicher Bewertungsstichtag wird wiederum der 01.10.2011 zugrunde gelegt, so dass die Daten der Deutschen Bundesbank der Monate Juli, August und September zur Durchschnittsbildung herangezogen werden. Die Verläufe der ermittelten ZSK und der unterschiedlichen Annahmen bezüglich der Anschlussverzinsung sind in Abbildung 3.4 dargestellt.

Um die Unterschiede der beiden Methoden quantifizieren zu können, werden die ZSK in einen barwertäquivalenten BZS überführt. Hierbei zeigt sich, dass die impliziten Forward Rates als Methodik zur Schätzung der Anschlussverzinsung in der Praxis nicht geeignet sind, da sich im langfristigen Bereich Zinssätze von weniger als 1 % ergeben. In Verbindung mit finanziellen Überschüssen, die mit einer konstanten Rate von 1 % wachsen, ist es somit nicht möglich, einen barwertäquivalenten BZS zu ermitteln. Daher werden im Folgenden nur die beiden anderen Methoden verglichen. Wird der Bewertung wiederum eine MRP von 5 % und ein Beta-Faktor von 0,8 zugrunde gelegt, ergeben sich die in Tabelle 3.3 enthaltenen Zinssätze für den barwertäquivalenten BZS und den Kapitalisierungszinssatz.

296 Vgl. DÖRSCHELL/FRANKEN/SCHULTE (2012), S. 70.

297 Vgl. SCHWETZLER (1996b), S. 1091.

298 Dies gilt auch bei einem Vergleich in Hinblick auf die Rendite der von Frankreich begebenen Staatsanleihe mit einer Laufzeit von 50 Jahren, vgl. DÖRSCHELL/FRANKEN/SCHULTE (2012), S. 72.

299 Vgl. REESE/WIESE (2007), S. 43-45.

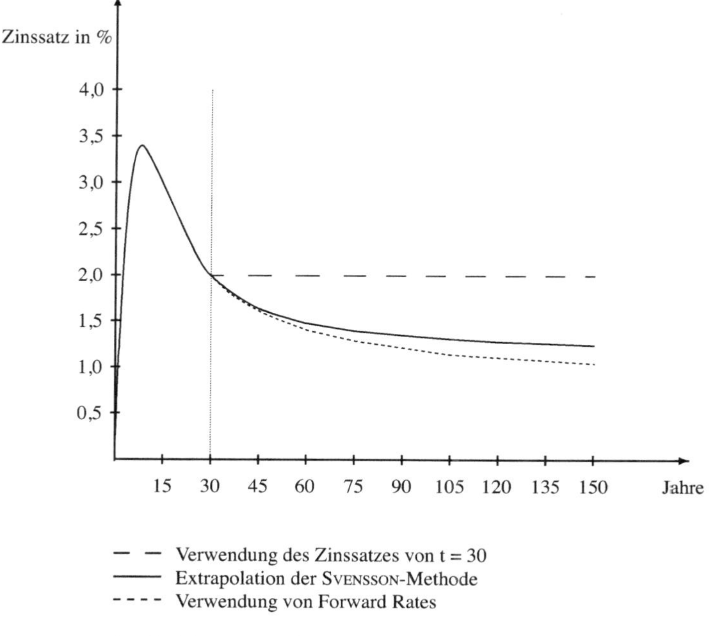

Quelle: Eigene Darstellung, in Anlehnung an DÖRSCHELL/FRANKEN/SCHULTE (2009), S. 66.

Abbildung 3.4: Unterschiedliche Verläufe möglicher Anschlussverzinsungen

Der Tabelle ist zu entnehmen, dass sich die berechneten barwertäquivalenten BZS um fast 0,9 %-Punkte unterscheiden. Es wird somit deutlich, dass die Wahl der Methodik zur Ermittlung der Anschlussverzinsung einen erheblichen Effekt auf die Höhe des ermittelten BZS hat. Unter der angenommenen Datenkonstellation unterscheiden sich die anhand des CAPM ermittelten Kapitalisierungszinssätze um ca. 17 %. Wird wie im obigen Beispiel ein Unternehmen mit zu diskontierenden finanziellen Überschüssen von 100 GE und einer konstanten Wachstumsrate der finanziellen Überschüsse von 1 % zugrunde gelegt, ergibt sich im ersten Fall ein Unternehmenswert von 2.411 GE und im zweiten Fall von 1.989 GE. Der Unterschied zwischen den beiden ermittelten Unternehmenswerten beträgt somit über 20 %. Die Ergebnisse des Beispiels sind in Abbildung 3.5 zusammengefasst.

Zinssätze verschiedener Methoden zur Ermittlung der Anschlussverzinsung		
Methodik	**BZS**	**KZS**
Extrapolation	1,1473 %	5,1476 %
$t = 30$	2,0278 %	6,0278 %

Quelle: Eigene Darstellung.

Tabelle 3.3: Zinssätze verschiedener Methoden zur Ermittlung der Anschlussverzinsung

341.7 Kapitalisierung der finanziellen Überschüsse

Wurde eine ZSK ermittelt, ergibt sich für den Bewerter bei der Wahl der Methode der Diskontierung der finanziellen Überschüsse auf den Bewertungsstichtag ein weiterer Ermessensspielraum. Hierbei stehen im Wesentlichen drei unterschiedliche Vorgehensweisen zur Verfügung, die im Folgenden zunächst beschrieben und danach detailliert analysiert werden:[300]

- Diskontierung mit den laufzeitäquivalenten Spot Rates,
- Diskontierung mit einem barwertäquivalenten BZS oder
- Kombination der beiden Methoden.

Die Diskontierung der finanziellen Überschüsse mit den laufzeitäquivalenten Spot Rates stellt die theoretisch und methodisch korrekte Vorgehensweise dar.[301] Da die für jede künftige Periode ermittelten finanziellen Überschüsse mit dem für die entsprechende Laufzeit gültigen Zinssatz diskontiert werden, ist der Grundsatz der Laufzeitäquivalenz somit bei Anwendung dieser Methode erfüllt.

Bei der zweiten Möglichkeit wird in einer Nebenrechnung derjenige einheitliche BZS ermittelt, der zu dem gleichen Barwert wie bei einer Diskontierung mit den laufzeitspezifischen Spot Rates führt. Anschließend werden sämtliche finanzielle Überschüsse mit diesem einheitlichen BZS auf den Bewertungsstichtag diskontiert.

Die oben angesprochene Kombination dieser beiden Möglichkeiten bietet sich vor allem bei Anwendung der Phasenmethode an. Werden die zu prognostizierenden finanziellen Überschüsse in eine Detailplanungsphase und eine Terminal Value-Phase differenziert, besteht für den Bewerter die Möglich-

300 Vgl. DÖRSCHELL/FRANKEN/SCHULTE (2012), S. 74-85.
301 Vgl. KNIEST (2005), S. 11.

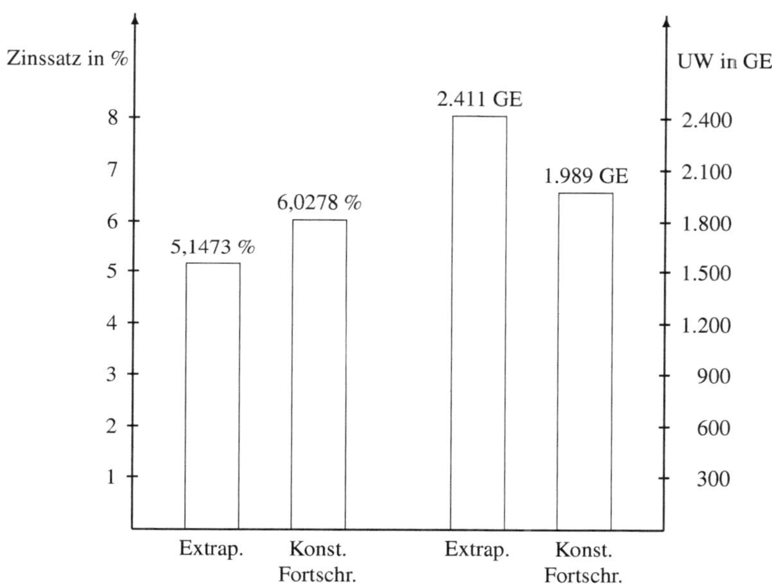

Quelle: Eigene Darstellung.

Abbildung 3.5: Einfluss der Methodik zur Ermittlung der Anschlussverzinsung auf Kapitalisierungszinssatz und Unternehmenswert

keit, die finanziellen Überschüsse der Detailplanungsphase mit den periodenspezifischen Spot Rates und die als nachhaltig angesehenen finanziellen Überschüsse der Terminal Value-Phase mit einem einheitlichen BZS zu diskontieren.[302]

Es ist im Schrifttum zur Unternehmensbewertung unumstritten, dass die Diskontierung der finanziellen Überschüsse mit den laufzeitäquivalenten Spot Rates die theoretisch korrekte Vorgehensweise darstellt.[303] Da heutzutage die dazu notwendige EDV-technische Unterstützung vorhanden ist und da-

302 Vgl. OBERMAIER (2006), S. 478.

303 Vgl. BASSEMIR/GEBHARDT/LEYH (2012), S. 656.

mit eine Implementierung eines solchen Bewertungskalküls keine Probleme bereitet, stellt sich die Frage, warum dennoch vorgeschlagen wird, auf einen einheitlichen BZS auszuweichen[304] und damit an einem nicht exakten Bewertungskonzept festgehalten wird.[305]

Meist wird der Vorteil eines einheitlichen BZS mit der damit einhergehenden Komplexitätsreduktion des zugrunde liegenden Bewertungskalküls begründet.[306] Durch die Diskontierung mit laufzeitäquivalenten Spot Rates würde die Bewertung unnötig kompliziert, wodurch die Kommunizierbarkeit der Bewertung erschwert würde. Ein weiteres Argument ist, dass auch die MRP i. d. R. periodenübergreifend ermittelt wird und die Bestimmung eines für alle Perioden einheitlichen BZS eine dazu konsistente Vorgehensweise darstellt.[307] Weiterhin wird betont, dass der Fehler bei der Anwendung eines einheitlichen BZS im Vergleich zu der Anwendung periodenspezifischer Spot Rates meist nur sehr klein sei, da die durch die ZSK implizierten Markdaten ausreichend präzise widergespiegelt würden.[308]

Trotz dieser vermeintlichen Vorteile eines einheitlichen BZS, gibt es auch einige Kritikpunkte an diesem Konzept.[309] Beispielsweise stellt die Berechnung des einheitlichen BZS einen Zirkelschluss dar, da das Ergebnis der Bewertung für die Ermittlung des einheitlichen BZS bereits bekannt sein muss. Damit ergibt sich nicht nur zusätzlicher Rechenaufwand, sondern vor allem auch ein unnötiger und vermeidbarer Bewertungsfehler.[310] Die Höhe des Bewertungsfehlers hängt dabei in erster Linie von der Struktur der Zahlungsreihe ab.[311] Es lässt sich feststellen, dass der Fehler desto höher ist, je größer die Schwankungen der Zahlungsreihe ausfallen. In diesem Zusammenhang wird auch die vom IDW S 1 geforderte Rundung auf 0,25 %-Punkte kritisiert, da hierdurch präzisere Daten vorliegen, die nicht in die Bewertung einfließen.[312]

In ihrer empirischen Untersuchung von 65 öffentlich zur Verfügung stehenden Bewertungsgutachten der Jahre 2002-2011, untersuchen BASSEMIR/GEBHARDT/LEYH systematisch den bei der Verwen-

304 Vgl. WAGNER et al. (2006), S. 1016.

305 Vgl. GEBHARDT/DASKE (2005), S. 655.

306 Vgl. KNOLL/DEININGER (2004), S. 371.

307 Darüber hinaus wird so die Vergleichbarkeit zwischen BZS unterschiedlicher Perioden erleichtert, vgl. JONAS/WIELAND-BLÖSE/SCHIFFARTH (2005), S. 648.

308 Vgl. JONAS/WIELAND-BLÖSE/SCHIFFARTH (2005), S. 648.

309 Die Kritik geht teilweise so weit, dass die Vermutung geäußert wurde, dass das IDW diese Vorgabe nur vorschreibe, um quartalsweise eine Empfehlung für die Höhe des anzuwendenden einheitlichen BZS veröffentlichen zu können, vgl. KNOLL (2006a), S. 528.

310 Vgl. GEBHARDT/DASKE (2005), S. 655, RAUSCH (2008), S. 66 und RUIZ VARGAS/ZOLLNER (2010), S. 4.

311 Vgl. REESE/WIESE (2007), S. 45.

312 Vgl. BALLWIESER (2011), S. 91.

dung eines einheitlichen BZS auftretenden Bewertungsfehler. Sie zeigen, dass dieser Fehler sowohl statistisch als auch ökonomisch signifikant ist.[313] So beträgt das artithmetische Mittel der Abweichung zwischen den gutachterlich, auf Basis eines einheitlichen BZS bestimmten, und den auf Basis von Spot Rates ermittelten Unternehmenswerten durchschnittlich 3,09 %, was einem kumulierten Fehler von 277 Mio. Euro entspricht.[314] Werden diese Dimensionen des systematischen aber vermeidbaren Bewertungsfehlers betrachtet, stellt sich die Frage, ob die vom IDW vorgeschlagene Vorgehensweise im Sinne einer korrekten Unternehmenswertermittlung sinnvoll ist.[315]

Entscheidet sich der Bewerter für die Anwendung eines einheitlichen BZS i_e, wird dieser für finanzielle Überschüsse, die mit der Wachstumsrate g wachsen, folgendermaßen ermittelt:[316]

$$\sum_{t=1}^{\infty} \frac{S(X)(1+g)^t}{(1+i_{0,t})^t} = \frac{S(X)(1+g)}{i_e - g} \Rightarrow i_e = \frac{(1+g)}{\sum_{t=1}^{\infty} \frac{(1+g)^t}{(1+i_{0,t})^t}} + g \qquad (3.4)$$

$S(X)$ bezeichnet dabei das Sicherheitsäquivalent der erwarteten Zahlungen.[317] Der auf diese Weise ermittelte barwertäquivalente BZS liefert nun bei Diskontierung der Sicherheitsäquivalente der finanziellen Überschüsse den gleichen Unternehmenswert wie bei Anwendung laufzeitäquivalenter Spot Rates. Wie der Formel zu entnehmen ist, hängt die konkrete Höhe des einheitlichen BZS neben der Struktur der Spot Rates auch von der unterstellten Wachstumsrate ab.

Da in der Praxis der Unternehmensbewertung den Bewertungskalkülen statt der Sicherheitsäquivalente der finanziellen Überschüssen meist deren Erwartungswerte zugrunde gelegt werden, muss die Berechnung des einheitlichen BZS entsprechend angepasst werden.[318] Der Kapitalisierungszinssatz setzt sich, dem CAPM folgend, aus dem BZS und einem Risikozuschlag z, bestehend aus der MRP gewichtet mit dem unternehmensindividuellen Beta-Faktor, zusammen. Somit ergibt sich der einheitliche BZS folgendermaßen:[319]

313 Vgl. BASSEMIR/GEBHARDT/LEYH (2012), S. 669.

314 Vgl. BASSEMIR/GEBHARDT/LEYH (2012), S. 675.

315 Eine methodisch vergleichbare Studie untersucht den Bewertungsfehler bei Anwendung historischer Zinssätze statt der Verwendung einer ZSK, vgl. LAMPENIUS/OBERMAIER/SCHÜLER (2008), S. 248-254.

316 Vgl. REESE/WIESE (2007), S. 45.

317 Im Schrifttum wird dabei teilweise auf den expliziten Verweis verzichtet, dass bei dieser Darstellung Sicherheitsäquivalente diskontiert werden, vgl. JONAS/WIELAND-BLÖSE/SCHIFFARTH (2005), S. 648.

318 Vgl. REESE/WIESE (2007), S. 48.

319 Vgl. DÖRSCHELL/FRANKEN/SCHULTE (2012), S. 77.

$$\sum_{t=1}^{\infty} \frac{E(X)(1+g)^t}{(1+i_{0,t}+z)^t} = \frac{E(X)(1+g)}{i_e+z-g} \Rightarrow i_e = \frac{(1+g)}{\sum_{t=1}^{\infty} \frac{(1+g)^t}{(1+i_{0,t}+z)^t}} + g - z \tag{3.5}$$

$E(X)$ bezeichnet dabei den Erwartungswert der erwarteten Zahlungen und es gilt die Beziehung $z = MRP \cdot \beta$. Hieran ist ersichtlich, dass in diesem Fall der einheitliche BZS neben den oben genannten Faktoren auch von der MRP und dem Beta-Faktor des zu bewertenden Unternehmens abhängt. Damit unterscheiden sich die auf die unterschiedlichen Methoden ermittelten einheitlichen BZS i. d. R. voneinander.[320]

Beide zur Ermittlung eines barwertäquivalenten BZS dargestellten Formeln beruhen auf der Annahme konstanter oder mit einer konstanten Rate wachsender finanzieller Überschüsse. Liegen diese im konkreten Bewertungsfall auch vor, stimmen die ermittelten Unternehmenswerte beider Methoden (Diskontierung mit laufzeitäquivalenten Spot Rates oder Diskontierung mit einem barwertäquivalenten BZS) überein. Sind die finanziellen Überschüsse indes nicht konstant oder mit einer konstanten Rate wachsend, weichen die ermittelten Unternehmenswerte voneinander ab. Der damit verbundene Bewertungsfehler hängt von der Struktur der finanziellen Überschüsse ab, so dass keine pauschale Aussage über dessen Höhe getroffen werden kann.[321]

Aus den vorangegangenen Ausführungen geht hervor, dass, sofern nicht auf die der vorliegenden Planung zugrunde liegenden finanziellen Überschüsse zurück gegriffen wird, bei der Bestimmung des einheitlichen BZS jeweils eine spezifische Wachstumsrate zu bestimmen ist.[322] Für den Bewerter ergibt sich demnach erneut ein Ermessensspielraum, welche Wachstumsrate er für diese Berechnung auswählt. IDW S 1 schlägt eine typisierende Wachstumsrate in Höhe von 1 % vor.[323] Eine Begründung für die Auswahl dieser Höhe wird indes nur insofern geliefert, dass der Ergebniseffekt bei Variation der Wachstumsrate nur gering sei und daher eine Wachstumsrate von 1 % in den meisten Fällen als sinnvoll eingeschätzt werden könne.[324]

320 Nur bei Vorliegen einer flachen ZSK oder bei einem Beta-Faktor von Null ergibt sich der gleiche Wert für den einheitlichen BZS, vgl. REESE/WIESE (2007), S. 47.

321 Im letzteren Fall kann der barwertäquivalente BZS iterativ ermittelt werden, so dass auch bei einer solchen Struktur der finanziellen Überschüsse die korrespondierenden Unternehmenswerte übereinstimmen. Indes ist diese Vorgehensweise mit einem wesentlich erhöhten Ermittlungsaufwand verbunden.

322 Vgl. WIDMANN/SCHIESZL/JEROMIN (2003), S. 803.

323 Vgl. WP Handbuch 2014, Abschn. A Tz. 356.

324 Vgl. WAGNER et al. (2006), S. 1016.

Da die diskutierte Wachstumsrate auch derjenigen Wachstumsrate der finanziellen Überschüsse der Terminal Value-Phase entsprechen muss, wird bei Anwendung einer pauschalen Rate von 1 % deren Ermittlung nicht sachgerecht vereinfacht.[325] Theoretisch korrekt wäre es demnach, die Wachstumsrate bei der Ermittlung der finanziellen Überschüsse und deren Prognostizierung für die Terminal Value-Phase in einem vorgelagerten Schritt unternehmensspezifisch zu ermitteln, um diese anschließend für die Berechnung des einheitlichen BZS zu verwenden.

Wie oben dargestellt, kann dem Phasenmodell folgend auch eine Kombination der bisher beschriebenen Methoden bei der Diskontierung der finanziellen Überschüsse angewendet werden.[326] Da bei einer unterstellten unendlichen Lebensdauer des zu bewertenden Unternehmens i. d. R. die Phasenmethode angewendet wird,[327] erscheint es plausibel, die finanziellen Überschüsse der Detailplanungsphase mit den entsprechenden laufzeitäquivalenten Spot Rates zu diskontieren und in der Terminal Value-Phase zur Diskontierung mithilfe eines barwertäquivalenten BZS überzugehen.[328] Dies hat den Vorteil, dass in der Detailplanungsphase die methodisch korrekte Vorgehensweise angewendet wird und anschließend durch die Verdichtung der künftigen Spot Rates zu einem einheitlichen BZS die Voraussetzung zur Anwendung eines Terminal Value-Modells geschaffen wird.

Darüber hinaus hat diese Methode den Vorteil, dass der Tatsache Rechnung getragen wird, dass sich die über eine ZSK geschätzten Zinssätze in Jahren mit einer kurzen Restlaufzeit meist deutlich unterscheiden, wohingegen die Zinssätze mit langen Restlaufzeiten kaum noch voneinander abweichen. Tabelle 3.4 veranschaulicht diesen Sachverhalt für die Zinsstrukturdaten des 28.09.2011.[329] Wie zu erkennen ist, weichen die Zinssätze mit einer Laufzeit von einem Jahr und von fünf Jahren 0,84 (= 1,23−0,39) %-Punkte voneinander ab. Demgegenüber besteht zwischen den Zinssätzen mit einer Laufzeit von 20 Jahren und von 30 Jahren nur ein Zinsspread von 0,01 (= 2,90−2,89) %-Punkten.

Das folgende Beispiel verdeutlicht die Unterschiede zwischen den beiden Verfahren und zeigt die Auswirkungen auf den Kapitalisierungszinssatz und den ermittelten Unternehmenswert. Das zu bewertende Unternehmen weist in den fünf Jahren der Detailplanungsphase finanzielle Überschüsse von 20, 40, 60, 80 und 100 GE aus. Anschließend werden diese mit einer Wachstumsrate von 1 % fortgeschrieben.

325 In Anlehnung an die Ermittlung der Wachstumsrate der finanziellen Überschüsse wird dabei vorgeschlagen, die langfristig zu erwartende Inflation als Schätzwert zu verwenden, vgl. REESE/WIESE (2007), S. 46.

326 Vgl. OBERMAIER (2006), S. 478.

327 Zur Phasenmethode vgl. IDW S 1 i. d. F. 2008, Tz. 75-80.

328 Vgl. DÖRSCHELL/FRANKEN/SCHULTE (2012), S. 82.

329 Auf die nach IDW S 1 vorgeschriebene 3-Monats-Glättung wird hierbei verzichtet, da es sich lediglich um eine Illustration der Zinsunterschiede handelt. Diese würde sich ebenso bei der Verwendung von Durchschnittsdaten ergeben.

Spot Rates aus der Zinsstrukturkurve nach SVENSSON vom 28.09.2011			
Jahr	**Spot Rate**	**Jahr**	**Spot Rate**
1	0,3915 %	16	2,7199 %
2	0,5964 %	17	2,7790 %
3	0,8083 %	18	2,8280 %
4	1,0207 %	19	2,8676 %
5	1,2288 %	20	2,8987 %
6	1,4288 %	21	2,9219 %
7	1,6183 %	22	2,9380 %
8	1,7954 %	23	2,9477 %
9	1,9591 %	24	2,9518 %
10	2,1088 %	25	2,9507 %
11	2,2442 %	26	2,9452 %
12	2,3656 %	27	2,9357 %
13	2,4732 %	28	2,9227 %
14	2,5677 %	29	2,9067 %
15	2,6497 %	30	2,8880 %

Quelle: Eigene Darstellung.

Tabelle 3.4: Spot Rates aus der Zinsstrukturkurve nach SVENSSON vom 28.09.2011

Als Bewertungsstichtag wird wiederum der 01.10.2011 gewählt, so dass sich nach Formel 3.4 aus der zugrunde liegenden ZSK ein barwertäquivalenter BZS in Höhe von 2,0278 % ergibt.[330] Zur Darstellung der Unterschiede wird methodisch folgendermaßen vorgegangen:[331] Zunächst wird die Detailplanungsphase fiktiv mittels der angenommenen Wachstumsrate auf einen Zeitraum von 30 Jahren erweitert. Die finanziellen Überschüsse der ersten 30 Jahre werden einmal mit dem barwertäquivalenten BZS und einmal mit den laufzeitspezifischen Spot Rates diskontiert.[332] Im 31. Jahr erfolgt der Übergang zu der Terminal Value-Phase, die mittels einer Terminal Value-Formel abgebildet wird.[333] Hierbei wird in beiden Fällen der gleiche BZS verwendet, so dass die auftretenden Unterschiede lediglich auf die Methodik des Diskontierens der ersten 30 Jahre zurückzuführen sind.

330 Als Wachstumsrate wird ebenfalls 1 % verwendet.

331 Vgl. BASSEMIR/GEBHARDT/LEYH (2012), S. 666-668.

332 In beiden Fällen wird der BZS um einen mittels des CAPM ermittelten Risikozuschlag erhöht. Hierbei werden wie in den vorangehenden Beispielen eine MRP von 5 % und ein Beta-Faktor von 0,8 angenommen.

333 Vgl. GORDON (1959).

Bei Verwendung eines barwertäquivalenten BZS ergibt sich ein Unternehmenswert in Höhe von 1.735 GE. Im Vergleich dazu ergibt sich bei Verwendung laufzeitäquivalenter Spot Rates ein Unternehmenswert von 1.633 GE. Somit ist der Unternehmenswert bei Verwendung eines barwertäquivalenten BZS um ca. 6 % niedriger. Es zeigt sich somit, dass die gewählte Methode zur Diskontierung der finanziellen Überschüsse einen Effekt auf den ermittelten Unternehmenswert hat. Die vereinfachende Verwendung eines barwertäquivalenten BZS sollte daher stets dahingehend geprüft werden, ob sie zu einem vergleichbaren Ergebnis gelangt wie die Verwendung laufzeitspezifischer Spot Rates. Zeigen sich deutliche Abweichungen zwischen den Methoden, ist es zu empfehlen, die theoretisch exaktere Methode zu verwenden. Abbildung 3.6 fasst die Ergebnisse des Beispiels noch einmal zusammen.

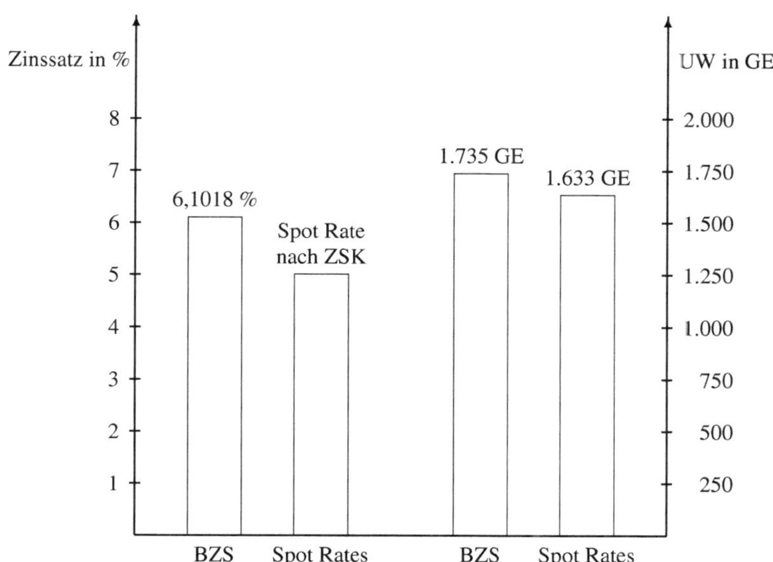

Quelle: Eigene Darstellung.

Abbildung 3.6: Einfluss der Methodik des Diskontierens auf Basiszinssatz und Unternehmenswert

341.8 Auslegung der Vorgaben zur 3-Monats-Glättung und zur Rundung

Die in die SVENSSON-Gleichung zur Ermittlung einer ZSK eingehenden Parameter sollen laut den Vorgaben des IDW S 1 über einen 3-Monats-Zeitraum geglättet werden.[334] Dabei soll der Durchschnitt der Parameter anhand der abgeschlossenen drei Monate vor dem Bewertungsstichtag berechnet werden. Obwohl an dieser Stelle kein der Definition der vorliegenden Arbeit entsprechender Ermessensspielraum für den Bewertenden vorliegt, lohnt eine genauere Betrachtung dieser Vorgabe. Da die Daten der Deutschen Bundesbank und der EZB tagesaktuell vorliegen, könnte mit Verweis auf das Stichtagsprinzip durchaus argumentiert werden, dass es sachgerecht sei, die Daten bis zum Bewertungsstichtag in die Berechnung des Durchschnittswertes einzubeziehen, statt die abgeschlossenen drei Monate vor dem Stichtag zu betrachten.[335]

Auf diese Weise könnte ein exakterer Unternehmenswert ermittelt werden, der die Verhältnisse am Bewertungsstichtag besser abbildet. Weiterhin ergeben sich nach der vom IDW S 1 vorgeschlagenen Methode ökonomisch nicht sinnvolle Sprünge der Unternehmenswerte bei den Übergängen zweier Monate. Für einen Bewertungsstichtag am 30.09. würden nämlich die Monate Juni bis August in die Berechnung des Durchschnitts einbezogen. Wird als Bewertungsstichtag der 01.10. gewählt, wird stattdessen der Durchschnitt der Monate Juli bis September berechnet. Abhängig von den Unterschieden der Parameter der Monate Juni und September können sich auf diese Weise unterschiedliche BZS ergeben, die unterschiedliche Unternehmenswerte zur Folge haben. Das folgende Beispiel verdeutlicht diesen Sachverhalt nochmals.

Es werden zwei Szenarien betrachtet. Im ersten Szenario liegt der Bewertungsstichtag am 15.09.2011 und somit genau in der Mitte des Monats. Wird die Vorgabe des IDW S 1 beachtet, müssen die Daten der Monate Juni bis August in die Durchschnittsbildung einbezogen werden.[336] Es ergeben sich die Parametervektoren β_{IDW} und τ_{IDW}. Werden stattdessen die Daten bis zum Bewertungsstichtag herangezogen und dementsprechend die Daten vom 15.06. bis 15.09. zur Durchschnittsbildung verwendet, ergeben sich die in der Tabelle 3.5 dargestellten Parametervektoren β_{exakt} und τ_{exakt}.

Werden diese in die SVENSSON-Gleichung eingesetzt, ergeben sich zwei unterschiedliche ZSK aus denen sich die folgenden barwertäquivalenten BZS ergeben. Für den Fall der korrekten Umsetzung der Vorgaben des IDW ergibt sich ein barwertäquivalenter BZS von 2,9560 $\%$ und für den anderen

334 Vgl. FAUB des IDW (2008), S. 491.

335 Zum Stichtagsprinzip, vgl. RUTHARDT/HACHMEISTER (2012).

336 Vgl. FAUB des IDW (2008), S. 491.

Abweichende Glättung der Parametervektoren	
Datengrundlage 01.06.–31.08.	**Datengrundlage** 15.06.–15.09
$(1{,}26;\ -0{,}90;\ 5{,}60;\ 3{,}34) = \beta_{IDW}$	$(1{,}39;\ -0{,}91;\ 3{,}00;\ 6{,}27) = \beta_{exakt}$
$(8{,}61;\ 4{,}86) = \tau_{IDW}$	$(8{,}76;\ 4{,}31) = \tau_{exakt}$

Quelle: Eigene Darstellung.

Tabelle 3.5: Abweichende Glättung der Parametervektoren

Fall ein barwertäquivalenter BZS von 2,8123 %. Die beiden Zinssätze unterscheiden sich somit um ca. 0,15 %-Punkte. Noch deutlicher wird der Unterschied zwischen den ermittelten Zinssätzen, wenn der Bewertungsstichtag am Ende eines Monats, z. B. am 30.09., liegt.[337]

In diesem zweiten Szenario müssten nach den Vorgaben des IDW wiederum die Monate Juni bis August einbezogen werden. Hingegen werden die Monate Juli bis September einbezogen, wenn die Daten bis zum Bewertungsstichtag herangezogen werden. Aus den entsprechenden Parametervektoren ergeben sich die in der folgenden Abbildung enthaltenen barwertäquivalenten BZS. Um den Effekt auf den ermittelten Unternehmenswert darzustellen, wird wie in den vorangegangenen Beispielen eine MRP von 5 %, ein Beta-Faktor von 0,8 und konstant mit 1 % wachsende finanzielle Überschüsse von 100 GE unterstellt. Abbildung 3.7 zeigt neben den unterschiedlichen barwertäquivalenten BZS auch die sich ergebenden Unternehmenswerte. Diese unterscheiden sich um ca. 18 %. Hierdurch wird deutlich, welchen Effekt die Wahl des Zeitraumes zur Durchschnittsbildung auf den Unternehmenswert hat.

342. Ermessensspielräume bei der Ermittlung der Marktrisikoprämie

342.1 Überblick

Die MRP stellt die vom Kapitalmarkt vergütete Mehrverzinsung eines mit Risiko behafteten Aktienportfolios gegenüber einer (quasi-)sicheren Anlage dar.[338] Die Vorgaben des IDW S 1 zur Ermittlung der MRP wurden bereits in Abschn. 334.3 dargestellt. Dabei zeigte sich, dass die Vorgaben darauf be-

337 Diese Konstellation entspricht auch dem oben angesprochenen Fall des Übergangs von einem Monat zum Nächsten.

338 Hierbei stellt das Aktienportfolio schon die in der Praxis vorgenommene Operationalisierung des theoretisch zu verwendendenen Marktportfolios dar, vgl. METZ (2007), S. 215 und Abschn. 342.5.

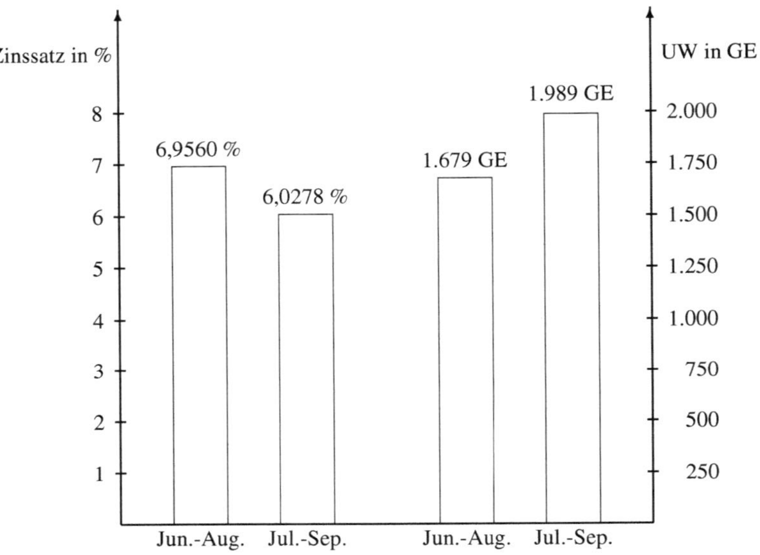

Quelle: Eigene Darstellung.

Abbildung 3.7: Einfluss der Auslegung der 3-Monats-Glättung auf Kapitalisierungszinssatz und Unternehmenswert

schränkt waren, dass empirische Untersuchungen auf Basis historischer Daten den Ausgangspunkt bilden können, um die für die Bewertung relevante, künftig erwartete MRP zu prognostizieren.[339] Herausgestellt wird in diesem Zusammenhang die von STEHLE durchgeführte Studie zur Höhe der MRP.[340]

339 Vgl. WP Handbuch 2014, Abschn. A Tz. 358-360.

340 Weitere ausführliche Studien zur Höhe der MRP liefern BIMBERG, der die Renditen von Aktien mit denen festverzinslicher Wertpapiere und Tagesgeld vergleicht und HÄUSER et al., der die Aktienrendite einer Rendite aus einem Rentenportfolio gegenüberstellt. Allerdings werden durch diese Studien aktuelle Kapitalmarktdaten nicht erfasst, so dass sie für aktuelle Bewertungsanlässe weniger geeignet erscheinen, vgl. BIMBERG (1993) und HÄUSER et al. (1985).

In diesem Abschnitt werden die Ermessensspielräume bei der Ermittlung der MRP untersucht. Hierbei ist durch den Bewerter zunächst das modelltheoretische Konzept festzulegen, anhand dessen die MRP ermittelt wird. Dazu stehen auf der einen Seite zukunftsorientierte Verfahren und auf der anderen Seite Studien zur Höhe der MRP auf Basis historischer Kapitalmarktdaten zur Verfügung.[341] Nach der Entscheidung für eine der beiden Konzeptionen, ergeben sich auf operativer Ebene zahlreiche Ermessensspielräume für den Bewertenden.[342]

Da in der Praxis der Unternehmensbewertung die Ableitung der MRP anhand historischer Kapitalmarktdaten die Regel darstellt, wird in diesem Abschnitt der Schwerpunkt der Analyse auf diese Vorgehensweise gelegt. Hierbei steht es dem Bewerter offen, ob er auf eine bereits vorliegende Studie zu Höhe der MRP zurückgreift oder ob er eine eigene Studie durchführt.[343] Die dabei auftretenden Ermessensspielräume beziehen sich auf den zugrunde gelegten Betrachtungszeitraum, das zur Messung der Renditedifferenz herangezogene Marktportfolio und die Methode der Durchschnittsbildung.[344] Darüber hinaus kann die vom IDW S 1 vorgegebene Bandbreite zur Höhe der MRP ausgenutzt werden.

Abbildung 3.8 fasst die in diesem Abschnitt analysierten Ermessensspielräume bei der Ermittlung der MRP zusammen.

342.2 Bandbreite der Marktrisikoprämie nach IDW S 1

Für Zwecke der objektivierten Unternehmensbewertung wird im IDW S 1 eine Bandbreite möglicher Werte für die MRP vorgegeben. Diese Bandbreite betrachtet Werte von 4,5–5,5 % als sachgerecht.[345] Der Ermessensspielraum besteht nun in der konkreten Wahl eines Zinssatzes innerhalb dieser Bandbreite. Im Folgenden werden die Auswirkungen der Wahl der MRP auf die Höhe des Kapitalisierungszinssatzes sowie die Höhe des Unternehmenswertes dargestellt. Dazu werden unterschiedliche

341 Einen Überblick über verschiedene Studien zur MRP bietet SALOMONS (2008), S. 301 f.

342 Bei der Bestimmung der MRP anhand von Studien historischer Kapitalmarktdaten ergeben sich teilweise ähnliche Problemstellungen wie bei der Ermittlung des Beta-Faktors anhand historischer Kapitalmarktdaten. Dies betrifft beispielsweise die Festlegung des Marktportfolios, des Betrachtungszeitraumes oder der Periodizität der Renditemessung. Üblicherweise werden diese Probleme im Schrifttum zur Unternehmensbewertung im Kontext des Beta-Faktors diskutiert, weshalb auch in der vorliegenden Arbeit auf diese Weise verfahren wird.

343 Die im Folgenden zu analysierenden Ermessensspielräume dieser beiden Vorgehensweisen sind indes deckungsgleich. Während es das Ziel bei Verwendung einer vorliegenden Studie ist, die Übertragbarkeit der Prämissen auf den Bewertungsfall zu überprüfen, sollte bei der Durchführung einer eigenen Studie das Ziel im Vordergrund stehen, die Parameter möglichst so auszuwählen, dass sie in Bezug auf den Bewertungsfall möglichst zutreffend gewählt werden.

344 Vgl. WAGNER et al. (2006), S. 1017.

345 Vgl. WP Handbuch 2014, Abschn. A Tz. 360.

Überblick über die Ermessensspielräume bei der Ermittlung der Marktrisikoprämie	
Ermessensspielraum	**Abschnitt**
Ausnutzen der vorgegebenen Bandbreite	342.2
Zeitbezug der MRP	342.3
Wahl des Betrachtungszeitraumes	342.4
Wahl des Marktportfolios	342.5
Art der Durchschnittsbildung	342.6

Quelle: Eigene Darstellung.

Abbildung 3.8: Überblick über die Ermessensspielräume bei der Ermittlung der Marktrisikoprämie

Datenkonstellationen betrachtet, die sich auf die Höhe der MRP und des Beta-Faktors beziehen. Die Festlegung der einzelnen Parameter ist Tabelle 3.6 zu entnehmen.

Ausnutzen der Bandbreite der Marktrisikoprämie			
Szenario	**BZS**	**MRP**	**Beta-Faktor**
1	4 %	4,5 %	0,8
2	4 %	5,5 %	0,8
3	4 %	4,5 %	1,2
4	4 %	5,5 %	1,2

Quelle: Eigene Darstellung.

Tabelle 3.6: Ausnutzen der Bandbreite der Marktrisikoprämie

Die sich aus diesen vier Szenarien mittels des CAPM ergebenden Kapitalisierungszinssätze sind Abbildung 3.9 zu entnehmen. Weiterhin wird, analog zu den bisherigen Beispielen, ein Unternehmen mit finanziellen Überschüssen von 100 GE und einer Wachstumsrate von 1 % bewertet. Die sich in Bezug auf die MRP ergebenden Unterschiede der Unternehmenswerte betragen bei einem Beta-Faktor von 0,8 ca. 15 % und bei einem Beta-Faktor von 1,2 ca. 17 %. Dies verdeutlicht, dass das Ausnutzen der vom IDW S 1 vorgegebenen Bandbreite möglicher MRP zu erheblichen Auswirkungen auf den Unternehmenswert führt. Abbildung 3.9 fasst die Ergebnisse des Beispiels zusammen.

342.3 Zeitbezug der Marktrisikoprämie

Die erste Entscheidung bei der Ableitung der MRP betrifft das zugrunde liegende modelltheoretische Konzept. Es ist zu entscheiden, ob die MRP anhand historischer Kapitalmarktdaten oder mittels zu-

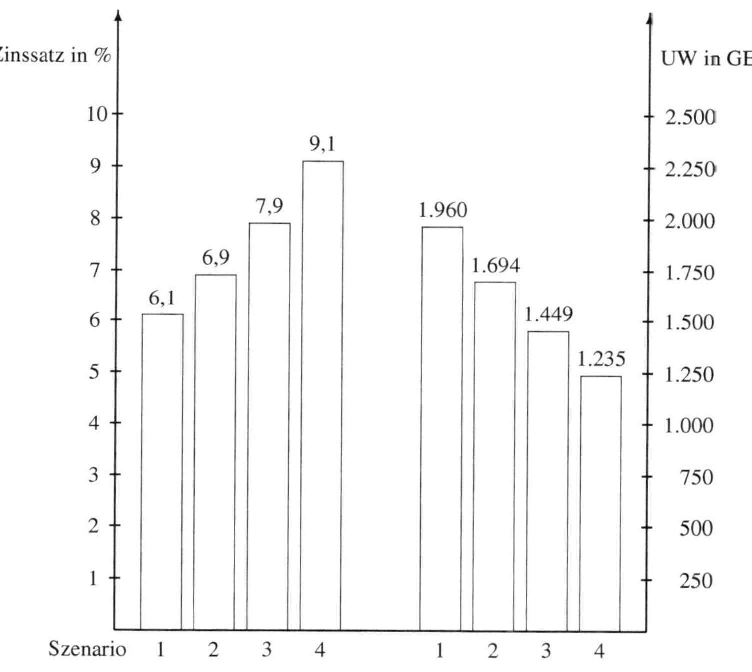

Quelle: Eigene Darstellung.

Abbildung 3.9: Auswirkungen des Ausnutzens der Bandbreite zur MRP

kunftsorientierter Verfahren ermittelt werden soll. Konzeptionell entspricht die Anwendung zukunftsorientierter Verfahren zur Ermittlung der MRP der korrekten Vorgehensweise, da sich der Wert eines Unternehmens aus der künftigen Nutzenstiftung ergibt.[346] Nur in diesem Fall ist der für die Bewertung erforderliche Zukunftsbezug gegeben. Trotz dieses konzeptionellen Vorteils, haben sich in der Praxis der Unternehmensbewertung bislang diese Verfahren nicht durchsetzen können.[347] Daher wird

346 Vgl. BALLWIESER (2005), S. 329.

347 Vgl. DÖRSCHELL/FRANKEN/SCHULTE (2012), S. 94.

an dieser Stelle nur vergleichsweise kurz auf die sich bei Anwendung zukunftsorientierter Verfahren ergebenden Ermessensspielräume eingegangen.[348]

Wird die Anwendung zukunftsorientierter Verfahren zur Bestimmung der MRP gewählt, hat der Bewerter zwischen der Expertenbefragung und der Anwendung analytischer Verfahren zu entscheiden. Da die Expertenbefragung als Methode zur Ermittlung der MRP im Schrifttum abgelehnt wird, wird sie an dieser Stelle nicht weiter betrachtet.[349]

Die übliche Vorgehensweise bei Anwendung zukunftsorientierter Verfahren ist die Ableitung der MRP anhand analytischer Modelle. Hierzu wurden verschiedene Modelle entwickelt, welche indes die gleiche investitionstheoretische Fundierung aufweisen. Dabei stellen das Dividend Discount Model, das Gewinnkapitalisierungsmodell und das Residual Income Model die drei wichtigsten zukunftsorientierten Modelle dar.[350]

Vereinfachend kann die zugrunde liegende Methodik aller zukunftsorientierten Verfahren wie folgt skizziert werden:[351] Ausgehend von den Berichten von Finanzanalysten[352] und dem aktuellen Börsenwert des Unternehmens, welcher als derzeitiger Unternehmenswert interpretiert wird, wird der sich hieraus implizit ergebende Kapitalisierungszinssatz ermittelt.[353] Anschließend wird dieser um die Höhe des BZS vermindert, um die MRP zu erhalten.[354]

Indes werden im Schrifttum einige Kritikpunkte an der zukunftsorientierten Schätzung der MRP diskutiert. Die wichtigsten Argumente werden im Folgenden kurz dargestellt. Die Kritik bezieht sich im Wesentlichen darauf, dass die auf diese Weise berechneten MRP stark von den (subjektiven) Schätzungen der Finanzanalysten abhängen.[355] Hiermit ist auch ein weiteres Problem verbunden: Zur Implementierung werden in allen Modellen die unternehmensspezifischen Prognosen der Finanzanalysten

348 Auf eine detaillierte Darstellung der einzelnen Verfahren wird dabei verzichtet. Hierzu sei auf DASKE/GEBHARDT (2006) und die dort aufgeführte Literatur verwiesen.

349 Zu den zahlreichen Nachteilen dieser Methode vgl. DÖRSCHELL/FRANKEN/SCHULTE (2012), S. 91 f.

350 Für eine vergleichende Gegenüberstellung der einzelnen Ansätze und der damit verbundenen Umsetzungsprobleme, vor allem bezogen auf den deutschen Kapitalmarkt, vgl. DASKE/WIESENBACH (2005).

351 Vgl. DAUSEND/SCHMITT (2011), S. 460 f.

352 Diese Abhängigkeit der zu ermittelnden MRP von den Schätzungen von Finanzanalysten wird dabei als sehr kritisch aufgefasst, da sich die Methodik bei der Schätzung der künftigen Ergebnisse erheblich von dem Vorgehen eines Wirtschaftsprüfers bei einer Unternehmensbewertung unterscheidet, vgl. WAGNER et al. (2006), S. 1017.

353 Dieser Zinssatz wird auch als impliziter Kapitalkostensatz („Implied Cost of Capital“) bezeichnet, vgl. GUAY/KOTHARI/SHU (2005), S. 1.

354 Vgl. HOCK (2005), S. 37.

355 Vgl. DÖRSCHELL/FRANKEN/SCHULTE (2012), S. 93.

benötigt. Diese liegen i. d. R. für nicht an der Börse notierte Unternehmen nicht vor. Selbst für börsennotierte Unternehmen liegen die erforderlichen Daten nur in ca. 25 % aller Fälle vor, so dass eine Ermittlung der MRP für den überwiegenden Teil der Unternehmen anhand zukunftsorientierter Verfahren ausscheidet.[356]

Ein weiteres Argument gegen die Verwendung zukunftsorientierter Verfahren ist die von sämtlichen Modellen unterstellte Identität von Unternehmenswert und aktuellem Börsenwert, die regelmäßig in der Praxis nicht gegeben ist.[357] Damit verbunden ist auch das methodenimmanente Problem der Zirkularität zukunftsorientierter Ansätze. Das Ziel der Unternehmensbewertung, den Wert eines Unternehmens zu berechnen, wird hier in Form des Börsenkurses als bekannt vorausgesetzt und bereits zur Berechnung des Kapitalisierungszinssatzes und damit implizit der MRP verwendet. Somit lässt sich berechtigterweise die Frage nach dem Nutzen des auf diese Weise berechneten Zinssatzes stellen.[358]

Da zukunftsorientierte Verfahren zur Ermittlung der MRP aufgrund der geäußerten Kritik in der Praxis der Unternehmensbewertung nur eine untergeordnete Rolle spielen, wird im Folgenden ausführlich auf die Ermessensspielräume bei der Ableitung der MRP anhand historischer Kapitalmarktdaten eingegangen. Hierbei muss der Bewerter grundsätzlich entscheiden, ob er auf Daten einer bereits vorliegenden empirischen Studie zurückgreift oder ob er eine eigene Analyse über die Höhe der MRP durchführt.

Der Vorteil bei einer Verwendung von Daten aus vorliegenden Studien ist die bessere Objektivierbarkeit der Analyseergebnisse. Speziell in Bezug auf die vom IDW S 1 empfohlene Studie von STEHLE[359] besteht im relevanten Berufsstand Kenntnis über die dort getroffenen Annahmen und Prämissen. Weiterhin ist der entstehende Aufwand bei Rückgriff auf eine vorhandene Studie zur Ermittlung der erforderlichen Daten sehr gering. Als Nachteil kann die eventuell veraltete, d. h. im Bewertungszeitpunkt nicht mehr repräsentative Datenbasis der vorliegenden Studie genannt werden.[360] Dennoch darf davon

356 Abhängig von dem zugrunde gelegten Modell, werden mindestens drei von den Analysten zu schätzende Parameter benötigt, um die MRP berechnen zu können, vgl. DASKE/WIESENBACH (2005), S. 416.

357 Ausschlaggebend hierfür sind meist die in der Realität zu beobachtenden Paketzuschläge oder Kontrollprämien bei dem Kauf großer Aktienpakete, vgl. BALLWIESER (2005), S. 329 f.

358 Vgl. GEBHARDT/LEE/SWAMINATHAN (2001), S. 167.

359 Vgl. STEHLE (2004).

360 So enthält die oben genannte Studie nicht die Kapitalmarktdaten aus der Folge der Wirtschaft- und Finanzkrise der Jahre 2007-2009. Dadurch besteht die Gefahr, dass die dortigen Schätzungen zur Höhe der MRP vor allem für Bewertungsstichtage ab dem Jahr 2009 tendenziell zu hoch ausfallen. Zu einer ausführlichen Darstellung der Auswirkungen der Wirtschafts- und Finanzkrise auf die Ermittlung der Parameter des Kapitalisierungszinssatzes, vgl. JONAS (2009), S. 542-546, ZWIRNER/REINHOLDT (2009), S. 140 f., BASSEMIR/GEBHARDT/RUFFING (2012), S. 883-892, IHLAU/GÖDECKE (2012), S. 889 f., KEMPER/RAGU/RÜTHERS (2012), S. 648-650 und ZEIDLER/TSCHÖPEL/BERTRAM (2012), S. 74-79. Zu der seit Ausbruch der Wirtschafts- und Finanzkrise im Schrifttum geführten Diskussion, ob

ausgegangen werden, dass im Regelfall bei einer Bewertung auf vorhandene Studien zurückgegriffen wird und nur in Ausnahmefällen eine eigene Studie durchgeführt wird.

Bei Rückgriff auf eine vorliegende Studie sind die zugrunde liegenden Prämissen kritisch zu hinterfragen. Im Wesentlichen unterscheiden sich die Studien hinsichtlich des betrachteten Zeitraumes, des gewählten Marktportfolios und der Art der Durchschnittsbildung.[361] Diese Parameter und die dabei auftretenden Ermessensspielräume werden im Folgenden näher analysiert.

342.4 Wahl des Betrachtungszeitraumes

Einen wesentlichen Einflussfaktor auf die Höhe der zu ermittelnden MRP stellt die Länge des zugrunde gelegten Betrachtungszeitraumes dar.[362] Hierbei geht es um die Fragestellung, welcher Zeitraum angemessen erscheint, um eine möglichst zeitpunktunabhängige Aussage über den Renditespread zwischen (nahezu) sicheren Anlagemöglichkeiten auf der einen und Aktien auf der anderen Seite treffen zu können. Der zentrale Aspekt besteht darin, einen Zeitraum zu wählen, dessen wirtschaftliche Rahmenbedingungen auch in Zukunft repräsentativ für die MRP erscheinen. Da es bei der Wahl eines Betrachtungszeitraumes keine theoretisch korrekte Lösung gibt, werden im Folgenden die unterschiedlichen Vorgehensweisen zur Wahl des Betrachtungszeitraumes dargestellt und deren Auswirkungen auf die Höhe der MRP analysiert.

Unstrittig ist, dass der Zeitraum zur Ableitung der MRP nicht zu kurz gewählt werden darf.[363] Ansonsten bestünde die Gefahr, nur einen nicht repräsentativen Ausschnitt zu betrachten, der entweder die Höhe der MRP unter- oder überschätzt. So würde bei einer Studie, die nur einen Betrachtungszeitraum von Zeiten einer wirtschaftlichen Hochphase umfasst, in der Aktien i. d. R. sehr hohe Renditen erwirtschaften, die MRP im Vergleich höher ausfallen als bei einer Studie, die auch Rezessionspha-

das CAPM auch in Zeiten einer Krise verlässliche Ergebnisse liefert, vgl. ZIMMERMANN/MESER (2013) und RAPP (2013).

361 Vgl. WP Handbuch 2014, Abschn. A Tz. 358.

362 Vgl. PANKOKE/PETERSMEIER (2009), S. 117 und HACHMEISTER/KÜHNLE/LAMPENIUS (2009), S. 1242.

363 Im Schrifttum wird allerdings teilweise auch positiv hervorgehoben, dass bei einem kurzen Betrachtungszeitraum bessere Ergebnisse geliefert werden als bei langen Betrachtungszeiträumen, da aktuelle Markteinschätzungen in die Berechnung einfließen, vgl. DÖRSCHELL/FRANKEN/SCHULTE (2012), S. 97. Indes darf bezweifelt werden, dass die auf diese Weise erhobenen Daten die im Durchschnitt erzielbare MRP besser widerspiegeln als langfristige Betrachtungen.

sen einschließt. Meist wird daher ein Betrachtungszeitraum von mindestens 30 Jahren als angemessen erachtet.[364]

Weitaus kritischer wird der Aspekt diskutiert, ab welchem Zeitpunkt die Kapitalmarktdaten betrachtet werden sollten. So ergibt sich beispielsweise für den Betrachtungszeitraum von 1948 bis 2008 eine MRP in Höhe von 10,81 %, wohingegen die MRP für den Zeitraum von 1961 bis 2008 lediglich 3,17 % beträgt.[365] Daher wurde vor allem die Frage, ob die 1950-er Jahre in die Analyse einbezogen werden sollten oder nicht, intensiv diskutiert.[366] Die im IDW S 1 empfohlene Studie von STEHLE wählt als Startpunkt das Jahr 1955. WENGER betrachtet diesen Zeitraum als nicht repräsentativ, da strukturelle Besonderheiten dieses Zeitraumes, die zu unplausiblen Renditen führten, in Zukunft nicht wiederholbar seien.[367]

Da sich indes keine intersubjektiv nachprüfbaren Kriterien zur Festlegung des Betrachtungszeitraumes herausgebildet haben, liegt es im Ermessen des Bewerters, welchen Zeitraum er bei der Ermittlung der MRP zugrunde legt. Da diese Entscheidung einen hohen Einfluss auf die ermittelte MRP hat, erscheint es angemessen, die getroffenen Annahmen bei der Bewertung deutlich zu machen.

342.5 Wahl des Marktportfolios

Die MRP stellt die vom Kapitalmarkt vergütete Mehrverzinsung des Marktportfolios gegenüber einer (quasi-)sicheren Anlage dar. Das Marktportfolio umfasst theoretisch alle mit Risiko behafteten Anlagemöglichkeiten.[368] Da ein solches Marktportfolio in der Realität nicht beobachtbar ist, muss stattdessen auf ein Konstrukt zurückgegriffen werden, dessen Rendite messbar ist und welches die Eigenschaften des Marktportfolios möglichst gut widerspiegelt.[369] Daher eignen sich vor allem Aktienindices zur Operationalisierung des Marktportfolios.[370] Da die Höhe der MRP entscheidend von dem

364 Zu den Auswirkungen auf die Höhe der MRP bei einer Variation der Länge des Betrachtungszeitraumes, vgl. METZ (2007), S. 214-216.

365 Vgl. BARK (2011), S. 105.

366 Vgl. HOCK (2005), S. 36, KNOLL (2006b), S. 470 und WENGER (2005), S. 13-16.

367 Vgl. WENGER (2005), S. 13-16.

368 Vgl. METZ (2007), S. 212. Aus theoretischer Sicht müssten somit sämtliche risikoreichen Kapitalanlagemöglichkeiten einbezogen werden, z. B. auch Grundstücke, Wein oder Kunstwerke, vgl. KRUSCHWITZ/LÖFFLER (2008), S. 808.

369 Vgl. BARK (2011), S. 103.

370 STEINER/KLEEBERG sprechen sich indes gegen eine Verwendung von Aktienindices als Substitution für das Marktportfolio aus. Sie schlagen die Verwendung eines modifizierten Marktportfolios vor, welches neben Aktien weitere

zur Messung herangezogenen Aktienindex abhängt, werden die bei dieser Entscheidung auftretenden Ermessensspielräume im Folgenden untersucht.

Eine erste Entscheidung ist darüber zu treffen, wie die Rendite des zugrunde liegenden Aktienportfolios berechnet wird. Hierbei werden grundsätzlich Performance- und Kurs-Indices unterschieden.[371] Der wesentliche Unterschied zwischen den beiden Indextypen besteht in der Erfassung von Dividendenzahlungen. Bei Performance-Indices werden diese nicht in Abzug gebracht, so dass sich der Kurs der entsprechenden Aktie nicht um die ausgeschüttete Dividende verringert. Somit werden bei diesen Indices sämtliche Renditebestandteile erfasst und im Aktienkurs abgebildet.[372] Dies spricht für eine Verwendung von Performance-Indices zur Berechnung der MRP.

Daneben ist von dem Bewerter zu entscheiden, welche Breite der gewählte Marktindex besitzt. Die Breite kann sich hierbei sowohl auf nationale als auch auf internationale Indices beziehen.[373] Da nach IDW S 1 bei der Ermittlung objektivierter Unternehmenswerte grundsätzlich von einer inländische unbeschränkt steuerpflichtigen natürlichen Person ausgegangen wird,[374] erscheint es sinnvoll, bei der Bestimmung der MRP auch einen nationalen Index zugrunde zu legen. Somit kämen in Deutschland beispielsweise der DAX und der CDAX als zu wählender Marktindex in Betracht. Der Vorteil des CDAX besteht darin, dass er eine weitaus breitere Datengrundlage bietet als der DAX.[375] Damit spiegelt er die wirtschaftliche Entwicklung in Deutschland zutreffender wider als der DAX.

Ist es indes ersichtlich, dass ein nationaler Index das mögliche Anlegerspektrum des Bewertungssubjektes nicht angemessen widerspiegelt, ist auf einen internationalen Marktindex auszuweichen. Hierbei bieten sich Aktienindices wie der MSCI Europe Index, der Eurostoxx 50 oder der MSCI World Index an. Eine weitere Möglichkeit besteht darin, verschiedene nationale Indices oder entsprechend vergleichbare Zeitreihen zu einem globalen Index zu verdichten. Auf diese Weise kann ebenfalls ein Portfolio nachgebildet werden, welches dem lediglich in der Theorie existierenden Marktportfolio nahe

Anlageklassen umfasst und daher aufgrund der sachlich und räumlich vorgenommenen Diversifizierung den theoretischen Anforderungen des Marktportfolios näher käme, vgl. STEINER/KLEEBERG (1991), S. 173-180.

371 Zu einer detaillierten Erläuterung der beiden Begriffe sei auf den Internetauftritt der Deutschen Börse verwiesen.

372 Vgl. BARK (2011), S. 103.

373 Vgl. KRUSCHWITZ/LÖFFLER (2008), S. 808.

374 Vgl. IDW S 1 i. d. F. 2008, Tz. 34.

375 Laut des Internetauftritts der Deutsche Börse Group sind 460 Unternehmen in dem CDAX gelistet, vgl. www.deutsche-boerse.com (Stand: 01.05.2015).

kommt.[376] Vor allem in Anbetracht der fortwährenden Internationalisierung der Wirtschaft und der zunehmenden (finanziellen) Verflechtungen der Unternehmen erscheint es notwendig, auch einen Marktindex zu wählen, der diese Zusammenhänge sachgerecht einbezieht. Zu beachten ist bei der Verwendung internationaler Indices, dass für nicht in Euro geführte Indices das auftretende Währungsrisiko vor der Berechnung der MRP eliminiert werden muss.[377]

342.6 Art der Durchschnittsbildung

Ein weiterer sich in Bezug auf die Ermittlung der MRP ergebender Ermessensspielraum betrifft die Wahl der Durchschnittsbildung der empirisch erhobenen Renditen. Dabei muss zwischen dem arithmetischen und dem geometrischen Mittel entschieden werden.[378] Im IDW S 1 werden keine Aussagen getroffen, welche der beiden Arten zu bevorzugen ist, so dass es im Ermessen des Bewerters liegt, für welche Variante er sich entscheidet.[379] Da die Entscheidung für eine der beiden Methoden einen großen Einfluss auf die Höhe der MRP hat, wird daher im Folgenden untersucht, welche Art der Mittelwertbildung für Zwecke der Ermittlung der MRP geeigneter erscheint.[380]

Bei der Wahl der Durchschnittsbildung sind im Wesentlichen zwei Annahmen zu treffen. Dies ist zum einen die Annahme über die Verteilung der zugrunde gelegten Aktienrenditen. Hier kann entweder stochastische Abhängigkeit oder stochastische Unabhängigkeit der Renditen unterstellt werden. Zum anderen muss eine Annahme hinsichtlich des Verwendungszweckes der zu ermittelnden MRP getroffen werden. Hierbei ist es von Bedeutung, ob diese zur Bestimmung eines Endwertes und damit zur Aufzinsung oder zur Bestimmung eines Barwertes und damit zur Abzinsung verwendet werden soll. Vor allem letztere Unterscheidung scheint in der Praxis der Unternehmensbewertung von untergeordneter Bedeutung zu sein, da meist nicht zwischen Auf- und Abzinsung unterschieden wird.[381] Dennoch hat auch diese Annahme einen Einfluss auf die theoretisch korrekte Wahl der Durchschnittsbildung.

376 So verwenden beispielsweise WATRIN/STÖVER in ihrer Analyse ein Portfolio, das die Vermögensklassen Aktien, Gold, Rohstoffe und Anleihen umfasst, vgl. WATRIN/STÖVER (2012), S. 124.

377 Vgl. HOCK (2005), S. 36.

378 Grundlegend zu den Unterschieden zwischen arithmetischem und geometrischen Mittel, vgl. BLUME (1974) und COOPER (1996).

379 Vgl. HOCK (2005), S. 37.

380 In ähnlichem Zusammenhang analysieren INDRO/LEE, ob durch eine nicht sachgerechte Mittelwertbildung falsche Investitionentscheidungen getroffen werden. Diese umfassen die Ablehnung ertragsversprechender Projekte und die Annahme verlustversprechender Projekte, vgl. INDRO/LEE (1997).

381 Vgl. WAGNER et al. (2006), S. 1018.

Das folgende Beispiel verdeutlicht diesen Einfluss des Verwendungszweckes anhand des arithmetischen Mittels.[382] Dazu sei angenommen, dass der Erwartungswert einer Rendite 20 % betrage, der Schätzfehler normalverteilt sei und in jeder der zwei Perioden mit gleicher Wahrscheinlichkeit −8 %, 0 % und +8 % annehmen kann. Aus dieser Datenkonstellation ergeben sich die in Tabelle 3.7 aufgeführten Erwartungswerte, wobei zwischen geschätzten und wahren Erwartungswerten differenziert wird und die Differenz dieser beiden Werte den Fehler des ermittelten Schätzers widerspiegelt. Wie der Tabelle zu entnehmen ist, weist lediglich der einperiodige Fall des Abzinsens keine Verzerrung auf. In allen anderen Fällen liegt der wahre Erwartungswert unterhalb des geschätzen Erwartungswertes, was einer Verzerrung des Schätzers nach unten entspricht.[383]

Korrekturterme bei der Ermittlung der Marktrisikoprämie				
	Abzinsung		**Aufzinsung**	
	$N = 1$	$N = 2$	$N = 1$	$N = 2$
Überschätzung	$1,28$	$1,28^2$	$1,28^{-1}$	$1,28^{-2}$
Richtige Schätzung	$1,20$	$1,20^2$	$1,20^{-1}$	$1,20^{-2}$
Unterschätzung	$1,12$	$1,12^2$	$1,12^{-1}$	$1,12^{-2}$
Geschätzter EW	$1,2000$	$1,4443$	$0,8358$	$0,7007$
Wahrer EW	$1,2000$	$1,4400$	$0,8333$	$0,6944$
Korrekturterm	$0,0000$	$-0,0043$	$-0,0025$	$-0,0063$

Quelle: Eigene Darstellung, in Anlehnung an DÖRSCHELL/FRANKEN/SCHULTE (2009), S. 104.

Tabelle 3.7: Korrekturterme bei der Ermittlung der Marktrisikoprämie

Bevor näher auf die Annahme stochastisch abhängig oder unabhängig verteilter Renditen eingegangen wird, wird im Folgenden zunächst der zugrunde liegende Renditebegriff diskutiert. In der Literatur zur Unternehmensbewertung wird diesem Punkt meist nur wenig Beachtung geschenkt. Grundsätzlich besteht die Möglichkeit, Renditen als diskrete Renditen oder als stetige Renditen auszudrücken. Bezeichnet A_t den Kurs einer Aktie zum Zeitpunkt t, ist die diskrete Rendite r_d für den Zeitraum von s bis t definiert als:[384]

$$r_d := \frac{A_t - A_s}{A_s} = \frac{A_t}{A_s} - 1 \tag{3.6}$$

382 Das Beispiel ist angelehnt an REESE (2007), S. 45 und lässt sich analog auch auf den Fall des geometrischen Mittels übertragen.

383 Vgl. DÖRSCHELL/FRANKEN/SCHULTE (2012), S. 109.

384 Vgl. DORFLEITNER (2002), S. 217-221.

Die stetige Rendite r_s für denselben Zeitraum ist definiert als:

$$r_s := ln\left(\frac{A_t}{A_s}\right) = ln(A_t) - ln(A_s) \tag{3.7}$$

Zwischen diskreter und stetiger Rendite besteht folgender Zusammenhang, so dass sich die beiden Renditebegriffe ineinander überführen lassen:

$$r_d = e^{r_s} - 1 \tag{3.8}$$

Zur Veranschaulichung der Unterschiede zwischen den beiden Renditebegriffen wird folgendes Beispiel herangezogen. Dieses verdeutlicht, welche der beiden Definitionen bei der Bestimmung des Kapitalisierungszinssatzes verwendet werden sollte. Unabhängig von dem angewendeten Renditebegriff berechnet sich das arithmetische Mittel r_{arithm} als Summe der einzelnen Renditen r_t, dividiert durch die Anzahl der Perioden T:

$$r_{arithm} := \frac{1}{T}\sum_{t=1}^{T} r_t \tag{3.9}$$

Das geometrische Mittel r_{geom} ist hingegen definiert als:

$$r_{geom} := \left(\prod_{t=1}^{T}(1 + r_t)\right)^{\frac{1}{T}} = exp\left(\frac{1}{T}\sum_{t=1}^{T} ln(1 + r_t)\right) \tag{3.10}$$

Dass sich aus den gleichen zugrunde gelegten Renditen je nach Art der Durchschnittsbildung unterschiedliche Werte ergeben, liegt daran, dass bei dem geometrischen Mittel Zinseszinsen einbezogen werden, wohingegen bei dem artihmetischen Mittel die Renditesteigerung pro Periode stets auf den Ausgangsbetrag bezogen ist.[385]

Für das Beispiel sei nun unterstellt, dass der Aktienkurs im Zeitpunkt t_0 100 GE betrage und im Laufe eines Jahres mit der gleichen Wahrscheinlichkeit entweder um eine diskrete Rendite von 44 % steigt

385 Für ein Beispiel zu diesem Sachverhalt, vgl. BAETGE/KRAUSE (1994), S. 451. Aus den Definitionen ist ersichtlich, dass das arithmetische Mittel stets kleiner ist als das geometrische, vgl. KNOLL (2007), S. 1057.

oder um 19 % fällt. Als stetige Rendite ausgedrückt, steigt der Aktienkurs somit entweder um 55 % oder fällt um 17 %. Es werden zwei Perioden betrachtet, so dass sich die in Abbildung 3.10 dargestellte Verteilung der entsprechenden Endvermögen ergibt.

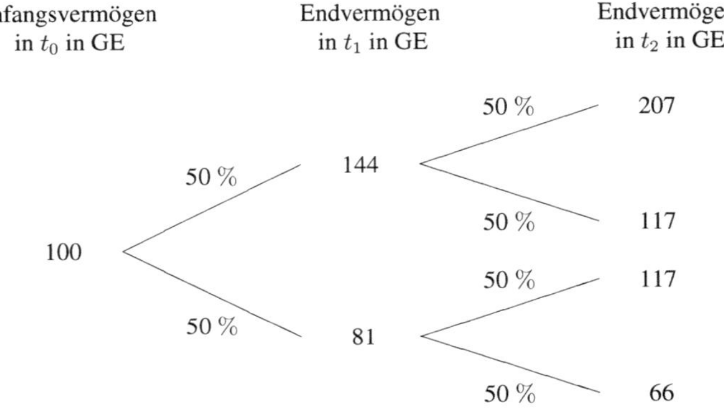

Quelle: Eigene Darstellung, in Anlehnung an REESE (2007), S. 37.

Abbildung 3.10: Verteilung des Endvermögens

In Tabelle 3.8 sind die sich aus der Konstellation des Beispiels ergebenden Werte der Durchschnittsrenditen für das arithmetische und das geometrische Mittel dargestellt. Diese wurden zum einen auf Basis der diskreten Renditen ($r_{d,arithm}$ bzw. $r_{d,geom}$) und zum anderen auf Basis der stetigen Renditen ($r_{s,arithm}$ bzw. $r_{s,geom}$) berechnet. Die mittels dieser unterschiedlichen Renditedefinitionen berechneten Barwerte für die Endvermögen der beiden Perioden t_1 und t_2 sind ebenfalls Tabelle 3.8 zu entnehmen. Zur Berechnung des Barwertes der mittels des arithmetischen Mittels berechneten Durchschnittsrendite wurde jeweils der Erwartungswert der Verteilung (112,50 GE für t_1 und 126,56 GE für t_2) herangezogen. Für den Fall des geometrischen Mittels wurde hingegen auf das geometrische Mittel der Verteilung (108,00 GE für t_1 und 116,64 GE für t_2) zurückgegriffen.

Wie der Tabelle zu entnehmen ist, stimmen für beide Perioden die Barwerte der mittels der diskreten Rendite berechneten Durchschnittsrenditen mit dem Anfangsvermögen von 100 GE überein. Die anhand der stetigen Rendite berechneten Durchschnittsrenditen weisen in allen Fällen einen zu niedrigen

Durchschnittsrenditen und Barwerte unterschiedlicher Renditedefinitionen		
Bezeichnung	**Periode t_1**	**Periode t_2**
$r_{d,arithm}$	12,50 %	12,50 %
Barwert in t_0	100 GE	100 GE
$r_{d,geom}$	8,00 %	8,00 %
Barwert in t_0	100 GE	100 GE
$r_{s,arithm}$	18,98 %	37,97 %
Barwert in t_0	95 GE	92 GE
$r_{s,geom}$	13,31 %	26,63 %
Barwert in t_0	95 GE	92 GE

Quelle: Eigene Darstellung

Tabelle 3.8: Durchschnittsrenditen und Barwerte unterschiedlicher Renditedefinitionen

Barwert aus. Somit erscheint es sachgerecht, zur Berechnung des anzuwendenden Kapitalisierungszinssatzes zur Bestimmung des Unternehmenswertes diskrete Renditen heranzuziehen. Von dieser Prämisse wird auch im Folgenden ausgegangen.

In dem vorangegangenen Beispiel wurde unterstellt, dass die Renditen stochastisch unabhängig verteilt sind. Indes liegen weder für diese Annahme, noch für die Annahme stochastisch abhängig verteilter Renditen empirisch nachweisbare Befunde vor. Somit kann keine der möglichen Annahmekonstellationen vollständig abgelehnt werden. Aus der Notwendigkeit, bei der Bestimmung der MRP eine dieser Annahmen zu treffen, ist abzuleiten, warum sich bislang im Schrifttum noch kein Konzept zur Durchschnittsbildung bei der Bestimmung der MRP durchsetzen konnte. Darüber hinaus vermögen die bisher im Schrifttum vorgetragenen und sich zum Teil widersprechenden Argumente nicht zu überzeugen.[386] Daher liegt es im Ermessen des Bewerters, welche Annahmen er bei der Durchschnittsbildung zugrunde legt.

386 So wird beispielsweise von BARK argumentiert, dass sich das CAPM nicht mit stochastisch abhängigen Renditen vereinbaren ließe, woraus gefolgert wird, dass die Annahme der stochastischen Unabhängigkeit zutreffend sei, vgl. BARK (2011), S. 113. Würde dieser Argumentation gefolgt, würde sich auch die zweite Fragestellung beantworten, da das CAPM zur Bestimmung künftig erwarteter Renditen und damit implizit zu einer Endwertbestimmung konzipiert ist, vgl. WAGNER et al. (2006), S. 1018. Anderer Ansicht ist z. B. NOWAK, der argumentiert, dass Renditen nicht unabhängig von der Vorperiode sein können, vgl. NOWAK (2003), S. 92.

Zunächst wird das Grundproblem der Art der Durchschnittsbildung und der dabei zu treffenden Annahme über die Verteilung der Renditen anhand eines Beispiels erläutert, bevor anschließend auf die Vor- und Nachteile der beiden Verfahren eingegangen wird.[387]

In der Realität konnte bislang keine der beiden Annahmen über die Renditeverteilung empirisch nachgewiesen werden. So spiegelt weder die Annahme einer vollständigen Abhängigkeit noch die einer vollständigen Unahbhängigkeit der Renditeverteilung die am Markt beobachteten Aktienkursverläufe korrekt wider. Die in Studien zur Höhe der MRP vielfach unterstellte stochastische Unabhängigkeit der Renditen[388] ist somit ebensowenig zutreffend wie die Annahme einer stochstischen Abhängigkeit.[389] Dafür spricht auch die Tatsache, dass Extremszenarien mit überproportional starken Kursgewinnen oder -verlusten bislang nicht in mehreren Perioden nacheinander festgestellt wurden.[390] Daher werden im Folgenden die bisher im Schrifttum entwickelten Ergebnisse dargestellt und auf ihre Implikationen zur Ableitung der MRP untersucht.

Als Beurteilungskriterien für die Güte der Schätzer eignen sich die statistischen Eigenschaften der Erwartungstreue und der Effizienz. Die Erwartungstreue misst, in welchem Maß der Schätzer dem Erwartungswert entspricht. Die Effizienz beurteilt die Varianz des Schätzers. Diese ist umso besser, je kleiner sie ist.[391] COOPER[392] hat die Analysen von BLUME,[393] die sich primär auf die Bestimmung von Endwerten bezogen, auf die Bestimmung von Barwerten erweitert. Hierbei unterstellt er unabhängige und identisch verteilte Renditen.[394] Die zentralen Ergebnisse werden im Folgenden zusammengefasst. N bezeichnet dabei den Anlagehorizont und T die Anzahl der Beobachtungen.

- Für alle $N \geq 1$ liefern sowohl das arithmetische als auch das geometrische Mittel einen zu hohen Schätzer für den Barwert einer Zahlung in N Perioden. Dabei ist der anhand des geometrischen Mittels berechnete Schätzer generell stärker verzerrt.

387 Das Beispiel ist angelehnt an WENGER (2005), S. 18 f.

388 So z. B. BLUME (1974), COOPER (1996) und STEHLE (2004).

389 Stellvertretend für Studien, die die Annahme statistisch unabhängig verteilter Renditen widerlegen, seien an dieser Stelle nur LO/MACKINLAY (1988), POTERBA/SUMMERS (1988) und FAMA/FRENCH (1988) genannt.

390 Vgl. WENGER (2005), S. 19.

391 Vgl. DÖRSCHELL/FRANKEN/SCHULTE (2012), S. 115.

392 Vgl. COOPER (1996).

393 Vgl. BLUME (1974).

394 Auch eine Analyse unter der Annahme lognormalverteilter Renditen zeigt ähnliche Ergebnisse, vgl. COOPER (1996), S. 162.

- Als erwartungstreuer Schätzer wird daher folgender Ausdruck vorgeschlagen:[395]

$$a \cdot (1 + r_{arithm}^{-N}) - b \cdot (1 + r_{geom}^{-N}), \tag{3.11}$$

wobei $a = \frac{T+N}{T-1} > 1$ und $b = \left(\frac{T+N}{T-1} - 1\right) > 0$. Durch diesen Ausdruck wird der auf Basis des arithmetischen Mittels berechnete Barwert durch den auf Basis des geometrischen Mittels berechneten Barwertes nach unten korrigiert.[396]

- Bei autokorrelierten Renditen liegt der unverzerrte Schätzer näher bei dem auf Basis des arithmetischen Mittels berechneten Barwertes.

Als Problem bei der Verwendung des arithmetischen Mittels gilt dessen Abhängigkeit von der zugrunde gelegten Intervalllänge.[397] Mit abnehmender Intervalllänge steigt das arithmetische Mittel im Gegensatz zum geometrischen Mittel an.[398] Daher wird vorgeschlagen, statt Intervalle mit einer Länge von einem Jahr, Intervalle mit einer Länge von zwei Jahren zu betrachten. Dies würde beispielsweise bei der vom IDW S 1 vorgeschlagenen Studie von STEHLE zu einem Rückgang der jährlichen nominalen Rendite von 12,4 % auf 11,0 % führen.[399]

Neben dem bislang ausschließlich betrachteten Gütekriterium der Erwartungstreue ist es darüber hinaus erforderlich, auch die Effizienz des ermittelten Schätzers in dessen Beurteilung einzubeziehen.[400] Diese wird anhand der Varianz des Erwartungswertes gemessen und ist umso besser, je kleiner die Varianz ist. Liefern Erwartungstreue und Effiziens des Schätzers gegenläufige Ergebnisse, ist zu entscheiden, welchem Gütemaßstab mehr Aussagekraft beigemessen wird.

Abschließend kann festgehalten werden, dass keine eindeutige Aussage bezüglich der Vorteilhaftigkeit einer Art der Durchschnittsbildung getroffen werden kann. Es liegt im Ermessen des Bewerters, welche Annahmen bezüglich der Renditeverteilung und des Verwendungszweckes er der Berechnung der MRP zugrunde legt. Daraus leitet sich ab, ob das arithmetische oder das geometrische Mittel zu verwenden ist. Bei der Ermittlung objektivierter Unternehmenswerte ist es zu empfehlen, die getrof-

395 Vgl. dazu auch den gewichteten Schätzer in INDRO/LEE (1997), S. 84.
396 Vgl. STEHLE (2004), S. 919.
397 Vgl. METZ (2007), S. 217.
398 Vgl. KOLLER/GOEDHART/WESSELS (2010), S. 244.
399 Vgl. STEHLE (2004), S. 924.
400 Vgl. BARK (2011), S. 120.

fenen Annahmen und die damit verbundenen Auswirkungen auf das Bewertungsergebnis deutlich zu machen, um die Akzeptanz des Bewertungsgutachtens bei dem Bewertungsadressaten zu erhöhen.

343. Ermessensspielräume bei der Ermittlung des Beta-Faktors

343.1 Überblick

In diesem Abschnitt werden die Ermessensspielräume bei der Ermittlung des Beta-Faktors diskutiert. Da im IDW S 1 bezüglich des Beta-Faktors im Wesentlichen lediglich dessen Definition sowie Hinweise zur Anpassung des Beta-Faktors an die künftig unterstellte Kapitalstruktur des Bewertungsobjektes enthalten sind,[401] sieht sich der Bewerter einer Vielzahl von Ermessensspielräumen gegenüber.

Da der Beta-Faktor in der Praxis der Unternehmensbewertung i. d. R. anhand einer Regressionsanalyse historischer Kapitalmarktdaten ermittelt wird, stellt die Analyse der dabei auftretenden Ermessensspielräume den zentralen Aspekt dieses Abschnittes dar. Hierbei werden zunächst drei wesentliche Eingangsparameter der Regressionsanalyse betrachtet: der Referenzindex, der Beobachtungszeitraum und die Renditeintervalle.[402] Die Höhe des Beta-Faktors wird entscheidend von diesen Parametern determiniert.[403] Anschließend wird auf weitere Parameter, wie die Art der Durchschnittsbildung oder der Einfluss des zugrunde liegenden Wochentages, eingegangen.

Darauf folgend werden die Ermessensspielräume bei der Ermittlung des Beta-Faktors anhand einer Peer Group-Analyse dargestellt. Hierbei wird zunächst auf den im Schrifttum selten diskutierten Aspekt der sachgerechten Bestimmung von Vergleichsunternehmen eingegangen. Anschließend werden die Besonderheiten der Festlegung der einzelnen Parameter der Regression bei einer Peer Group-Analyse dargestellt. Danach wird analysiert, wie der anhand einer Peer Group-Analyse ermittelte Beta-Faktor an die künftig geplante Kapitalstruktur des zu bewertenden Unternehmens angepasst werden kann. Im Anschluss daran werden unterschiedliche statistische Gütemaße auf ihre Eignung als Filterkriterien untersucht sowie ein weiteres Kriterium zur Beurteilung der Prognoseigenschaft diskutiert.

Abbildung 3.11 fasst die in diesem Abschnitt analysierten Ermessensspielräume bei der Ermittlung des Beta-Faktors anhand einer Regression über historische Kapitalmarktdaten zusammen:

401 Vgl. WP Handbuch 2014, Abschn. A Tz. 362-375.

402 Vgl. DAMODARAN (2002), S. 188.

403 So wurden beispielsweise Kapitalisierungszinssätze für die Daimler-Benz AG von 1 % bis zu 17 % ermittelt, die wesentlich von der Höhe des Beta-Faktors abhängen, vgl. BAETGE/KRAUSE (1994), S. 453.

Überblick über die Ermessensspielräume bei der Ermittlung des Beta-Faktors	
Ermessensspielraum	**Abschnitt**
Wahl des Verfahrens	343.21
Wahl des Referenzindex	343.22
Festlegung des Beobachtungszeitraumes und des Renditeintervalls	343.23
Verwendung und Auswahl statistischer Gütemaße	343.24
Kriterien zur Auswahl der Peer Group	343.262.
Festlegung der Parameter der Peer Group-Analyse	343.263.
Anpassung an die Kapitalstruktur des Bewertungsobjektes	343.264.

Quelle: Eigene Darstellung.

Abbildung 3.11: Überblick über die Ermessensspielräume bei der Ermittlung des Beta-Faktors

In der Literatur zur Unternehmensbewertung werden, neben der Ermittlung anhand historischer Kapitalmarktdaten, teilweise auch alternative Verfahren zur Ermittlung des Beta-Faktors diskutiert. Hierbei sind vor allem die Ableitung anhand zukunftsorientierter Verfahren und die Ermittlung anhand von Fundamentaldaten zu nennen.[404] Da diese Verfahren in der Praxis der Unternehmensbewertung nur eine untergeordnete Rolle einnehmen, werden diese Themen und die dabei auftretenden Ermessensspielräume in der vorliegenden Arbeit nicht näher thematisiert.[405]

404 Vgl. hierzu auch die Ausführungen zur Ableitung von Beta-Faktoren für strategische Geschäftsbereiche, die sich auch auf den Fall nicht börsennotierter Unternehmen übertragen lassen, ARBEITSKREIS „FINANZIERUNG“ DER SCHMALENBACH-GESELLSCHAFT (1996), S. 550-558 und FULLER/KERR (1981), S. 1001-1007. Diese Überlegungen basieren auf dem Wertadditivitätstheorem, so dass angenommen wird, dass zwischen den einzelnen Geschäftsbereichen keine Synergien bestehen, vgl. HACHMEISTER (2000), S. 198.

405 Zu einem Überblick über zukunftsorientierte Verfahren zur Bestimmung des Beta-Faktors sei daher auf die Darstellungen bei ZIMMERMANN (1997) und RUDOLPH/ZIMMERMANN (2002) sowie die dort aufgeführte Literatur verwiesen. Zu der Bestimmung des Beta-Faktors anhand von Fundamentaldaten eignen sich vor allem die Darstellungen bei BECKER (2000) und REBIEN (2007).

343.2 Ermittlung des Beta-Faktors anhand historischer Kapitalmarktdaten

343.21 Wahl des Verfahrens

Das CAPM unterstellt einen linearen Zusammenhang zwischen der Rendite des Referenzindex[406] und dem Risiko des zu bewertenden Unternehmens. Das Risiko spiegelt sich hierbei durch den Beta-Faktor wider. Zur Ermittlung des Beta-Faktors muss die Grundgleichung des CAPM so angepasst werden, dass der Beta-Faktor mittels empirisch beobachtbarer Kapitalmarktdaten bestimmt werden kann.[407] Dabei wird i. d. R. auf das sog. Marktmodell zurückgegriffen.[408] In Formeln lässt sich der Zusammenhang zwischen den empirisch ermittelten Renditen und des Beta-Faktors folgendermaßen ausdrücken:[409]

$$\sigma_i = \alpha + \beta \cdot \sigma_m, \tag{3.12}$$

wobei σ_m die Rendite des zugrunde gelegten Index, σ_i die Rendite des betrachteten Unternehmens, α die indexunabhängige Rendite[410] und β die Sensitivität der Rendite des Unternehmens bezogen auf die Rendite des Index, also den Beta-Faktor, bezeichnet. Die Faktoren α und β sind im Gegensatz zu den beiden anderen Faktoren nicht empirisch zu beobachten und müssen mithilfe eines geeigneten Verfahrens berechnet werden.

Für den Bewerter besteht der Ermessensspielraum in der Wahl des Verfahrens zur Berechnung der beiden oben genannten Faktoren.[411] Im Schrifttum werden dabei folgende Verfahren vorgeschlagen:

- Ordinary Least Square Method (OLS),
- Generalized Least Square Method (GLS) oder

406 Zu den Ermessensspielräumen bei der Wahl des zugrunde gelegten Referenzindex, vgl. Abschn. 343.22.

407 Vgl. BARK (2011), S. 121.

408 Vgl. DÖRSCHELL/FRANKEN/SCHULTE (2012), S. 135-140.

409 Zum Zusammenhang zwischen Formel 2.10 und der Regressionsgleichung des Marktmodells, vgl. DÖRSCHELL/FRANKEN/SCHULTE (2012), S. 136.

410 Die indexunabhängige Rendite repräsentiert die erwartete Rendite des Unternehmens, wenn sich der Stand des zugrunde gelegten Index nicht verändert, vgl. GROSSFELD/STÖVER (2004), S. 2806.

411 Für weitere modellimmanente Probleme und Ermessensspielräume, die unabhängig von der zugrunde gelegten Regression sind, vgl. BÖCKING/NOWAK (1998), S. 688 f.

- Generalized Autoregressive Conditional Heteroscedastic Method (GARCH).[412]

In der Praxis wird meist auf eine lineare Regression mittels der Methode der kleinsten Quadrate (OLS) zurückgegriffen.[413] Hierbei wird die zu ermittelnde Regressionsgerade so gewählt, dass die quadrierten Abweichungen zwischen geschätzter und empirisch beobachteter Rendite minimiert werden.[414] Nach dem Gauß-Markow-Theorem wird anhand der OLS-Methode der beste unverzerrte Schätzer ermittelt, wenn folgende Voraussetzungen erfüllt sind:[415] Erwartungstreue, Homoskedastizität, Freiheit von Autokorrelation, Freiheit von Korrelation zwischen Regressor und Störgröße sowie Normalverteilung der Renditen.[416] Die OLS-Methode hat den Vorteil, dass sie einfach zu implementieren ist und in den gängigen Software-Anwendungen enthalten ist.[417]

Da die Annahmen der OLS-Methode, wie nicht autokorrelierte Residuen und die konstante Varianz der Residuen, in der Realität nicht immer gegeben sind, wurde vorgeschlagen, die GLS-Methode zu verwenden.[418] Indes zeigt die Untersuchung von ZIMMERMANN, dass die auf diese Weise ermittelten Beta-Faktoren nicht signifikant von den mittels der OLS-Methode ermittelten Beta-Faktoren abweichen. Daher ist es fraglich, ob der erhöhte Aufwand bei Anwendung der GLS-Methode gerechtfertigt ist.

Als weitere Methode zur Ermittlung des Beta-Faktors steht die GARCH-Methode zur Verfügung.[419] Ein wesentlicher Unterschied zu dem Marktmodell ist, dass nicht angenommen wird, dass der Erwartungswert und die Varianz der Renditen normalverteilt sind.[420] Dadurch gelingt eine bessere Anpassung an empirisch beobachtete Renditen. Das empirisch nachgewiesene Volatilitätsmuster von Ren-

412 Aufgrund der sich im Zeitablauf ändernden Beta-Faktoren wird zudem vorgeschlagen, zur Berechnung von Beta-Faktoren Modelle zu verwenden, die dieser Tatsache Rechnung tragen und die Instabilität der Beta-Faktoren explizit in die Berechnung einbeziehen. Hierzu zählen Verfahren wie die Flexible Least Squares Method oder Random Walk-Modelle, vgl. EBNER/NEUMANN (2005).

413 Vgl. RUDOLPH/ZIMMERMANN (2002), S. 440.

414 Diese Abweichung wird auch als Residuum bezeichnet. Zu einer Beschreibung der Funktionsweise der OLS-Methode, vgl. BECKER (2000), S. 33-36.

415 Vgl. STELLBRINK/BRÜCKNER (2011), S. 3-5.

416 Zu der Diskussion, ob diese Voraussetzungen für den deutschen Kapitalmarkt erfüllt sind, vgl. DÖRSCHELL/FRANKEN/SCHULTE (2012), S. 141-144.

417 Eine detaillierte Anleitung, wie Beta-Faktoren mit Microsoft Excel ermittelt werden können, findet sich bei GROSSFELD/STÖVER (2004), S. 2806-2808.

418 Vgl. ZIMMERMANN (1997), S. 154-159.

419 Vgl. BERNER et al. (2005), S. 712.

420 Ein weiterer Unterschied besteht darin, dass die Varianz beim GARCH-Modell als zeitvariabel betrachtet wird, vgl. HAHN/THIESSEN (2011), S. 628.

ditezeitreihen, dass auf Phasen starker Renditeschwankungen Phasen mit wenig Renditeschwankungen folgen,[421] wird im Gegenssatz zur Berechnung anhand der OLS-Methode explizit berücksichtigt.[422] In einer gegenüberstellenden Untersuchung von anhand der OLS-Methode und der GARCH-Methode ermittelten Beta-Faktoren zeigen DANKENBRING/MISSONG, dass die anhand der GARCH-Methode ermittelten Beta-Faktoren tendenziell niedriger sind.[423] Der entscheidende Vorteil dieser Methode wird darin gesehen, dass der Standardfehler der einzelnen Beta-Faktoren deutlich geringer ist als bei Verwendung der OLS-Methode. Der Nachteil dieser Methode und zugleich ein wesentlicher Grund, warum sich dieses Verfahren bislang in der Praxis der Unternehmensbewertung nicht durchgesetzt hat, ist der wiederum deutlich erhöhte Berechnungsaufwand gegenüber der meist angewendeten OLS-Methode.

Da die Wahl des Verfahrens zur Berechnung des Beta-Faktors im Gegensatz zu den in die Schätzgleichung einfließenden Parametern nur einen geringen Einfluss auf die Höhe des Beta-Faktors hat, wird in dieser Untersuchung nicht weiter auf die sich ergebenden Unterschiede eingegangen. Es wird stattdessen von der im Schrifttum und in der Praxis üblichen Annahme ausgegangen, dass zur Berechnung des Beta-Faktors die OLS-Methode zugrunde gelegt wird.

343.22 Wahl des Referenzindex

Der Beta-Faktor stellt ein Maß für die Sensitivität der Rendite der Aktie des zu bewertenden Unternehmens gegenüber der Rendite des Marktportfolios dar. Genau wie bei der Bestimmung der MRP,[424] besteht das Marktportfolio in der Theorie aus allen mit Risiko behafteten Anlagemöglichkeiten. Da dieses in der Realität nicht zu beaobachten ist, wird auch bei der Ermittlung des Beta-Faktors auf Aktienindices ausgewichen. Da im IDW S 1 keine Vorgaben zur Wahl eines bestimmten Index gemacht werden, liegt es im Ermessen des Bewerters, welchen Index er zugrunde legt. Zur Wahrung der Bewertungskonsistenz ist es indes geboten, bei der Ermittlung des Beta-Faktors den gleichen Index[425] zugrunde zu legen, wie bei der Berechnung der MRP.[426]

---

421 Vgl. MANDELBROT (1963), S. 234.

422 Vgl. DANKENBRING/MISSONG (1997), S. 312.

423 Vgl. DANKENBRING/MISSONG (1997), S. 322.

424 Vgl. dazu Abschn. 342.

425 Vgl. KNOLL (2005a), S. 177.

426 In seiner Analyse von Bewertungsgutachten zeigt RATHAUSKY, dass nur in ca. 30 % aller Fälle der gewählte Referenzindex angegeben wird. In fast allen Fällen wurde dabei ein nationaler Index verwendet, vgl. RATHAUSKY (2008), S. 135.

Dennoch erscheint eine separate Diskussion über die Ermessensspielräume bezüglich der Wahl des Index bei der Ableitung des Beta-Faktors angemessen.[427] Die bei der Wahl des Referenzindex auftretenden Wahlmöglichkeiten bestehen vor allem in Bezug auf die regionale und sachliche Breite (nationale oder internationale Ausrichtung und Anzahl der im Index enthaltenen Aktien), die Zusammensetzung, die Gewichtung (kapital-, kurs- oder gleichgewichtet), die Bereinigung (Berücksichtigung von Kapitalerhöhungen und Dividenden) und die Art der Berechnung (PAASCHE, LASPEYRES) des Index.[428] Die unterschiedlichen Möglichkeiten werden im Folgenden untersucht.

Da das Marktportfolio aus sämtlichen risikobehafteten Anlagen besteht, erscheint es konsequent, auch einen möglichst breiten und internationalen Index wie den MSCI World zu verwenden.[429] Indes weist dieser vor allem für Bewertungsfälle in Deutschland den Nachteil auf, dass dieser nicht in Euro geführt wird und daher ein Währungsrisiko enthalten ist. Durch die notwendige Umrechnung in Euro besteht die Gefahr wechselkursbedingter Verzerrungen.[430]

Um dieses Währungsrisiko zu vermeiden, wird meist auf einen nationalen bzw. für Bewertungsfälle in Deutschland auch auf einen europäischen Index ausgewichen.[431] Für Bewertungsfälle in Deutschland eignet sich daher beispielsweise der CDAX als breitester nationaler Index oder der Eurostoxx 50 als europäischer Index.[432] Grundsätzlich ist es zu empfehlen, den mittels eines nationalen Index ermittelten Beta-Faktor auf seine Plausibilität zu prüfen, indem zusätzlich auch der Beta-Faktor berechnet wird, der sich bei Verwendung eines europäischen oder eines weltweiten Index ergeben würde.[433]

Neben dem genannten Aspekt bezüglich des Währungsrisikos, spricht auch die folgende Argumentation für die Wahl eines nationalen bzw. europäischen Index. Im IDW S 1 wird bei der Ermittlung objektivierter Unternehmenswerte die Perspektive einer im Inland unbeschränkt steuerpflichtigen na-

427 Eine theoretisch korrekte Wahl eines Index existiert dabei nicht, da aufgrund der Unbeobachtbarkeit des Marktindex keine Aussage bezüglich der Effizienz eines Aktienindex getroffen werden kann, vgl. ZIMMERMANN (1997), S. 92.

428 Vgl. WATRIN/STAHLBERG/KAPPENBERG (2011), S. 177 f.

429 BARK weist in diesem Zusammenhang darauf hin, dass bei der Verwendung internationaler Indices darauf geachtet werden muss, dass für den entsprechenden Markt keine Handelsbeschränkungen vorliegen, da ansonsten der Beta-Faktor zwangsläufig falsch berechnet wird, vgl. BARK (2011), S. 124 Fn. 472.

430 Vgl. KNOLL (2005a), S. 177.

431 Vgl. DÖRSCHELL/FRANKEN/SCHULTE (2006), S. 6.

432 Vgl. PANKOKE/PETERSMEIER (2009), S. 123.

433 Vgl. DÖRSCHELL et al. (2008), S. 1159. Zu einer sowohl geographisch als auch nach der Art der Kursberechnung kategorisierten Übersicht über infrage kommende Indices für Bewertungsfälle in Deutschland, vgl. DÖRSCHELL/FRANKEN/SCHULTE (2012), S. 156.

türlichen Person eingenommen.[434] Daher sind bei der Ermittlung des Beta-Faktors und damit auch bei der Festlegung des Referenzindex die Anlagemöglichkeiten einer solchen Person einzubeziehen.[435] Aufgrund des vielfach nachgewiesenen Effektes des „Home Bias",[436] erscheint es daher sachgerecht, einen nationalen Index zugrunde zu legen.

In dem Zusammenhang mit der einzunehmenden Investorenperspektive wird darauf hingewiesen, dass vor allem bei großen Kapitalgesellschaften, die den Großteil ihrer Umsätze im Ausland erwirtschaften und deren Aktionäre i. d. R. überwiegend nicht in Deutschland ansässig sind, die Annahme eines solchen, nach IDW S 1 typisierten Investors nicht zutreffend sei. Daher wird vorgeschlagen, sich an den unternehmensspezifischen Risikofaktoren zu orientieren und diese als Maßstab für die Auswahl des Referenzindex heranzuziehen.[437] Daneben können bei solchen Unternehmen auch länderspezifische Risikofaktoren die Entscheidung über die Wahl des zugrunde zu legenden Index beeinflussen.[438] Indes erscheint diese an der Aktionärs- und der Umsatzstruktur orientierte Wahl des Referenzindex für Zwecke der objektivierten Unternehmensbewertung nur eingeschränkt geeignet, da ansonsten auch alle weiteren Prämissen, die in Verbindung mit den in IDW S 1 vorgenommenen Typisierungen stehen, hinterfragt und gegenenfalls angepasst werden müssten.

Statt die aus der Regression zu verschiedenen Indices ermittelten Beta-Faktoren zu vergleichen, um den Einfluss des Index zu bestimmen, kann auch die Korrelation der Indices gemessen werden. Nimmt diese einen hohen Wert an, sind auch die daraus berechneten Beta-Faktoren hoch korreliert. Auf diese Weise zeigten sowohl WINKELMANN[439] als auch FRANTZMANN,[440] dass die von ihnen untersuchten Indices jeweils sehr hoch (jeweils ca. 99 %) korreliert sind und daher der Einfluss des Index auf die Höhe des Beta-Faktors nur sehr gering ist. Beide Untersuchungen beziehen dabei nur nationale Indices ein. Der Vergleich zu einem internationalen Index fehlt.

Auch bei Einbezug internationaler Indices ergeben sich keine einheitlichen Ergebnisse in Bezug auf die Höhe des Beta-Faktors. Dennoch zeigt sich auch hier eine gewisse Tendenz derart, dass mit zunehmen-

434 Vgl. IDW S 1 i. d. F. 2008, Tz. 46.

435 Diese Vorgehensweise wird auch unter dem Schlagwort „Investorenperspektive" diskutiert, vgl. DÖRSCHELL et al. (2008), S. 1157.

436 Vgl. DÖRSCHELL et al. (2008), S. 1158.

437 Vgl. DÖRSCHELL et al. (2008), S. 1159.

438 Vgl. KERN/MÖLLS (2010), S. 442.

439 Vgl. WINKELMANN (1981), S. 480.

440 Vgl. FRANTZMANN (1990), S. 73.

der globaler Breite der Indices die ermittelten Beta-Faktoren tendenziell höhere Werte annehmen.[441] So nimmt in der Untersuchung von TIMMRECK[442] beispielsweise der anhand des DAX regressierte Beta-Faktor für die Bayer AG einen Wert von 0,69 an. Wird hingegen bei ansonsten gleichen Parametern statt des DAX der Bloomberg 500 Index als Referenzindex gewählt, ergibt sich ein Beta-Faktor in Höhe von 0,83.[443] Hingegen weisen REILLY/WRIGHT in ihrer Untersuchung einen gegenteiligen Effekt nach. Sie zeigen, dass die von ihnen ermittelten Beta-Faktoren mit zunehmender globaler Breite tendenziell geringere Werte annehmen.[444] Ein eindeutiger Effekt kann demnach aus den bisherigen Untersuchungen nicht abgeleitet werden.

Das folgende Beispiel verdeutlicht den Effekt des zur Ableitung des Beta-Faktors zugrunde gelegten Index. Die Analyse erstreckt sich auf den CDAX als breitesten nationalen Index, den Eurostoxx 500 als europaweiten Index und den MSCI World als internationalen Index. Bewertungsobjekt ist die BMW AG, wobei der Aktienkurs der Frankfurter Börse als maßgeblicher Kurs herangezogen wird. Bewertungsstichtag sei der 31.12.2011. Die Kursdaten der Aktie basieren auf der Datenbank des Finanzinformationsdienstleisters Bloomberg L. P., New York, USA.[445] Um die Auswirkungen der Wahl verschiedener Indices differenziert betrachten zu können, werden drei unterschiedliche Konstellationen von Betrachtungzeiträumen und Renditeintervallen gewählt.[446] In den ersten beiden Fällen werden jeweils wöchentliche Renditen betrachtet, wobei der Analyse zunächst ein Beobachtungszeitraum von zwei Jahren und anschließend einer von fünf Jahren zugrunde gelegt wird. Der dritte Fall analysiert den Effekt des gewählten Index bei monatlichen Renditen über einen Zeitraum von fünf Jahren.

Für den ersten Fall ergeben sich bei Wahl des CDAX, Eurostoxx bzw. MSCI World Beta-Faktoren von 1,14; 0,83 bzw. 1,19. Es zeigt sich, dass die Unterschiede zwischen CDAX und MSCI World nur relativ gering ausfallen, während der ermittelte Beta-Faktor bei Wahl des Eurostoxx deutlich abweicht. Auffällig ist hierbei vor allem, dass sich eine komplett unterschiedliche Einschätzung des Risikos in Bezug auf den Markt zeigt. Während bei Wahl des CDAX oder des MSCI World das Risiko der Aktie höher als das des Marktes eingeschätzt wird, ergibt sich bei Wahl des Eurostoxx ein geringeres Risiko als das des Marktes. Abbildung 3.12 fasst die Ergebnisse des ersten Falles zusammen und zeigt

441 Vgl. BERNER et al. (2005), S. 715 f.

442 Vgl. TIMMRECK (2002), S. 303.

443 Ähnliche Ergebnisse finden sich bei DÖRSCHELL et al., die zusätzlich den Einfluss des Betrachtungszeitraumes und der Renditeintervalle in die Analyse einbeziehen, vgl. DÖRSCHELL et al. (2008), S. 1156 f.

444 Vgl. REILLY/WRIGHT (1988), S. 69.

445 Dies gilt auch für die weiteren Beispiele der folgenden Abschnitte.

446 Vgl. dazu ausführlich Abschn. 343.23.

die Auswirkungen auf die Höhe des Unternehmenswertes, wobei wiederum finanzielle Überschüsse von 100 GE, ein BZS von 3 % und eine MRP von 5 % angenommen werden. Die berechneten Unternehmenswerte der Szenarien weichen aufgrund der unterschiedlichen Beta-Faktoren um über 20 % zwischen den einzelnen Indices ab.

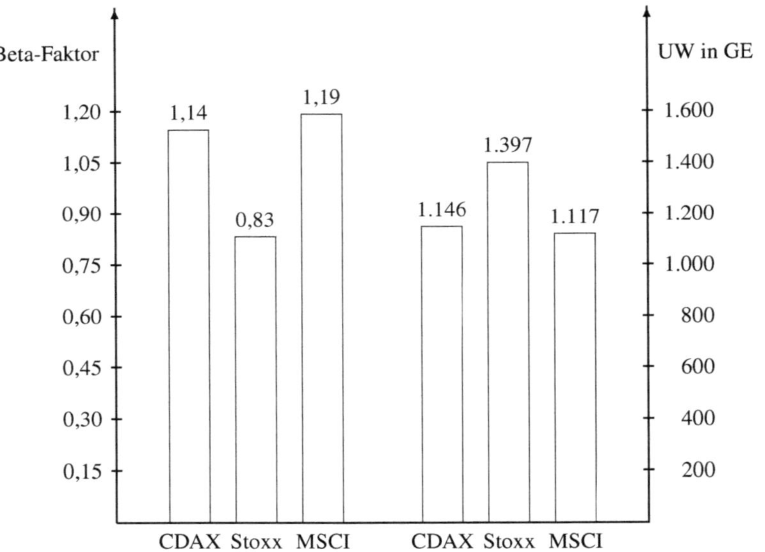

Quelle: Eigene Darstellung.

Abbildung 3.12: Einfluss des Marktportfolios auf Beta-Faktor und Unternehmenswert

Für die beiden anderen Fälle ergeben sich tendenziell gleiche Ergebnisse. Auch hier sind die Unterschiede zwischen der Wahl von CDAX und MSCI World als zugrunde gelegter Index nur gering. Wird der Eurostoxx gewählt, ergibt sich in beiden Fällen wiederum ein Beta-Faktor unter dem Wert von eins. Auffallend ist, dass sich in diesen beiden Fällen generell niedrigere Beta-Faktoren im Vergleich zum ersten Fall ergeben. Daher fallen die Unterschiede zwischen den gewählten Indices tendenziell kleiner aus.

Es ist festzuhalten, dass keine abschließende und allgemeingültige Empfehlung zu der Wahl eines Index bei der Berechnung des Beta-Faktors gegeben werden kann. Wie das obige Beispiel verdeutlicht, kann die Wahl des Index einen erheblichen Einfluss auf die Höhe des Beta-Faktors und damit auch auf den Unternehmenswert haben. Daher sind in jedem Fall die Auswirkungen der Wahl unterschiedlicher Indices zu prüfen. Neben den generellen Überlegungen zu der Wahl des Index ist dann anhand dieser Ergebnisse zu entscheiden, welcher Index für den jeweiligen Bewertungsfall herangezogen wird.

343.23 Festlegung des Beobachtungszeitraumes und des Renditeintervalls

Neben der Auswahl des Regessionsmodells und der Festlegung des bei der Regression verwendeten Referenzindex stellen die Länge des Beobachtungszeitraumes und die dabei gewählten Renditeintervalle weitere wichtige Parameter bei der Ermittlung des Beta-Faktors dar. Wiederum werden im IDW S 1 keine Hinweise gegeben, wie diese Parameter zu bestimmen sind, so dass es Aufgabe des Bewerters ist, diese festzulegen. Dabei ist eine sachgerechte Bestimmung des Beobachtungszeitraumes und der Renditeintervalle vor allem vor dem Hintergrund des großen Einflusses dieser Parameter auf des Ergebnis der Regression zu sehen, da die zu ermittelnden Beta-Faktoren sehr sensitiv auf diese Parameter reagieren.[447]

Die Länge des Beobachtungszeitraumes beschreibt dabei den Zeitraum, über den die in die Regression einfließenden Daten erhoben werden. Die Wahl eines Renditeintervalls legt fest, in welchem zeitlichen Abstand die Renditen des betrachteten Index und der Aktie des zu bewertenden Unternehmens gemessen werden.[448] Da die beiden Parameter eng zusammenhängen, werden sie in der Praxis der Unternehmensbewertung meist abhängig voneinander bestimmt.[449] Aus diesem Grund werden sie an dieser Stelle auch zusammen diskutiert.

Zunächst wird auf die Wahl des Beobachtungszeitraumes eingegangen. Hierbei muss entschieden werden, ob ein kurzer oder ein langer Beobachtungszeitraum besser geeignet erscheint, einen plausiblen Schätzer für den künftigen Beta-Faktor des zu bewertenden Unternehmens zu ermitteln. Um bei der Regressionsanalyse belastbare Werte zu erhalten, wird gefordert, dass mindestens 60 Datenpunkte in

447 Vgl. KERN/MÖLLS (2010), S. 444. TIMMRECK zeigt in seiner Untersuchung, dass der Beta-Faktor der Bayer AG bei ansonsten gleichen Parametern bei einer Verlängerung des Beobachtungszeitraumes um zwei Jahre von 0,73 auf 0,84 ansteigt, vgl. TIMMRECK (2002), S. 303 f.

448 Daher wird in diesem Zusammenhang auch oft von der Periodizität gesprochen, vgl. DÖRSCHELL et al. (2008), S. 1155.

449 Vgl. WATRIN/STAHLBERG/KAPPENBERG (2011), S. 179.

die Berechnung einbezogen werden.[450] Würden demnach tägliche Renditen zugrunde gelegt, müsste der Beobachtungszeitraum ca. zwei Monate betragen. Ein solch kurzer Zeitraum wird indes in der Praxis im Regelfall nicht verwendet. Als Untergrenze für die Länge des Beobachtungszeitraumes wird i. d. R. ein Jahr angesehen.[451]

Die wesentlichen Vorteile eines langen Beobachtungszeitraumes werden vor allem in den daraus resultierenden statistischen Eigenschaften gesehen. Zum einen erweist sich das ermittelte Ergebnis bei einem langen Zeitraum als stabiler gegenüber der Betrachtung eines kurzen Zeitraumes, da kurzfristige Schwankungen des Aktienkurses geglättet werden.[452] Zum anderen nimmt bei einer hohen Anzahl an Datenpunkten der Einfluss eines einzelnen Datenpunktes ab. Damit sinkt zudem die Gefahr, dass das Ergebnis von Ausreißern verfälscht wird.[453]

Indes kann daraus nicht gefolgert werden, dass das Ergebnis mit zunehmender Länge des Betrachtungszeitraumes zwangsläufig besser wird.[454] Die Gefahr, bei einem zu lang gewählten Betrachtungszeitraum besteht darin, dass Strukturbrüche in die Berechnung einbezogen werden. Diese können sich sowohl auf makroökonomische Gegebenheiten als auch auf unternehmensspezifische Determinanten beziehen.[455] Hat sich beispielsweise das Geschäftsmodell und damit die strategische Ausrichtung des Unternehmens wesentlich geändert, ist im Regelfall davon auszugehen, dass sich auch die Risikostruktur des Unternehmens im Zeitablauf geändert hat. Daher wäre es nicht sachgerecht, solche Zeiträume in die Ermittlung des Beta-Faktors als Maß des unternehmensindividuellen Risikos einzubeziehen.[456]

Grundsätzlich gilt bei der Ermittlung des Beta-Faktors, dass es kein für alle Bewertungsfälle anwendbares Konzept zur Bestimmung der optimalen Länge des Betrachtungszeitraumes gibt. Vielmehr muss die individuelle (Risiko-)Situation des zu bewertenden Unternehmens analysiert und bei der Festlegung des Betrachtungszeitraumes berücksichtigt werden.[457] Handelt es sich beispielsweise um ein Unternehmen, das zyklischen Umsatzschwankungen unterliegt, ist es empfehlenswert, einen Betrachtungszeit-

450 Vgl. DÖRSCHELL/FRANKEN/SCHULTE (2012), S. 158.

451 Vgl. DÖRSCHELL/FRANKEN/SCHULTE (2012), S. 159.

452 Vgl. BARK (2011), S. 124.

453 Vgl. BARK (2011), S. 124.

454 Vgl. BARTHOLDY/PEARE (2001), S. 4.

455 Vgl. BARK (2011), S. 124. Zu den makroökonomischen Strukturbrüchen können dabei Wirtschaftskrisen oder die Bildung von Blasen auf einzelnen Märkten gezählt werden, vgl. DÖRSCHELL et al. (2008), S. 1156.

456 Vgl. KRUSCHWITZ/LÖFFLER (2008), S. 808.

457 Vgl. DÖRSCHELL/FRANKEN/SCHULTE (2012), S. 159.

raum zu wählen, welcher mindestens einen kompletten Zyklus abdeckt.[458] RATHAUSKY zeigt in seiner empirischen Untersuchung von Bewertungsgutachten, dass das artihmetische Mittel der Länge des Betrachtungszeitraumes in der Praxis bei 4,23 Jahren liegt. Zu bemerken ist, dass darunter auch ein Fall zu finden war, bei dem ein Betrachtungszeitraum von 17 Jahren zugrunde gelegt wurde.[459]

Zur Plausibilisierung und zugleich zur Erhöhung der Verlässlichkeit des ermittelten Beta-Faktors wird vorgeschlagen, die Ermittlung nicht nur auf eine Parametervariante zu beschränken, sondern das Ergebnis anhand von Sensitivitätsrechnungen mit anderen Parametereinstellungen zu überprüfen.[460] Hier bietet es sich beispielsweise an, den Beobachtungszeitraum in disjunkte Abschnitte zu teilen und statt einmal einen Zeitraum von fünf Jahren zu betrachten, bei der Regression fünfmal einen entsprechenden 1-Jahres-Zeitraum zugrunde zu legen. Hierbei ist umstritten, welche der beiden Parameterkonstellationen zu einem verlässlicheren Ergebnis führt.[461] Empirisch zeigt sich indes, dass beide Varianten hoch korreliert sind und daher keinen signifikanten Einfluss auf die Höhe des Beta-Faktors haben.[462]

Das folgende Beispiel verdeutlicht anhand der BMW AG den Effekt der Wahl des Beobachtungszeitraumes bei der Ermittlung des Beta-Faktors.[463] Zur Bestimmung des Beta-Faktors werden wöchentliche Renditen herangezogen.[464] Als Beobachtungszeiträume werden ein, zwei und fünf Jahre verwendet. Als Referenzindex wird in allen Fällen der CDAX herangezogen.

Unter den dargestellten Annahmen ergeben sich für die BMW AG Beta-Faktoren von 1,12 (ein Jahr), 1,14 (zwei Jahre) und 1,09 (fünf Jahre). Es ist zu erkennen, dass die ermittelten Beta-Faktoren nur geringfügig voneinander abweichen. Dennoch zeigt sich, dass sich die daraus ermittelten Unterneh-

458 Vgl. TIMMRECK (2002), S. 303.

459 Vgl. RATHAUSKY (2008), S. 134. Ein solch langer Betrachtungszeitraum bedarf allerdings einer Begründung, da er zum einen wesentlich von der gängigen Praxis der Unternehmensbewertung abweicht und da es zum anderen unwahrscheinlich erscheint, dass sich die Risikosituation des zu bewertenden Unternehmens im Laufe der letzten 17 Jahre nicht wesentlich geändert hat.

460 Vgl. DÖRSCHELL/FRANKEN/SCHULTE (2006), S. 6.

461 So empfehlen DÖRSCHELL/FRANKEN/SCHULTE die Verwendung eines 5-Jahres-Zeitraumes, während KERN/MÖLLS der Ableitung des Beta-Faktors aus mehreren Regressionen über 1-Jahres-Zeiträume eine höhere Aussagekraft beimessen, vgl. DÖRSCHELL et al. (2008), S. 1156 und KERN/MÖLLS (2010), S. 444.

462 Vgl. DÖRSCHELL/FRANKEN/SCHULTE (2012), S. 160.

463 Als Bewertungsstichtag wird wieder der 31.12.2011 gewählt.

464 Monatliche Renditen können zur Untersuchung des Effektes des Beobachtungszeitraumes nicht herangezogen werden, da sich für Zeiträume von weniger als fünf Jahren zu wenig Datenpunkte für die Regression ergeben würden.

menswerte um bis zu 3,40 % unterscheiden.[465] Die Ergebnisse des Beispiels sind in Abbildung 3.13 zusammengefasst.

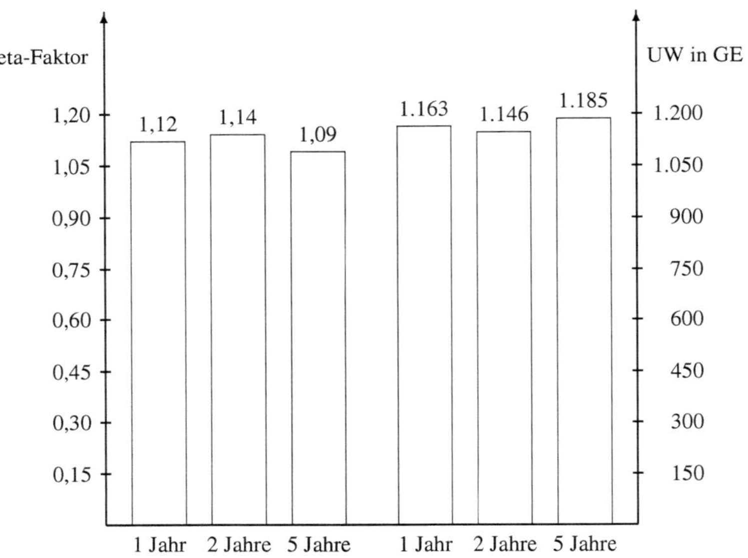

Quelle: Eigene Darstellung.

Abbildung 3.13: Einfluss des Beobachtungszeitraumes bei wöchentlichen Renditen auf Beta-Faktor und Unternehmenswert

In engem Zusammenhang mit der Festlegung des Beobachtungszeitraumes steht die Frage, welche Renditeintervalle der Berechnung des Beta-Faktors zugrunde gelegt werden. Auch zu dieser Fragestellung werden im IDW S 1 keine konkreten Vorgaben gemacht, so dass an dieser Stelle wiederum ein Ermessensspielraum für den Bewerter vorliegt. Im Folgenden werden die unterschiedlichen in der Theorie diskutierten Möglichkeiten zur Festlegung des Renditeintervalls dargestellt und auf die Auswirkungen auf den Beta-Faktor untersucht.

465 Zur Berechnung des Unternehmenswertes wurden wiederum finanzielle Überschüsse von 100 GE, ein BZS von 3 % und eine MRP von 5 % gewählt.

Grundsätzlich gibt es keine theoretisch ideale Länge des Renditeintervalls. Auch liefert das CAPM keine Hinweise darauf, welche Länge bei der Berechnung der Renditen zugrunde gelegt werden sollte, da eine der zentralen Prämissen des CAPM die Annahme effizienter Kapitalmärkte ist. Bei Gültigkeit dieser Annahme wäre es irrelevant, in welchem Abstand die Renditen gemessen würden.[466] Der Bewerter hat beispielsweise die folgenden Möglichkeiten, das Renditeintervall festzulegen:[467]

- täglich,
- wöchentlich,
- monatlich,
- quartalsweise oder
- jährlich.

Wurde in einem vorgelagerten Schritt die Länge des Beobachtungszeitraumes festgelegt, da beispielsweise ein längerer Zeitraum strukturell und in Bezug auf Risikogesichtspunkte nicht vergleichbare Zeiträume einschließen würde, wird die Anzahl der beobachtbaren Renditen mit einer Verkürzung des Renditeintervalls kleiner.[468] Daher ist bei dieser Vorgehensweise darauf zu achten, dass nach Bestimmung beider Parameter eine ausreichend große Anzahl an Beobachtungen vorliegt, um eine statistisch verlässliche Schätzung für den Beta-Faktor zu erhalten.[469]

Verschiedene Studien haben gezeigt, dass sich mit einer Veränderung der Renditeintervalle auch der berechnete Beta-Faktor ändert.[470] Es wurde dabei zumeist ein signifikanter Einfluss der Länge der Renditeintervalle festgestellt, weshalb eine Diskussion über die sachgerechte Festlegung dieses Parameters notwendig erscheint.[471] Die Prämisse eines effizienten Kapitalmarktes hat demnach in der Realität keine Gültigkeit, was vor allem mit einer verzögerten Reaktion auf Informationen und vergleichbaren

466 Vgl. KERN/MÖLLS (2010), S. 444.

467 Vgl. WATRIN/STAHLBERG/KAPPENBERG (2011), S. 178. Darüber hinaus kann auch jeder andere Zeitraum zur Renditemessung gewählt werden. Die dargestellten Zeiträume stellen indes eine plausible Auswahl denkbarer Möglichkeiten dar.

468 Vgl. KRUSCHWITZ/LÖFFLER (2008), S. 808.

469 In der Praxis wird dabei meist von einer Mindestanzahl von 60 Beobachtungen ausgegangen, vgl. DÖRSCHELL/FRANKEN/SCHULTE (2006), S. 6.

470 Vgl. beispielsweise die Untersuchungen von SCHOLES/WILLIAMS (1977) und TIMMRECK (2002).

471 Aufgrund des hohen Effektes der Festlegung der Länge des Renditeintervalls auf die Höhe des ermittelten Beta-Faktors überrascht es, dass nur in wenigen Gutachten auf diesen Faktor eingegangen wird, vgl. RATHAUSKY (2008), S. 134.

Marktineffizienzen begründet wird.[472] Der beobachtete Effekt, dass sich bei Variation des Renditeintervalls unterschiedliche Beta-Faktoren ergeben, wird auch als „Intervalling-Effekt" bezeichnet.[473]

Der Intervalling-Effekt wirkt sich meist dadurch aus, dass sich bei einer Verlängerung des Renditeintervalls ein höherer Beta-Faktor ergibt.[474] So zeigt die Untersuchung von TIMMRECK, dass beim Übergang von täglichen Renditen auf wöchentliche Renditen zum Teil Steigerungen des Beta-Faktors von über 30 % zu beobachten sind, was den erheblichen Einfluss des Renditeintervalls auf die Höhe des Beta-Faktors verdeutlicht. Zudem hat die Wahl des Referenzindex einen Einfluss auf die Höhe des Intervalling-Effektes. So fällt dieser unterschiedlich aus, abhängig von dem zugrunde gelegten Marktportfolio.[475]

Als Ursache für den Intervalling-Effekt wird meist die Liquidität der betreffenden Aktie angeführt.[476] Vor allem bei illiquiden Aktien ist der Intervalling-Effekt besonders ausgeprägt. Dies ist damit zu begründen, dass bei der Berechnung des Beta-Faktors bei illiquiden Aktien viele Beobachtungen einfließen, in denen keine Veränderung des Aktienkurses des zu bewertenden Unternehmens stattfand. Somit gehen überproportional viele Werte in die Regression ein, die suggerieren, dass der Markt keinen Einfluss auf die entsprechende Aktie habe.[477] Indes kann auch bei liquiden Aktien ein Intervalling-Effekt nachgewiesen werden. Hierbei zeigt sich allerdings, dass sich bei einer Verlängerung des Renditeintervalls tendenziell ein niedrigerer Beta-Faktor ergibt.[478]

Um den Einfluss des Intervalling-Effektes zu vermindern, wurden verschiedene Korrekturverfahren entwickelt.[479] Die grundsätzliche Idee dieser Verfahren besteht darin, mithilfe sog. Lead- und Lag-Beta-Faktoren, die jeweils eine zeitliche Differenz zwischen Aktien- und Marktrendite aufweisen, den Unterschied zwischen den anhand unterschiedlicher Renditeintervalle berechneten Beta-Faktoren zu verringern.[480] Die Korrekturwirkung nimmt dabei mit zunehmender Anzahl von Lead- und Lag-Beta-

472 Vgl. KERN/MÖLLS (2010), S. 444.

473 Vgl. SCHOLES/WILLIAMS (1977), S. 327.

474 Vgl. BERNER et al. (2005), S. 712.

475 Vgl. THIELE/CREMERS/ROBÉ (2000), S. 8-11.

476 Vgl. DÖRSCHELL/FRANKEN/SCHULTE (2012), S. 163.

477 Vgl. WATRIN/STAHLBERG/KAPPENBERG (2011), S. 178.

478 Vgl. RUDOLPH/ZIMMERMANN (2002), S. 440.

479 Zu einer theoretischen Begündung des Intervalling-Effektes und einer anschließenden Entwicklung eines Modells zu dessen Beseitigung, vgl. COHEN et al. (1983), S. 136-140. Zu einer detaillierten Darstellung weiterer Verfahren zur Verringerung des Intervalling-Effektes, vgl. ZIMMERMANN (1997), S. 120-153 und die dort angegebene Literatur.

480 Eine weitere Möglichkeit, den negativen Effekt illiquider Aktien zu verringern, besteht darin, sog. Trade-to-Trade-Verfahren zu verwenden. Hierbei werden lediglich die Tage in die Berechnung der Rendite einbezogen, an denen auch

Faktoren zu, wobei sich im Gegenzug die Effizienz der ermittelten Schätzwerte bei Anwendung solcher Korrekturverfahren meist verringert.[481]

Da auch der Einsatz von Korrekturverfahren den Intervalling-Effekt nicht vollständig beheben kann, wird im Folgenden auf die Vor- und Nachteile der Verwendung unterschiedlicher Renditeintervalle eingegangen. Der Vorteil bei der Verwendung kurzer Renditeintervalle ist, dass die entsprechenden Kurse eine hohe Anzahl an Kapitalmarktinformationen enthalten. Werden tägliche Renditen verwendet, sind die täglich verfügbaren Informationen in den Aktienkurs eingepreist, wohingegen sich bei Verwendung monatlicher Renditen positive und negative Effekte auf den Kurs der Aktie im Verlauf des Monats wieder ausgleichen können. Zwei wesentliche Punkte sprechen dabei gegen die Verwendung täglicher Renditen: Einerseits sind dies wirtschaftliche Faktoren wie teilwiese hohe Umsatzschwankungen und andere Sondereinflüsse, die den Aktienkurs ungerechtfertigt beeinflussen.[482] Andererseits sind die auf täglicher Basis ermittelten Renditen nicht normalverteilt und eignen sich daher nicht für die Bestimmung von Beta-Faktoren.[483]

Zugleich wird auch die Verwendung zu langer Renditeintervalle kritisch gesehen, da zum einen die Gefahr zu groß ist, dass sich Kurssteigerungen und -senkungen über einen langen Zeitraum ausgleichen können und daher keine Effekte bezüglich der Sensitivität der Rendite der Aktie des zu bewertenden Unternehmens gegenüber der Rendite des zum Vergleich herangezogenen Marktes ergeben. Zum anderen müsste, um ein statistisch verlässliches Ergebnis erzielen zu können, der Beobachtungszeitraum sehr lang gewählt werden.[484]

Aufgrund der Abhängigkeit zwischen der Länge des Beobachtungszeitraumes und der zugrunde gelegten Peridodizität der Renditen werden diese in der Praxis der Unternehmensbewertung meist in

tatsächlich ein Handel der entsprechenden Aktie stattgefunden hat. Durch Anwendung dieser Verfahren gelingt es, die statistischen Verzerrungen der Regressionsanalyse zu beseitigen, vgl. BRÜCHLE/ERHARDT/NOWAK (2008), S. 472.

481 Vgl. RUDOLPH/ZIMMERMANN (2002), S. 443.

482 Vgl. TIMMRECK (2002), S. 302 f.

483 Vgl. ZIMMERMANN (1997), S. 72.

484 Wird von einem Mindeststichprobenumfang von 60 Datenpunkten ausgegangen, müsste der Beobachtungszeitraum bei Verwendung jährlicher Renditen 60 Jahre und bei Verwendung quartalsweiser Renditen immer noch 15 Jahre betragen. Während die Verwendung eines 60 Jahre umfassenden Beobachtungszeitraumes aus logischen Gründen ausscheidet, ist auch bei einem 15-jährigen Beobachtungszeitraum davon auszugehen, dass der ermittelte Beta-Faktor die Risikosituation des Unternehmens zum Bewertungszeitpunkt nicht korrekt widerspiegelt

Abhängigkeit voneinander ermittelt.[485] Dabei sind die in Tabelle 3.9 dargestellten Kombinationen von Beobachtungszeitraum und Renditeintervall üblich:[486]

Übliche Konstellationen von Beobachtungszeitraum und Renditeintervall		
Beobachtungszeitraum	**Renditeintervall**	**Datenpunkte**
1 Jahr	täglich	ca. 260
2 Jahre	wöchentlich	ca. 104
5 Jahre	monatlich	ca. 60

Quelle: Eigene Darstellung.

Tabelle 3.9: Übliche Konstellationen von Beobachtungszeitraum und Renditeintervall

Demnach werden bei der Ermittlung des Beta-Faktors i. d. R. höchstens monatliche Renditen zugrunde gelegt, wobei in diesem Fall auf einen Beobachtungszeitraum von fünf Jahren abgestellt wird, da sich dann die erforderlichen 60 Daten ergeben.[487] Auf Quartals- oder Jahresbasis berechnete Renditen werden hingegen nur in Ausnahmefällen betrachtet. Trotz der im Schrifttum geäußerten Kritik bei Verwendung täglicher Renditen, werden diese dennoch zur Berechnung des Beta-Faktors in Verbindung mit einem Beobachtungszeitraum von einem Jahr herangezogen. Werden wöchentliche Renditen zugrunde gelegt, ist es üblich, einen zweijährigen Zeitraum zu betrachten, wodurch sich 104 Beobachtungen ergeben.[488]

Das folgende Beispiel untersucht, welche Auswirkungen die Wahl des Renditeintervalls auf die Höhe des Beta-Faktors und damit auch den Unternehmenswert hat. Als Bewertungsobjekt wird wiederum die BMW AG und als Bewertungsstichtag der 31.12.2011 gewählt. Für dieses Beispiel werden drei Fälle in Bezug auf den zugrunde gelegten Beobachtungszeitraum unterschieden, wobei Zeiträume von einem Jahr, zwei Jahren und zuletzt fünf Jahren analysiert werden. In den ersten beiden Fällen werden tägliche und wöchentliche Renditeintervalle vergleichend gegenübergestellt und im dritten Fall werden zusätzlich monatliche Renditen betrachtet.

Wird ein Beobachtungszeitraum von einem Jahr zugrunde gelegt, ergibt sich bei Verwendung täglicher Renditen ein Beta-Faktor von 1,19 und bei wöchentlichen Renditen ein Beta-Faktor von 1,12. Ein ähn-

485 Vgl. RUDOLPH/ZIMMERMANN (2002), S. 442.
486 Vgl. KRUSCHWITZ/LÖFFLER (2008), S. 808.
487 Vgl. BERNER et al. (2005), S. 712.
488 Vgl. DÖRSCHELL/FRANKEN/SCHULTE (2012), S. 158.

liches Bild ergibt sich bei Betrachtung eines Beobachtungszeitraumes von zwei Jahren. Auch hier liegt der mithilfe täglicher Renditen ermittelte Beta-Faktor mit 1,21 etwas oberhalb dem mit wöchentlichen Renditen berechneten Beta-Faktor von 1,14. Somit sind in beiden Fällen die entsprechenden Unternehmenswerte bei Verwendung täglicher Renditen niedriger als bei der Verwendung wöchentlicher Renditen.

Bei einem Beobachtungszeitraum von fünf Jahren und der Betrachtung monatlicher Renditen zeigt sich, dass die entsprechenden Beta-Faktoren nahezu identisch mit denen wöchentlicher Renditen sind. Auffällig ist dabei, dass die anhand wöchentlicher Renditen ermittelten Beta-Faktoren bei den vorher untersuchten Beobachtungszeiträumen sehr ähnliche Werte annahmen, während der Beta-Faktor bei einem fünfjährigen Beobachtungszeitraum mit 1,09 deutlich niedriger ausfällt.[489] Der Unterschied zwischen den Unternehmenswerten bei Betrachtung täglicher Renditen gegenüber wöchentlicher oder monatlicher Renditen liegt bei der beschriebenen Parameterkonstellation bei ca. 5 %.[490] Die Ergebnisse des Beispiels für den Fall eines fünfjährigen Beobachtungszeitraumes sind in Abbildung 3.14 zusammengefasst.

Wie die Überlegungen sowie die beiden Beispiele zum Einfluss des Beobachtungszeitraumes und des Renditeintervalls zeigen, gibt es für keinen der beiden Parameter eine theoretisch fundierte Lösung zur optimalen Festlegung. Dennoch konnten durch die Ausführungen die Vor- und Nachteile der Ausübung dieser Ermessensspielräume gezeigt werden. Zu empfehlen ist daher, Berechnungen mit unterschiedlichen Parameterkonstellationen durchzuführen, um die Effekte auf die Höhe des Beta-Faktors im konkreten Bewertungsfall abschätzen und dadurch eine sachgerechte Entscheidung über die Festlegung der beiden Parameter treffen zu können.[491]

343.24 Verwendung und Auswahl statistischer Gütemaße

Die bislang diskutierten Ermessensspielräume bei der Ermittlung des Beta-Faktors beziehen sich auf vom Bewerter zu treffende, der Regression vorgelagerte Entscheidungen. Da diese vorwiegend auf Parametereinstellungen des Regressionsmodells abzielen, wirken sich diese unmittelbar auf die Höhe des Beta-Faktors aus. Daneben existieren auch der Regression nachgelagerte Entscheidungen, die

489 An den Daten ist zudem der Intervalling-Effekt zu beobachten, dass bei liquiden Aktien (wozu die Aktie der BMW AG wohl zu zählen ist) bei einer Verlängerung des Renditeintervalls der Beta-Faktor kleinere Werte annimmt.

490 Wie bei den vorangehenden Beispielen wurden finanzielle Überschüsse von 100 GE, ein BZS von 3 % und eine MRP von 5 % zugrunde gelegt.

491 Vgl. DÖRSCHELL/FRANKEN/SCHULTE (2006), S. 6.

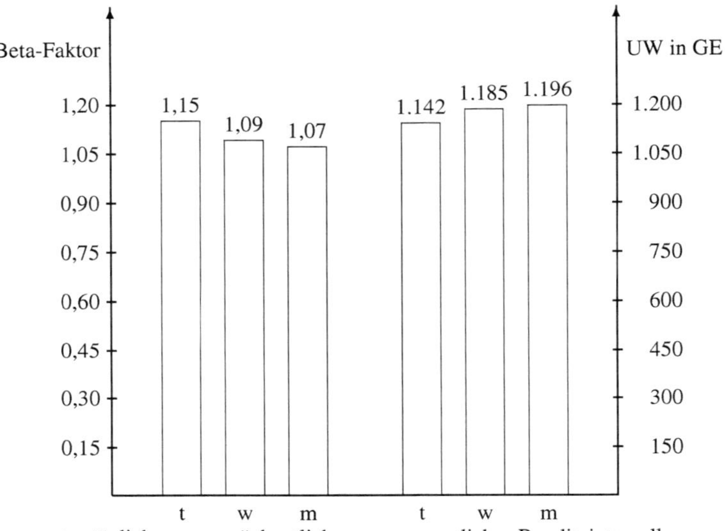

Quelle: Eigene Darstellung.

Abbildung 3.14: Einfluss des Renditeintervalls auf Beta-Faktor und Unternehmenswert bei einem fünfjährigen Beobachtungszeitraum

ebenfalls einen Einfluss auf die Höhe des Beta-Faktors haben und im Folgenden analysiert werden. Es handelt sich hierbei um statistische Entscheidungskriterien, nach denen ein ermittelter Beta-Faktor als repräsentativ angesehen wird. Diese Kriterien gelten als Voraussetzung für die wetere Verwendung des ermittelten Beta-Faktors im Bewertungskalkül. Aus diesem Grund wird daher auch von quantitativen Filterkriterien gesprochen.[492]

Der für den Bewerter auftretende Ermessensspielraum liegt dabei in der Entscheidung, ob ein statistisches Gütemaß zur Überprüfung des ermittelten Beta-Faktors einsetzt wird und wie die Entscheidung,

492 Vgl. DÖRSCHELL et al. (2008), S. 1159.

ob ein Beta-Faktor als repräsentativ gilt, getroffen wird. Beispielsweise könnte ein Mindestwert für das jeweilige Maß festgelegt werden, wobei ein Beta-Faktor als nicht repräsentativ gilt, wenn dieser Wert nicht erreicht wird. Bei einer Peer Group-Analyse würde auf diese Weise entschieden, ob das betrachtete Unternehmen in die Peer Group aufgenommen wird oder nicht.[493]

Die beiden wesentlichen statistischen Gütemaße, die bei der Ermittlung des Beta-Faktors eingesetzt werden, sind das Bestimmtheitsmaß R^2 und der t-Test. Die Analyse der Regressionsfunktion umfasst dabei zwei Teilaspekte. Zum einen wird mittels des Bestimmtheitsmaßes geprüft, wie gut die abhängige Variable durch das vorliegende Regressionsmodell erklärt wird. Zum anderen wird mittels des t-Tests geprüft, inwiefern die einzelnen Variablen des Regressionsmodells die abhängige Variable erklären.[494]

Für die berechnete Regressionsfunktion kann anhand des Bestimmtheitsmaßes somit die Güte der Anpassung an die empirisch beobachteten Renditen ermittelt werden.[495] Diese basiert auf den Abweichungen zwischen den über die Regressionsfunktion geschätzten Renditen $\hat{y}_k$ und den empirisch beobachteten Renditen y_k. Meist wird dabei der Mittelwert der empirischen Renditen y_d als Vergleichsmaßstab verwendet, so dass sich das Bestimmtheitsmaß R^2 formal wie folgt ergibt:

$$R^2 = \frac{\sum(\hat{y}_k - y_d)^2}{\sum(y_k - y_d)^2} \tag{3.13}$$

Das Bestimmtheitsmaß kann Werte zwischen Null und eins annehmen. Ein hoher Wert lässt dabei auf eine gute Anpassung des Modells schließen, da in diesem Fall der Großteil der Streuung durch das Modell erklärt wird. Liegt dagegen ein niedriger Wert vor, wird nur ein kleiner Teil der gesamten Streuung erklärt. Dies kann beispielsweise daran liegen, dass noch andere Faktoren einen Einfluss auf die abhängige Variable ausüben, die durch das Modell nicht erfasst werden.[496]

493 Diese Vorgehensweise wurde vor allem von KNOLL heftig kritisiert, da in verschiedenen Bewertungsgutachten zu Abfindungsfällen nicht der Beta-Faktor des zu bewertenden Unternehmens, sondern der einer Peer Group verwendet wurde. In den Gutachten wurde diese Vorgehensweise aufgrund des Vorliegens eines niedrigen Bestimmtheitsmaßes begründet. Da der zugrunde liegende Beta-Faktor ebenfalls sehr niedrig war und der anhand der Peer Group-Analyse ermittelte Beta-Faktor signifikant höher ausfiel, liegt der Verdacht nahe, dass es sich um bewertungstechnische Eingriffe handelte, mit der Zielsetzung, den Unternehmenswert zu verringern, vgl. KNOLL (2005a), KNOLL (2008) und KNOLL (2010).

494 Vgl. BACKHAUS et al. (2011), S. 81-83.

495 Vgl. DÖRSCHELL et al. (2008), S. 1159.

496 Vgl. DÖRSCHELL/FRANKEN/SCHULTE (2012), S. 177.

Bei der Interpretation des Bestimmtheitsmaßes für Zwecke der Ermittlung des Beta-Faktors ist allerdings darauf zu achten, dass das Bestimmtheitsmaß nur selten hohe Werte annimmt. Im Gegensatz zu dem in der Statistik ansonsten üblichen Vorgehen, dass Ergebnisse aus schlecht angepassten Modellen zu nur eingeschränkt brauchbaren Ergebnissen führen, ist in diesem Fall zu beachten, dass selten Werte über 20 % erzielt werden.[497] Ein möglicher Erklärungsansatz dafür ist, dass das ermittelte R^2 den Anteil des systematischen Risikos des zu bewertenden Unternehmens widerspiegelt. Der verbleibende Anteil, $1 - R^2$, würde somit auf den Teil des Risikos entfallen, der durch unternehmensindividuelle Faktoren zu erklären ist.[498] Aufgrund dieses Erklärungsansatzes wäre ein niedriger Wert des Bestimmtheitsmaßes kein sinnvolles Entscheidungskriterium zur Selektion von Beta-Faktoren.[499]

Ein weiterer Grund, der gegen die Verwendung des Tests zur Überprüfung der Beta-Faktoren spricht ist, dass auch empirisch gemessene Beta-Faktoren mit dem Wert Null oder nahe diesem Wert existieren, die mit einem niedrigen Bestimmtheitsmaß korrelieren. Speziell bei Squeeze-Outs ist dieses Phänomen zu beobachten.[500]

Neben dem Bestimmtheitsmaß R^2 zur Überprüfung der Regressionsfunktion wird der sog. t-Test verwendet, um die Regressionskoeffizienten auf ihren Erklärungsgehalt zu untersuchen. Im Zuge dieser Überprüfung wird aus dem zu schätzenden Regressionskoeffizienten β_k, dem wahren Regressionskoeffizienten β_h und dem Standardfehler des ermittelten Beta-Faktors s_{β_k} ein t-Wert t_{emp} berechnet, der Aussagen über das Signifikanzniveau des Beta-Faktors zulässt.[501] Die zugehörige Testgleichung lautet:[502]

$$t_{emp} = \frac{\beta_k - \beta_h}{s_{\beta_k}} \tag{3.14}$$

Der Standardfehler s_{β_k} des ermittelten Beta-Faktors kann anhand folgender Formel berechnet werden, wobei s_e^2 die Standardabweichung der Residuen und s_M^2 die Standardabweichung der Marktrendite darstellt:

497 Vgl. DÖRSCHELL et al. (2008), S. 1160.

498 Vgl. DAMODARAN (2002), S. 184.

499 Vgl. FRANKEN/SCHULTE (2010), S. 1112.

500 Vgl. ERHARDT/NOWAK (2005), S. 8, KNOLL/EHRHARDT/BOHNET (2007), S. 211 f. und KNOLL (2008), S. 13 f.

501 Zu den Voraussetzungen, unter denen ein t-Test statistisch sinnvolle Aussagen liefert, vgl. STELLBRINK/BRÜCKNER (2011), S. 2-5.

502 Dabei wird für β_h meist der Wert Null angesetzt, da von einer Normalverteilung mit einem arithmetischem Mittel von Null ausgegangen wird, vgl. DÖRSCHELL/FRANKEN/SCHULTE (2012), S. 179.

$$s_{\beta_k} = \frac{s_e^2}{\sqrt{(T-1) \cdot s_M^2}} \tag{3.15}$$

Einen entscheidenden Einflussfaktor bei der Messung der Güte des Regressionskoeffizienten stellt die Anzahl der Beobachtungen T, d. h. die Anzahl der in die Berechnung einfließenden Renditepaare, dar. Hierbei wird im Schrifttum als Mindestanzahl ein Wert von 20-30 Beobachtungen genannt. Als Empfehlung dient allerdings ein Wert von mindestens 60 Beobachtungen.[503]

Der ermittelte t-Wert wird anschließend mit einem vom zugrunde gelegten Signifikanzniveau abhängigen, kritischen t-Wert verglichen.[504] Ist der ermittelte t-Wert größer als der kritische t-Wert, wird angenommen, dass der korrespondierende Beta-Faktor für die Bewertung herangezogen werden kann.[505]

Da zur Ermittlung des Beta-Faktors eine univariate Regression eingesetzt wird, ergibt sich die Besonderheit, dass nur eine unabhängige Variable auftritt, so dass sich sich die oben diskutierten Gütemaße mathematisch ineinander überführen lassen.[506] Somit lassen sich die für den t-Test gültigen kritischen Werte in solche für das Bestimmtheitsmaß überführen. Dies geschieht anhand folgender Formel, wobei t_α für den t-Wert mit Irrtumswahrscheinlichkeit α und T wiederum für die Anzahl der Beobachtungen steht:[507]

$$R^2 = \frac{t_\alpha^2}{t_\alpha^2 + (T-2)} \tag{3.16}$$

Aufgrund dieser Äquivalenz der beiden Gütemaße ist es somit nicht notwendig, beide getrennt voneinander zu betrachten, um eine Entscheidung über die Güte des ermittelten Beta-Faktors zu treffen.[508] Offen bleibt indes die Frage, ob die Prüfung der Regression durch solche Filterkriterien notwendig ist und ob sie tatsächlich das gewünschte Ziel erfüllt. So ist es durchaus möglich, dass die definierten Grenzwerte der Gütemaße eingehalten werden, aber der korrespondierende Beta-Faktor dennoch nicht

503 Vgl. RUDOLPH/ZIMMERMANN (2002), S. 440.

504 Die kritischen t-Werte sind dabei entsprechenden Tabellen aus Lehr- und Fachbüchern der Statistik zu entnehmen, vgl. FAHRMEIR et al. (2010), S. 584 oder BACKHAUS et al. (2011), S. 566.

505 Vgl. FRANKEN/SCHULTE (2010), S. 1113.

506 Vgl. KNOLL (2010), S. 1106-1108.

507 Vgl. KNOLL (2010), S. 1108.

508 Beispiele für mögliche Grenzwerte des Bestimmtheitsmaßes für unterschiedliche Stichprobenumfänge und Signifikanzniveaus finden sich in FRANKEN/SCHULTE (2010), S. 1113. Diese wurden anhand der sich aus den t-Werten ergebenden Grenzen ermittelt.

das unternehmensindividuelle Risiko korrekt widerspiegelt, da beispielsweise wertrelevante Informationen nicht rechtzeitig in die Aktienkurse eingepreist wurden.[509]

Als weiteren Test, ob der anhand einer Regression ermittelte Beta-Faktor das Risiko des zu bewertenden Unternehmens korrekt widerspiegelt, wird daher vorgeschlagen, die Liquidität der entsprechenden Aktie zu prüfen.[510] Diese gilt als Indikator für die Verarbeitung und Einpreisung neuer Informationen in den Aktienkurs. Definiert wird die Liquidität einer Aktie dabei über das zugrunde liegende Handelsvolumen, den Free Float und die Geld-Brief-Spanne.[511] Der Gedanke bei der Analyse der Liquidität der Aktie ist dabei, dass bei liquiden Aktien kursrelevante Informationen effizienter eingepreist werden und daher Beta-Faktoren liquider Aktien zu aussagekräftigeren Bewertungsergebnissen führen. Indes weisen die Kennzahlen zur Untersuchung der Liquidität der Aktien des DAX ein sehr heterogenes Bild auf, so dass keine eindeutige Aussage bezüglich der Eignung der betreffenden Aktie zur Ableitung des Beta-Faktors aufgrund dieser Kriterien getroffen werden kann.[512]

Bezüglich des Einsatzes statistischer Gütemaße bei der Ermittlung von Beta-Faktoren ist daher festzuhalten, dass die üblicherweise bei Verwendung statistischer Modelle hohe Anpassungsgüte des Regressionsmodells nicht gefordert werden muss, da sich ein niedriges Bestimmtheitsmaß dadurch erklären lässt, dass die zugrunde liegende Aktie ein geringes systematisches Risiko aufweist. Weiterhin können aufgrund der Äquivalenz von Bestimmtheitsmaß R^2 und t-Test kritische Werte definiert werden, die als Indiz für einen aussagekräftigen Beta-Faktor herangezogen werden können. In diesem Zusammenhang ist es aber weiterhin strittig, ob solche statistischen Grenzwerte für die Gütemaße von Beta-Faktoren die Aussagekraft der Bewertung erhöhen.

343.25 Ermessensspielräume bei der Festlegung weiterer Parameter

Mit der Festlegung des Referenzindex, des Beobachtungszeitraumes und des Renditeintervalls wurden die wesentlichen Ermessensspielräume bei der Bestimmung des Beta-Faktors anhand historischer Kapitalmarktdaten bereits diskutiert. Bevor in Abschn. 343.26 auf spezifische Ermessensspielräume bei der Ermittlung des Beta-Faktors anhand einer Peer Group-Analyse eingegangen wird, werden im Fol-

509 Vgl. DÖRSCHELL/FRANKEN/SCHULTE (2012), S. 180-182.
510 Vgl. FRANKEN/SCHULTE (2010), S. 1115.
511 Vgl. DÖRSCHELL/FRANKEN/SCHULTE (2012), S. 169.
512 Vgl. FRANKEN/SCHULTE (2010), S. 1115 f.

genden weitere vom Bewerter zu treffende Entscheidungen behandelt, die einen Einfluss auf die Höhe des Beta-Faktors und damit auch auf die Höhe des zu ermittelnden Unternehmenswertes haben.

Wie dargestellt, wird der Beta-Faktor in der Praxis der Unternehmensbewertung fast ausschließlich anhand einer Regressionsanalyse historischer Kapitalmarktdaten ermittelt. Hierbei werden die Renditen der Aktie des Bewertungsobjektes den Renditen eines geeigneten Referenzindex gegenübergestellt. Zur Berechnung der Renditen kann nun, analog zur Berechnung der Renditen bei der Bestimmung der MRP,[513] entweder das arithmetische oder das geometrische Mittel herangezogen werden.[514] Auch hier ergeben sich zum Teil deutlich voneinander abweichende Beta-Faktoren, so dass im Bewertungsgutachten transparent dokumentiert werden sollte, welche Durchschnittsbildung angewendet wurde. Da die grundlegenden Aussagen zur Berechnung der Mittelwerte mit denen bei der Bestimmung der MRP übereinstimmen, wird an dieser Stelle nicht weiter darauf eingegangen.[515]

Meist wird der Beta-Faktor anhand einer Regression ermittelt, die den Zeitraum bis zum Bewertungsstichtag umfasst. Abweichend hiervon können auch mehrere einzelne Beta-Faktoren verschiedener Beobachtungszeiträume ermittelt und daraus ein Durchschnittswert gebildet werden. Auch hier muss von dem Bewertenden entschieden werden, welche Art der Durchschnittsbildung er wählt. Neben arithmetischem und geometrischem Mittel kann auch der Median der einzelnen Werte gewählt werden.[516] Es ist zu empfehlen, die Auswikungen einer unterschiedlichen Mittelwertbildung zu analysieren und die Entscheidung der Auswahl eines bestimmten Verfahrens zu begründen.

Ein weiterer Ermessensspielraum besteht bei der Festlegung des Renditeintervalls. Werden mehrere Tage in das Renditeintervall einbezogen, muss entschieden werden, an welchem Wochentag die Berechnung der Rendite beginnt.[517] So stehen beispielsweise im Fall wöchentlicher Renditen fünf verschiedene Startzeitpunkte zur Verfügung.[518] Die Bestimmung des Startzeitpunktes sowie die damit verbundenen Konsequenzen auf die Höhe des Beta-Faktors werden im Schifttum unter dem Stichwort „Day-of-the-Week-Effect“ diskutiert.[519] Es zeigt sich, dass auch die Wahl des Wochentages durchaus

513 Vgl. Abschn. 342.6.

514 Vgl. KEUPER/DJUKANOV (2008), S. 70.

515 Zur weiteren Analyse, vgl. BALLWIESER (2011), S. 101-103 und Abschn. 342.6.

516 Vgl. BALLWIESER (2011), S. 99.

517 In einem effizienten Markt gäbe es keinen Einfluss des Wochentages, so dass es irrelevant wäre, an welchem Tag die Renditemessung stattfindet. Zu einer frühen Untersuchung des Einflusses des Wochentages auf den ermittelten Beta-Faktor, vgl. DRAPER/PAUDYAL (1955), S. 168-175.

518 Vgl. RUDOLPH/ZIMMERMANN (2002), S. 440-442.

519 Vgl. DOYLE/CHEN (2009), S. 1389.

eine gewisse Auswirkung auf den ermittelten Beta-Faktor hat, weshalb es sachgerecht sein kann, diesen Effekt genauer zu analysieren.[520]

Voraussetzung für die Ermittlung eines aussagekräftigen Beta-Faktors ist die Vollständigkeit des zugrunde gelegten Datenmaterials. Bei der Verwendung historischer Kapitalmarktdaten kann es zu zwei Problemen kommen. Zum einen können für die Regression notwendige Daten fehlen und zum anderen können in den Daten extreme Ausreißer auftreten. Auch wie bezüglich dieser beiden Probleme in einer konkreten Bewertungssituation umgegangen wird, liegt im Ermessen des Bewerters.

Das Problem fehlender Datenpunkte tritt meist dann auf, wenn die Aktie des Bewertungsobjektes und der zur Regression herangezogene Referenzindex z. B. aufgrund unterschiedlicher Feiertage abweichende Handelszeiträume abdecken.[521] Fehlende Datenpunkte können dann bei der Ermittlung des Beta-Faktors anhand unterschiedlicher Verfahren ergänzt werden.[522] Hierzu werden jeweils die Renditen der davor und danach liegenden Handelstage herangezogen, die eine plausible Schätzung der fehlenden Rendite darstellen sollen. Regressionsausreißer sind dadurch charakterisiert, dass sie aufgrund unternehmensspezifischen Kursveränderungen weit außerhalb der Punktewolke der restlichen Renditepaare liegen.[523] Die Ursache für diese Abweichung ist vom Bewertenden zu analysieren und anschließend ist zu entscheiden, ob der entsprechende Datenpunkt in die Regressionsanalyse einbezogen wird. Statt der Eliminierung solcher Daten können auch verschiedene Varianten der OLS-Regression herangezogen werden, um den Effekt solcher Ausreißer auf den zu ermittelnden Beta-Faktor zu vermindern.[524]

343.26 Ermittlung des Beta-Faktors anhand einer Peer Group-Analyse

343.261. Überblick

Ist es nicht möglich, den Beta-Faktor des zu bewertenden Unternehmens anhand dessen historischen Kapitalmarktdaten zu ermitteln, muss eine andere Methode gewählt werden.[525] Hierzu eignen sich

520 Vgl. Chang/Pinegar/Ravichandran (1995), S. 443 und Watrin/Stahlberg/Kappenberg (2011).

521 Vgl. Dörschell/Franken/Schulte (2012), S. 244.

522 Vgl. Dörschell/Franken/Schulte (2012), S. 244-246.

523 Vgl. Rudolph/Zimmermann (2002), S. 444.

524 Vgl. Rudolph/Zimmermann (2002), S. 445.

525 Dies kann beispielsweise daran liegen, dass das Unternehmen nicht börsennotiert ist oder die zugrunde liegende Aktie keine zuverlässige Ermittlung des Beta-Faktors ermöglicht.

entweder die Ermittlung anhand einer Peer Group oder anhand von Kennzahlen der externen Rechnungslegung.[526] Da in der Praxis der Unternehmensbewertung regelmäßig eine Peer Group verwendet wird, befasst sich der folgende Abschnitt mit dieser Methode.[527]

Der Verwendung einer Peer Group liegt die Auffassung zugrunde, dass vergleichbare Unternehmen auch ein vergleichbares systematisches Risiko aufweisen.[528] Daher sei es möglich, von dem Beta-Faktor vergleichbarer Unternehmen auf den des Bewertungsobjektes zu schließen.[529] Die Peer Group besteht aus Unternehmen, die hinsichtlich bestimmter Kriterien mit dem zu bewertenden Unternehmen vergleichbar sind und für die eine Ableitung des Beta-Faktors anhand historischer Kapitalmarktdaten erfolgen kann.[530]

Generell wird die Annahme der Übertragbarkeit der Beta-Faktoren einer Peer Group auf das zu bewertende Unternehmen als gültig erachtet. Eine Ausnahme betrifft den Fall, wenn das Bewertungsobjekt von aktienrechtlichen Strukturmaßnahmen wie Squeeze-Outs betroffen ist. Hier wird die Verwendung einer Peer Group teilweise kritisch gesehen.[531] Da in diesem Fall nur ein geringer Anteil der Aktien des Bewertungsobjektes tatsächlich gehandelt wird, sei die Übertragbarkeit eines anhand einer Peer Group ermittelten Beta-Faktors und damit dessen Aussagefähigkeit nur eingeschränkt gegeben.[532] Abgesehen hiervon ist die Anwendung einer Peer Group-Analyse in der Unternehmensbewertung weit verbreitet.[533]

526 Bei Anwendung letzterer Methode wird auch vom sog. Accounting-Beta-Faktor gesprochen, vgl. PANKOKE/PETERSMEIER (2009), S. 127. Ausführlich zum Accounting-Beta-Faktor sowie zum generellen Zusammenhang zwischen Daten der externen Rechnungslegung und dem systematischem Risiko eines Unternehmens, vgl. BEAVER/KETTLER/SCHOLES (1970), GONEDES (1973) und HILL/STONE (1980).

527 So zeigt die Studie von HENSELMANN/BARTH, dass zwei Drittel aller Bewerter die Peer Group-Analyse wählen, wenn der Beta-Faktor des Bewertungsobjekt nicht anhand eigener Kapitalmarktdaten ermittelt werden kann, vgl. HENSELMANN/BARTH (2009b), S. 89.

528 Vor allem bei kleinen und mittleren Unternehmen ist es dabei schwierig, in Bezug auf das Risiko vergleichbare Unternehmen zu finden, vgl. JONAS (2008a), S. 122 und BEHRINGER (2012), S. 163.

529 Teilweise wird die Übertragung der Daten des CAPM auf nicht börsennotierte Unternehmen aber auch kritisch gesehen, vgl. BALZ/BORDEMANN (2007), S. 739, HENSELMANN (2006), S. 7 und NESTLER (2012), S. 1274.

530 Aus diesem Grund kann auch der anhand einer Peer Group-Analyse ermittelte Beta-Faktor zur Plausibilisierung des anhand eigener Kapitalmarktdaten ermittelten Beta-Faktors herangezogen werden, vgl. WP Handbuch 2014, Abschn. A Tz. 363.

531 Vgl. HACHMEISTER/KÜHNLE/LAMPENIUS (2009), S. 1243.

532 Vgl. KNOLL (2008), S. 13.

533 Es ist indes stets zu beachten, ob die ermittelten Beta-Faktoren aufgrund mangelnder Fungibilität der Anteile des zu bewertenden Unternehmens angemessen erscheinen, vgl. GORNY/ROSENBAUM (2002), S. 489.

Im Folgenden werden die Ermessensspielräume bei der Ermittlung des Beta-Faktors anhand einer Peer Group-Analyse ausführlich dargestellt und analysiert. Dabei wird zunächst auf den im Schrifttum wenig diskutierten Aspekt der Zusammenstellung der Peer Group eingegangen. Hier werden die Ermessensspielräume analysiert, welche Kriterien der Bewerter bei der Auswahl der Vergleichsunternehmen zugrunde legen kann.[534] Die Analyse dieses Sachverhaltes ist wichtig, da in Bewertungsgutachten meist eine detaillierte Darstellung der zum Vergleich herangezogenen Unternehmen unterbleibt.[535] Anschließend werden die Ermessensspielräume bei der Anpassung des finanziellen Risikos der Vergleichsunternehmen an die Kapitalstruktur des Bewertungsobjektes analysiert. Hierbei geht es vor allem um die dabei zugrunde liegenden Annahmen bezüglich der unterstellten Finanzierungspolitik und der Ausfallwahrscheinlichkeit des Fremdkapitals.

343.262. Kriterien zur Auswahl der Peer Group

Bei der Ableitung des Beta-Faktors anhand einer Peer Group-Analyse hängt die Qualität des ermittelten Beta-Faktors in erster Linie von den Vergleichsunternehmen ab.[536] Diese müssen die gleichen systematischen Risiken wie das zu bewertende Unternehmen aufweisen. Dies wird sowohl in der Praxis[537] als auch in der Theorie[538] der Unternehmensbewertung betont, allerdings werden in diesem Zusammenhang meist keine konkreten Hinweise zur systematischen Zusammenstellung einer geeigneten Peer Group diskutiert. Es fehlt somit bislang an einer allgemein akzeptierten und eindeutigen Vorgehensweise, die Unternehmen der Peer Group zu ermitteln.[539] Die Entscheidung, nach welchen Kriterien die Peer Group zusammengestellt wird, liegt daher in dem Ermessen des Bewerters. Prinzipiell kann diese Entscheidung bei jeder Bewertung neu getroffen werden.[540]

534 Die gleichen Ermessensspielräume treten grundsätzlich auch bei der Auswahl von Vergleichsunternehmen bei der Anwendung von Multiplikator-Verfahren auf und werden aufgrund der damit verbundenen subjektiven Einschätzungen des Bewertenden als ein großer Nachteil dieser Methodik angesehen, vgl. HENSELMANN/BARTH (2009b), S. 80.

535 Vgl. HACHMEISTER/KÜHNLE/LAMPENIUS (2009), S. 1243.

536 Vgl. BUCHNER/ENGLERT (1994), S. 1575.

537 Vgl. FISCHER-WINKELMANN/BUSCH (2009), S. 652-654.

538 Vgl. GROSSFELD/STÖVER/TÖNNES (2005), S. 6 und PANKOKE/PETERSMEIER (2009), S. 127. COENENBERG/SCHULTZE bezeichnen die Auswahl der Vergleichsunternehmen sogar als das schwerste Problem in diesem Zusammenhang, vgl. COENENBERG/SCHULTZE (2002), S. 698.

539 Vgl. KRUSCHWITZ/LÖFFLER (2008), S. 808.

540 Vgl. CHERIDITO/HADEWICZ (2001), S. 322.

Im Idealfall sollten die Unternehmen in allen wesentlichen Merkmalen übereinstimmen.[541] In der Realität kommt es allerdings nicht vor, dass ein Unternehmen in sämtlichen Vergleichskriterien mit dem zu bewertenden Unternehmen übereinstimmt.[542] Dies gilt besonders für hoch spezialisierte Unternehmen, die in einer Marktnische agieren.[543] Hier ist es durchaus vorstellbar, dass kein börsennotiertes Vergleichsunternehmen gefunden werden kann, das den gleichen systematischen Risiken unterliegt wie das Bewertungsobjekt. Daher müssen für jeden Bewertungsfall die Kriterien identifiziert werden, die die systematischen Risiken des zu bewertenden Unternehmens am besten widerspiegeln.

Welche Kriterien das sind, ist im Schrifttum zur Unternehmensbewertung indes nicht eindeutig beantwortet.[544] Daher werden im Folgenden einige Kriterien aufgeführt, anhand derer die Erstellung einer Peer Group erfolgen kann.[545] Generell lässt sich feststellen, dass eine Entscheidung getroffen werden muss, ob eine tendenziell kleine Peer Group mit einer hohen Übereinstimmung der einzelnen Vergleichsparameter oder eine größere Peer Group mit einer tendenziell weniger hohen Übereinstimmung ermittelt werden soll.[546] In den meisten Fällen wird bei dieser Entscheidung empfohlen, die kleinere Peer Group mit der größeren Übereinstimmung der bewertungsrelevanten Merkmale auszuwählen.[547]

Gerade aufgrund der fehlenden Theorie zur Zusammenstellung einer Peer Group, ist es aus Gründen der Transparenz und der Nachvollziehbarkeit wichtig, die angewendeten Kriterien im Bewertungsgutachten offen zu legen.[548] Neben den angewendeten Auswahlkriterien sollten auch die wichtigsten Gemeinsamkeiten und Unterschiede der Vergleichsunternehmen zu dem Bewertungsobjekt kurz beschrieben werden. Weiterhin wird angeraten, den Grad der Vergleichbarkeit der Geschäftsmodelle zu beurteilen und die wichtigsten Vergleichsunternehmen hervorzuheben.[549] Dieser Empfehlung wird in-

541 Vgl. KERN/MÖLLS (2010), S. 442.

542 Aufgrund des Wesentlichkeitsgrundsatzes und der generellen Unsicherheit bei Unternehmensbewertungen ist es indes nicht erforderlich, dass die Unternehmen in allen Aspekten übereinstimmen. Es ist vielmehr darauf zu achten, dass die Unternehmen bezüglich aller wertbeeinflussenden Faktoren vergleichbar sind, vgl. PEEMÖLLER/MEISTER/BECKMANN (2002), S. 199.

543 Vgl. DÖRSCHELL/FRANKEN/SCHULTE (2006), S. 6.

544 Vgl. MEITNER/STREITFERDT (2012a), S. 553 f.

545 Zum grundsätzlichen Vorgehen der Erstellung einer Long und einer Short List sowie einem Anwendungsbeispiel zur Ermittlung einer Peer Group, vgl. DÖRSCHELL/FRANKEN/SCHULTE (2012), S. 256-269.

546 Vgl. KRUSCHWITZ/LÖFFLER (2008), S. 808. Auf die optimale Anzahl der Unternehmen innerhalb einer Peer Group wird im weiteren Verlauf dieses Abschnitts eingegangen.

547 Vgl. BECKMANN/MEISTER/MEITNER (2003), S. 104.

548 Vgl. CREUTZMANN (2005), S. 3 und GROSSFELD (2012), S. 11 Rn. 33.

549 Diese werden auch als „Closest Comparables" bezeichnet, vgl. DVFA-Leitfaden (2005), S. 1.

des in der Praxis nicht gefolgt. So zeigt RATHAUSKY in seiner Untersuchung, dass in nahezu sämtlichen Gutachten eine detaillierte Erläuterung der Zusammensetzung der Peer Group unterbleibt.[550] Es werden lediglich in Ausnahmefällen Angaben zu der geographischen Verteilung der Vergleichsunternehmen gemacht.

Im Schrifttum sind einige Kriterien zu finden, die zur Ableitung der Peer Group herangezogen werden können.[551] Als wichtigstes Vergleichskriterium wird dabei die Branche des Unternehmens angesehen.[552] Da innerhalb derselben Branche verschiedene Geschäftsmodelle auftreten, ist darauf zu achten, dass das Bewertungsobjekt und die Unternehmen der Peer Group auch bezüglich dieses Kriteriums eine hohe Vergleichbarkeit aufweisen.[553] Dies bedeutet, dass die Vergleichsunternehmen z. B. bezüglich der angebotenen Produkte oder Dienstleistungen, dem Absatzmarkt und der Kostenstruktur möglichst mit dem Bewertungsobjekt übereinstimmen sollten.[554] Daneben sind auch weitere Kriterien wie der Diversifikationsgrad und der Lebenszyklus des Unternehmens in die Analyse einzubeziehen. Ebenso sollten alle wesentlichen Werttreiber und deren Einflussfaktoren identifiziert und analysiert werden.[555]

Neben diesen eher qualitativen Parametern sind auch quantitative Merkmale der Unternehmen wie die Marktkapitalisierung, der Umsatz, die Anzahl der Mitarbeiter oder die Höhe des Jahreserfolgs zu beachten und auf Vergleichbarkeit mit dem Bewertungsobjekt zu überprüfen.[556] Hierbei ist im Einzelfall von dem Bewerter zu entscheiden, welche Kriterien zwingend erfüllt sein müssen, um als Vergleichsunternehmen in die Peer Group aufgenommen zu werden.[557] Abbildung 3.15 fasst noch einmal exemplarisch einige zentrale Vergleichskriterien zur Bildung einer Peer Group, systematisiert in quantitative und qualitative Kriterien, zusammen.

550 Vgl. RATHAUSKY (2008), S. 138.

551 Vgl. dazu Tabelle 17 in FISCHER-WINKELMANN/BUSCH (2009), S. 652, in der einige in der Praxis verwendete Kriterien aufgelistet sind.

552 Mitunter wird davon gesprochen, dass die Vergleichsunternehmen ein „Klon" des Bewertungsobjektes sein sollten, vgl. HACHMEISTER (2006), S. 146.

553 Vgl. IDW (2012b), S. 325.

554 Vgl. IHLAU/DUSCHA (2012), S. 493.

555 Vgl. ERNST/HÄCKER (2011), S. 410, KERN/MÖLLS (2010), S. 442 und MOSER/AUGE-DICKHUT (2003), S. 20.

556 Der jeweilige Verschuldungsgrad der einzelnen Unternehmen muss indes nicht mit dem des zu bewertenden Unternehmens übereinstimmen, da dieser in einem nachgelagerten Schritt angepasst werden kann, vgl. KRUSCHWITZ/LÖFFLER/LORENZ (2011), S. 673-677 und Abschn. 343.264.

557 So ist es z. B. wichtiger, dass das Vergleichsunternehmen in der gleichen Branche agiert, als dass es die gleiche Rentabilitätsmarge aufweist, vgl. CHERIDITO/HADEWICZ (2001), S. 322.

Beispiele für Vergleichskriterien zur Bildung einer Peer Group	
Qualitative Kriterien	**Quantitative Kriterien**
Branche	Umsatz
Geschäftsmodell	Marktkapitalisierung
Absatzmärkte	Anzahl der Mitarbeiter
Lebenszyklus des Unternehmens	Bilanzgewinn
Zentrale Werttreiber	Cashflow

Quelle: Eigene Darstellung, in Anlehnung an DÖRSCHELL/ FRANKEN/ SCHULTE (2009), S. 221.

Abbildung 3.15: Vergleichskriterien zur Bildung einer Peer Group

Weitgehende Einigkeit in Theorie und Praxis der Unternehmensbewertung scheint darin zu bestehen, dass ein potentielles Vergleichsunternehmen in der gleichen Branche agieren muss, wie das zu bewertende Unternehmen.[558] Dabei wird implizit die Annahme getroffen, dass Unternehmen innerhalb einer Branche denselben systematischen Risiken unterliegen, da die Marktverhältnisse wie die Wettbewerbsintensität für alle Unternehmen einer Branche gleich sind.[559] Speziell die Wachstumschancen eines Marktes beeinflussen die Verkaufs- und damit die Gewinnentwicklung der zugehörigen Unternehmen, weshalb sie auch in dieser Hinsicht vergleichbaren Risiken unterliegen.[560] Es bleibt indes zu bezweifeln, ob diese Annahme ohne die Kenntnis und eine weitergehende Analyse der individuellen Risikostruktur der Vergleichsunternehmen sachgerecht und somit der auf einer solchen Peer Group ermittelte Beta-Faktor entsprechend repräsentativ für das Bewertungsobjekt ist.[561] Ist es ersichtlich, dass das Risikoprofil der Vergleichsunternehmen deutlich von dem des zu bewertenden Unternehmens abweicht, können Anpassungen des Risikozuschlags erforderlich sein.[562] Die zur Festlegung der Höhe des Risikozuschlags getroffenen Annahmen sind dabei kenntlich zu machen und zu begründen.[563]

Mitunter wird explizit empfohlen, den Beta-Faktor anhand einer Peer Group zu ermitteln, die alle Unternehmen der entsprechenden Branche umfasst.[564] Diese Vorgehensweise entspricht der Verwendung

558 Vgl. KERN/MÖLLS (2010), S. 442. Dies kann beispielsweise über die Abfrage des sog. „Standard Industry Classification-Code“ (SIC-Code) bei Finanzinformationsdienstleistern geschehen, vgl. SCHACHT/FACKLER (2009b), S. 275.

559 Vgl. BECKMANN/MEISTER/MEITNER (2003), S. 104.

560 Vgl. BUCHNER/ENGLERT (1994), S. 1575.

561 Vgl. MICHALAKIS (2002), S. 625.

562 Vgl. SEPPELFRICKE (2012), S. 170. Hierbei sollte allerdings beachtet werden, dass durch Zu- oder Abschläge die geforderte Objektivierung der Bewertung weitgehend verloren geht.

563 Vgl. HENSELMANN (2001), S. 386 und IHLAU/DUSCHA (2012), S. 493.

564 Vgl. CHENG/MCNAMARA (2000), S. 367.

sog. Branchen-Beta-Faktoren.[565] Indes gibt es zumindest zwei entscheidende Gründe, warum es wahrscheinlich ist, dass auf diese Weise kein repräsentativer Beta-Faktor des Bewertungsobjektes ermittelt wird und daher auf eine enger gefasste Peer Group zurückgegriffen werden sollte.[566] Zum einen ist empirisch zu beobachten, dass die Beta-Faktoren auch innerhalb einer Branche großen Schwankungen unterliegen.[567] Dies spiegeln die zum Teil sehr unterschiedlichen Risikostrukturen einzelner Unternehmen einer Branche wider.[568] Zum anderen wird die Risikolage des Unternehmens hinsichtlich des Lebenszyklus nicht beachtet. So ist ein Unternehmen, das sich in der Gründungs- oder Wachstumsphase befindet, in Bezug auf die spezifischen Risiken nicht mit einem Unternehmen in der Reifephase zu vergleichen.[569] Daher wird empfohlen, auch innerhalb einer Branche stets zu analysieren, ob die zu potentiellen Unternehmen der Peer Group tatsächlich in sinnvoller Weise mit dem zu bewertenden Unternehmen verglichen werden können.[570]

Ein weiterer Ermessensspielraum besteht darin, welche geographischen Beschränkungen bzw. Kriterien an die Unternehmen der Peer Group gestellt werden. Idealerweise sind alle Vergleichsunternehmen auch auf den gleichen Märkten tätig wie das zu bewertende Unternehmen. Da dies in der Realität allerdings nur selten der Fall sein wird, ist von dem Bewerter zu entscheiden, wie eng dieses Kriterium gefasst werden soll. Es wäre beispielsweise möglich, entweder nur auf national tätige Unternehmen zurückzugreifen oder anderenfalls auch international tätige Unternehmen in die Peer Group einzubeziehen. Vor allem bei nur regional tätigen Unternehmen stellt sich die Frage, ob die Vergleichsunternehmen ebenfalls dieser Beschränkung unterliegen sollten.[571]

In ihrer Untersuchung zeigen DITTMANN/WEINER, dass sich bei der Bewertung deutscher Unternehmen präzisere Aussagen ergeben, wenn neben nationalen Unternehmen auch Unternehmen aus der gesamten Europäischen Union in die Peer Group einbezogen werden.[572] Daher ist für jedes Vergleichsunternehmen abzuschätzen, ob es aufgrund unterschiedlicher geographischer Ausrichtung des Geschäftsmodells zu bewertungrelevanten Unterschieden kommen kann. Sollten dabei wesentliche Unterschiede identifiziert werden, ist das entsprechende Unternehmen nicht in die Peer Group aufzunehmen.

565 Vgl. BAETGE et al. (2012), S. 388 und PANKOKE/PETERSMEIER (2009), S. 125.
566 Vgl. DAMODARAN (2010), S. 266.
567 Vgl. PANKOKE/PETERSMEIER (2009), S. 125 f.
568 Vgl. KNABE (2012), S. 78.
569 Vgl. MICHALAKIS (2002), S. 325.
570 Vgl. BAUSCH (2000), S. 458.
571 Vgl. DÖRSCHELL/FRANKEN/SCHULTE (2006), S. 6.
572 Vgl. DITTMANN/WEINER (2005), S. 9-12.

Neben den bisher aufgeführten Kriterien wird auch der Vergleich von Finanzkennzahlen als Beurteilungskriterium zur Aufnahme eines Unternehmens in die Peer Group vorgeschlagen[573] Hierbei stehen meist Kennzahlen wie die Börsenkapitalisierung oder das Kurs-Gewinn-Verhältnis im Vordergrund der Analyse.[574] Die entsprechenden Kennzahlen der letzten fünf Jahre sollen mit denen des zu bewertenden Unternehmens verglichen werden und anhand dessen eine Entscheidung über die Aufnahme in die Peer Group erfolgen. Hierzu wurden verschiedene Modelle entwickelt, mit denen die Vergleichsunternehmen zusammengestellt werden können. Diese greifen ebenfalls auf eine große Anzahl von Finanzkennzahlen zurück, um geeignete Unternehmen auszuwählen.[575] Der Vorteil dieser modelltheoretischen Zusammenstellung der Peer Group wird vor allem in der intersubjektiven Nachvollziehbarkeit gesehen, da die Auswahl der Vergleichsunternehmen auf objektiven Maßstäben beruht.[576]

Für den Bewerter besteht ebenfalls ein Ermessensspielraum in Bezug auf die Anzahl der in die Peer Group aufzunehmenden Unternehmen. Auch hier gibt es keine explizite Vorgabe, welche Anzahl im Sinne der Ermittlung eines repräsentativen Beta-Faktors angemessen erscheint. Einschränkende Determinanten in diesem Zusammenhang sind die Branche, das konkrete Geschäftsmodell und der Diversifikationsgrad des Unternehmens.[577] So kann es durchaus bei hoch spezialisierten oder extrem diversifizierten Unternehmen der Fall sein, dass kein Unternehmen mit einem vergleichbaren Geschäftsmodell gefunden werden kann.[578] Besteht die Peer Group aus genau einem Unternehmen, wird der hieraus ermittelte Beta-Faktor auch als „Pure Play"-Beta-Faktor bezeichnet.[579] Finden sich doch ausreichend viele Unternehmen, wird im Schrifttum zum Teil eine Mindestgröße von fünf Vergleichsunternehmen als sachgerecht eingeschätzt, um daraus aussagekräftige Beta-Faktoren zu ermitteln.[580]

In ihrer empirischen Studie zeigen COOPER/CORDEIRO, dass eine Peer Group mit zehn Vergleichsunternehmen die besten Ergebnisse liefert. Indes sei der Informationsverlust gegenüber dem Verwenden

573 Vgl. BUCHNER/ENGLERT (1994), S. 1575.

574 Bei Verwendung dieses Kriteriums zur Auswahl der Peer Group ist es indes wichtig, einmalige Sondereinflüsse bei den potentiellen Vergleichsunternehmen zu bereinigen, um einen sachgerechten Vergleich zu ermöglichen, vgl. KROLLE/SCHMITT/SCHWETZLER (2005), S. 183-188.

575 Vgl. ALFORD (1992), S. 97-99 und BHOJRAJ/LEE (2002), S. 415-420.

576 Voraussetzung zur Anwendung dieser Kriterien ist, zumindest für die diskutierten Kennzahlen, dass das Bewertungsobjekt börsennotiert ist. In der Praxis wird indes eine Peer Group-Analyse meist dann durchgeführt, wenn das zu bewertende Unternehmen nicht börsennotiert ist.

577 Vgl. RATHAUSKY (2008), S. 138.

578 Vgl. BAUSCH (2000), S. 458.

579 Vgl. KOELEN (2009), S. 155.

580 Vgl. DVFA-Leitfaden (2005), S. 1.

von nur fünf Vergleichsunternehmen oder der gesamten Branche nur sehr gering.[581] Daher lässt sich keine allgemeingültige Aussage bezüglich der optimalen Größe der Peer Group treffen.[582] Abhängig von der Anzahl der zu vergleichenden Unternehmen liegt es im Ermessen des Bewerters, welche Unternehmen aufgrund der Vergleichbarkeit der spezifischen Risikostruktur in die Peer Group aufgenommen werden.[583]

Indes darf die Auswahl der Peer Group zur Ableitung eines Beta-Faktors nicht losgelöst von den bis zu diesem Zeitpunkt der Bewertung getroffenen Annahmen erfolgen. Wurde schon an anderer Stelle eine Peer Group verwendet, beispielsweise zur Ableitung des Ausschüttungsverhaltens, so ist die gleiche Gruppe von Vergleichsunternehmen auch an dieser Stelle zu verwenden, um die Konsistenz der Bewertung sicherzustellen.[584] Es wäre nicht nachvollziehbar und auch den Bewertungsadressaten nur schwer vermittelbar, warum für diese Sachverhalte unterschiedliche Vergleichsunternehmen herangezogen würden. Eine Ausnahme könnte unter Umständen darin bestehen, dass die Peer Group zur Ableitung des Beta-Faktors eine Teilmenge der Peer Group zur Ableitung des Ausschüttungsverhaltens darstellt. Dies könnte damit begründet werden, dass eine nachhaltige Ausschüttungsquote anhand möglichst vieler Unternehmen der Branche ermittelt werden sollte, sich aber die Risikopositionen der einzelnen Unternehmen nicht mit denen des zu bewertenden Unternehmens vergleichen lassen und daher einige der Unternehmen nicht zur Ableitung des Beta-Faktors herangezogen werden.

Das folgende Beispiel verdeutlicht die Auswirkungen der Auswahl der Peer Group-Unternehmen auf den Beta-Faktor und den Unternehmenswert. Wie in den vorangehenden Beispielen wird die BMW AG zum 31.12.2011 bewertet. Als potentielle Unternehmen für die Peer Group wurden die Aktiengesellschaften Volvo, Renault, Peugeot, Fiat, Daimler und Volkswagen identifiziert.[585] Zur Ermittlung der

581 Vgl. COOPER/CORDEIRO (2008), S. 9-13.

582 Dennoch finden sich in der praxisorientierten Literatur zur Unternehmensbewertung immer wieder konkrete Zahlenangaben zur optimalen Größe der Peer Group. So erachten ERNST et al. eine Peer Group mit acht bis zehn Unternehmen als ideal, vgl. ERNST et al. (2012), S. 190 f.

583 Bei einer in Bezug auf die Vergleichbarkeit mit dem Bewertungsobjekt sehr heterogenen Peer Group kann auch die Verwendung einer Gewichtung der einzelnen Unternehmen erfolgen. Hierdurch kann der Grad der Vergleichbarkeit abgebildet und somit die Güte des ermittelten Beta-Faktors erhöht werden. Allerdings ist bei Anwendung einer solchen Gewichtung im Bewertungsgutachen deutlich kenntlich zu machen, welche Annahmen der Gewichtung zugrunde liegen, vgl. KERN/MÖLLS (2010), S. 442.

584 Vgl. DVFA Stellungnahme zum IDW ES 1 (2005), S. 558.

585 Die Auswahl dieser Unternehmen erhebt keinen Anspruch auf Vollständigkeit. Wie in Abschn. 343.262. erläutert, lassen sich zahlreiche Argumente für oder gegen die Aufnahme der ausgewählten Unternehmen oder den Einbezug weiterer Unternehmen finden. Ziel des Beispiels ist es indes, die Auswirkungen unterschiedlicher Zusammensetzungen der Peer Group auf die Höhe des Beta-Faktors zu zeigen. Aus diesem Grund scheint die Auswahl der Unternehmen geeignet, diese Auswirkungen zu verdeutlichen.

Beta-Faktoren der einzelnen Unternehmen wurde als Parameterkonstellation ein Beobachtungszeitraum von zwei Jahren und wöchentliche Renditen gewählt. Als Referenzindex wurde jeweils der breiteste nationale Index des Sitzlandes des Unternehmens gewählt. Die sich ergebenden Beta-Faktoren der Peer Group-Unternehmen sind Tabelle 3.10 zu entnehmen.[586]

Beta-Faktoren der einzelnen Peer Group-Unternehmen		
Unternehmen	**Referenzindex**	**Beta-Faktor**
Volvo	OMX Stockholm	1,52
Renault	CAC AllShares	1,49
Peugeot	CAC AllShares	1,44
Fiat	FTSE Italia All-Share	1,40
Daimler	CDAX	1,35
Volkswagen	CDAX	1,29

Quelle: Eigene Darstellung.

Tabelle 3.10: Beta-Faktoren der einzelnen Peer Group-Unternehmen

Um die Auswirkungen verschiedener Zusammensetzungen der Peer Group zu analysieren, werden die folgenden beiden Peer Groups gebildet: In einem Fall werden nur die beiden deutschen Unternehmen, die Daimler AG und die Volkswagen AG, in die Peer Group einbezogen (PG 1), in dem anderen Fall wird kein Unternehmen ausgeschlossen, so dass alle betrachteten Unternehmen die Peer Group bilden (PG 2). Es ergeben sich für die beiden Fälle Beta-Faktoren von 1,32 (PG 1) und 1,42 (PG 2). Es ist ersichtlich, dass diese Beta-Faktoren eine abweichende Einschätzung des Risikos implizieren. Dementsprechend ergeben sich mit 1.040 GE (PG 1) und 992 GE (PG 2) auch voneinander abweichende Unternehmenswerte. Der Unterschied zwischen den beiden Unternehmenswerten beträgt ca. 5 %. Die Ergebnisse des Beispiels sind in Abbildung 3.16 zusammengefasst.

Zusammenfassend lässt sich festhalten, dass es keine geschlossene Theorie zur Bildung einer Peer Group gibt. Die Vergleichsunternehmen müssen sich hinsichtlich der wesentlichen Risikofaktoren möglichst weit entsprechen. Dies gilt vor allem für Unternehmen der gleichen Branche, die ein ähnliches Geschäftsmodell verfolgen und auf den gleichen Märkten tätig sind. Auch hinsichtlich der optimalen Anzahl der Vergleichsunternehmen lässt sich feststellen, dass keine allgemeingültige Aussage getroffen werden kann. Eine kleine Peer Group, in der die Unternehmen in den wesentlichen Kriteri-

586 Es ist zu erkennen, dass die Beta-Faktoren relative hohe Werte aufweisen. Dies ist indes charakteristisch für die Automobilbranche, vgl. SCHWETZLER/ARNOLD (2012), S. 321.

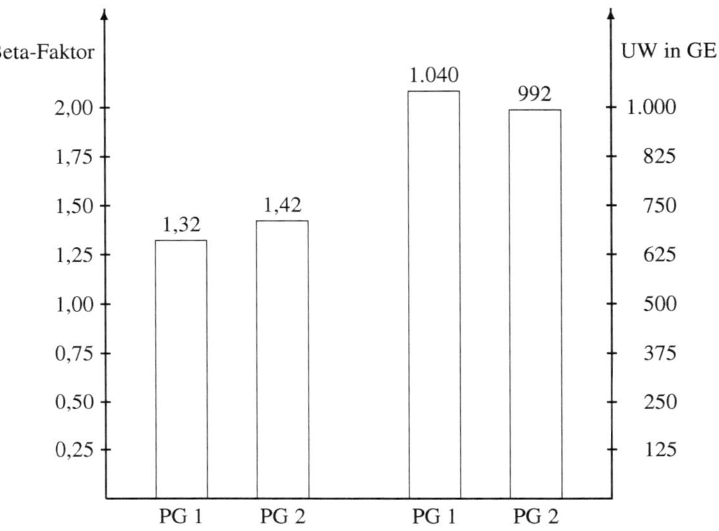

PG 1 = Daimler, Volkswagen
PG 2 = Volvo, Renault, Peugeot, Fiat, Daimler, Volkswagen

Quelle: Eigene Darstellung.

Abbildung 3.16: Einfluss der Peer Group auf Beta-Faktor und Unternehmenswert

en übereinstimmen, ist aber gegenüber einer großen Peer Group, in der die Vergleichbarkeit nur mit Einschränkungen gegeben ist, zu bevorzugen.

343.263. Festlegung der Parameter der Peer Group-Analyse

Nachdem die Peer Group erstellt wurde, müssen auch hier wieder die der Regression zugrunde zu legenden Parameter festgelegt werden. Auch hier treten wieder erhebliche Ermessensspielräume für den Bewerter auf. So muss wiederum eine Entscheidung bezüglich des Referenzindex, des Renditeintervalls und des Betrachtungszeitraumes getroffen werden. Daher sind die grundlegenden Ermessensspielräume vergleichbar mit denen der Abschn. 343.21-343.25. Im Folgenden wird daher nur auf die speziellen Ermessensspielräume bei der Ermittlung des Beta-Faktors anhand einer Peer Group-Analyse eingegangen.

Wie in Abschn. 343.22 dargestellt, besteht das Marktportfolio in der Theorie aus allen mit Risiko behafteten Anlagemöglichkeiten. Ist es unter bestimmten Bedingungen sachgerecht, bei der Ableitung des Beta-Faktors anhand der Kapitalmarktdaten des zu bewertenden Unternehmens auf einen nationalen Aktienindex als Repräsentant für das Marktportfolio zurückzugreifen, so ist für die Ableitung anhand einer Peer Group zu beachten, dass die inhaltliche Vergleichbarkeit von den Kursverläufen der Unternehmen der Peer Group und dem verwendeten Aktienindex gewährleistet ist.[587]

Sind in der Peer Group neben national auch international tätige Unternehmen enthalten, kann die Vergleichbarkeit auf die folgenden beiden Vorgehensweisen hergestellt werden. Zum einen kann ein internationaler Aktienindex als Referenzindex herangezogen werden.[588] Hierbei wird der durchschnittliche Kursverlauf der Vergleichsunternehmen in Beziehung zu einem alle betrachteten Märkte abdeckenden Aktienindex gesetzt. Dies hat den Vorteil, dass somit der Referenzindex dem theoretisch wünschenswerten Marktportfolio nahe kommt. Zum anderen kann aber auch jedem Vergleichsunternehmen der korrespondierende nationale Aktienindex gegenüber gestellt werden.[589] Diese Vereinfachung ist dann gerechtfertigt, wenn das Sitzland des Unternehmens auch dessen Kernmarkt entspricht. Weiterhin muss beachet werden, dass diese Vorgehensweise implizit unterstellt, dass der Durchschnitt der systematischen Risiken einzelner Länder dem systematischen Risiko des Marktumfeldes des Bewertungsobjektes entspricht. Es ist daher zu empfehlen, diesen Aspekt bei Anwendung dieser Vorgehensweise kritisch zu würdigen und gegebenenfalls im Bewertungsgutachten zu problematisieren.[590]

In Bezug auf den Beobachtungszeitraum muss bei einer Peer Group-Analyse beachtet werden, dass die Verfügbarkeit der benötigten Kapitalmarktdaten eine Restriktion darstellen kann.[591] Für sämtliche Vergleichsunternehmen müssen die nach Design der Regressionsanalyse erforderlichen Daten vorhanden sein. Ist dies für ein Unternehmen der Peer Group nicht der Fall, kann die Regression nicht durchgeführt

587 Dies stellt nur dann ein Problem dar, wenn in der Peer Group auch international tätige Unternehmen enthalten sind, vgl. KERN/MÖLLS (2010), S. 442.

588 Vgl. DÖRSCHELL/FRANKEN/SCHULTE (2012), S. 152.

589 Vgl. KERN/MÖLLS (2010), S. 442.

590 Vgl. KERN/MÖLLS (2010), S. 443.

591 Vgl. KERN/MÖLLS (2010), S. 444.

werden. Dann muss entschieden werden, ob die Regression an die vorhandene Datenbasis angepasst wird oder ob das Unternehmen aus der Peer Group entfernt wird.

Abschließend sei noch auf die Folgen einer Krise des Marktes oder einer Branche hingewiesen. Da bei einer Unternehmensbewertung immer die künftigen Ertragspotentiale bewertet werden, der Beta-Faktor indes meist aus historischen Kapitalmarktdaten ermittelt wird, muss stets kritisch geprüft werden, ob die Vergangenheitsdaten auch das künftige Risiko des entsprechenden Unternehmens korrekt widerspiegeln.[592] Als Beispiel sei die Bewertung von Banken angeführt. Hier muss entschieden werden, ob sich das Geschäftsmodell einer Bank aufgrund der Wirtschaft- und Finanzkrise geändert hat oder ob noch die gleichen Risiken wie vor und während der Krise vorliegen.

343.264. Anpassung des Beta-Faktors an die Kapitalstruktur des Bewertungsobjektes

Nachdem mittels einer Peer Group-Analyse ein Beta-Faktor ermittelt wurde, ist dieser an die von dem zu bewertenden Unternehmen künftig geplante Kapitalstruktur anzupassen.[593] Diese Anpassung ist notwendig, da i. d. R. die durchschnittliche Kapitalstruktur der Peer Group-Unternehmen von der des zu bewertenden Unternehmens abweicht und daher der ermittelte Beta-Faktor das Kapitalstrukturrisiko nicht korrekt widerspiegeln würde. Nur in dem Fall, dass die Kapitalstruktur der Peer Group und die des Bewertungsobjektes nahezu übereinstimmen, kann es sachgerecht sein, auf diese Anpassung zu verzichten.[594]

Auch hierbei ergeben sich für den Bewerter zahlreiche Ermessensspielräume. Diese werden im Folgenden dargestellt und analysiert. Im Wesentlichen erstrecken sich die hierbei auftretenden Ermessensspielräume auf die Annahmen bezüglich der unterstellten Finanzierungspolitik und der Ausfallwahrscheinlichkeit des Fremdkapitals. In Bezug auf die Finanzierungspolitik sind dabei die autonome und die wertorientierte Finanzierungspolitik zu unterscheiden.[595] Bezüglich des Fremdkapitals ist zu entscheiden, ob es einem Ausfallrisiko unterliegt oder nicht. Weiterhin kann in einem vorgelagerten

592 Vgl. JONAS (2009), S. 545.

593 Für eine grundlegende Übersicht und Analyse der Auswirkungen des Kapitalstrukturrisikos auf die Renditeforderung der Kapitalgeber und die Berücksichtigung im Bewertungskalkül, vgl. BAETGE et al. (2012), S. 393-412.

594 Vgl. ERNST/HÄCKER (2011), S. 411.

595 Die wertorientierte Finanzierungspolitik wird häufig auch als „atmende Finanzierungspolitik" bezeichnet. Detailliert zu den beiden Finanzierungspolitiken sowie deren korrekte Abbildung im Bewertungskalkül, vgl. RICHTER (1998). Zu den Auswirkungen der Finanzierungspolitik auf den Unternehmenswert, vgl. KRUSCHWITZ/LORENZ (2012).

Schritt entschieden werden, ob die Anpassung der Kapitalstruktur in dem Annahmengerüst von MODIGLIANI/MILLER oder von MILES/EZZELL erfolgen soll.[596]

Wird die Wahl des zugrunde liegenden Annahmengerüstes zunächst vernachlässigt, beschränken sich die Ermessensspielräume auf die beiden Dimensionen der unterstellten Finanzierungspolitik und der Ausfallwahrscheinlichkeit des Fremdkapitals. Aus theoretischer Sicht müssen alle im Bewertungskalkül getroffenen Prämissen und Annahmen konsistent abgestimmt sein.[597] Da die unterstellte Kapitalstruktur des zu bewertenden Unternehmens bereits bei der Ermittlung der künftigen finanziellen Überschüsse festgelegt wurde, verbleibt als in diesem Schritt zu treffende Entscheidung des Bewerters lediglich eine Annahme über die Ausfallwahrscheinlichkeit des Fremdkapitals.[598] Die möglichen Ausprägungen der beiden Dimensionen sind in Abbildung 3.17 dargestellt:

Ermessensspielräume bei der Anpassung des Beta-Faktors an die künftig geplante Kapitalstruktur		
	Ausfallwahrscheinlichkeit des Fremdkapitals	
Finanzierungs-politik	Nicht ausfallbedrohtes Fremdkapital und autonome Finanzierungspolitik	Ausfallbedrohtes Fremdkapital und autonome Finanzierungspolitik
	Nicht ausfallbedrohtes Fremdkapital und wertorientierte Finanzierungspolitik	Ausfallbedrohtes Fremdkapital und wertorientierte Finanzierungspolitik

Quelle: Eigene Darstellung, in Anlehnung an DÖRSCHELL/FRANKEN/SCHULTE (2009), S. 40.

Abbildung 3.17: Ermessensspielräume bei der Anpassung des Beta-Faktors an die künftig geplante Kapitalstruktur

Der anhand einer Peer Group-Analyse ermittelte Beta-Faktor spiegelt die durchschnittliche Kapitalstruktur der in der Peer Group enthaltenen Unternehmen wider, die sich i. d. R. von der des Be-

596 Vgl. hierzu vor allem die Ausführungen von KRUSCHWITZ/LÖFFLER/LORENZ (2011), die nachweisen, dass bei den auf den Annahmen von MODIGLIANI/MILLER beruhenden Anpassungsformeln logische Inkonsistenzen bezüglich der Finanzierungspolitiken bestehen. Auf diese Auswirkungen wird im Laufe dieses Abschnitts näher eingegangen.

597 Vgl. KERN/MÖLLS (2010), S. 448.

598 Indes ist davon auszugehen, dass in den meisten Fällen in dem Bewertungsgutachten nicht auf die konkrete Methodik der Anpassung des mittels einer Peer Group-Analyse ermittelten Beta-Faktors an die unterstellte Kapitalstruktur des Bewertungsobjektes eingegangen wird. Daher ist es nicht auszuschließen, dass an dieser Stelle die theoretische Konsistenz der Bewertung nicht in allen Fällen gegeben ist, vgl. RATHAUSKY (2008), S. 138.

wertungsobjektes unterscheidet.[599] Dabei kann die Berechnung des durchschnittlichen Beta-Faktors entweder anhand des arithmetischen Mittels oder gewichtet mit den Marktwerten der jeweiligen Peer Group-Unternehmen erfolgen.[600] Dieser Beta-Faktor wird auch als Raw-Beta-Faktor bezeichnet.[601] Das grundsätzliche Vorgehen zur Anpassung dieses Raw-Beta-Faktors an die Kapitalstruktur des zu bewertenden Unternehmens verläuft dabei zweistufig.[602] Zuerst wird das Kapitalstrukturrisiko des Raw-Beta-Faktors beiseitigt und somit der Beta-Faktor eines fiktiv unverschuldeten Unternehmens ermittelt (Unlevering). Dieser wird auch als Asset-Beta-Faktor bezeichnet.[603] Anschließend wird dieser Asset-Beta-Faktor an die künftig unterstellte Kapitalstruktur des Bewertungsobjektes angepasst (Relevering).[604]

Da sich bei unterstellter Konsistenz der gesamten Bewertung der Ermessensspielraum bei dieser Anpassung nur auf die Annahme bezüglich der Ausfallwahrscheinlichkeit des Fremdkapitals bezieht, wird im Folgenden nur dieser Fall betrachtet. Wie bereits beschrieben, ist von dem Bewerter eine Entscheidung darüber zu treffen, ob das Fremdkapital einem Ausfallrisiko unterliegt, also die Ausfallwahrscheinlichkeit größer als Null ist, oder ob zu jedem Zeitpunkt genug finanzielle Überschüsse zur Bedienung der Fremdkapitalforderungen vorhanden sind.[605] Die Renditeforderung der Fremdkapitalgeber r_{FK} berechnet sich, analog zur Ermittlung der Eigenkapitalrendite mittels des CAPM, anhand folgender Formel:

$$r_{FK} = r_f + (r_M - r_f) \cdot \beta_{FK}, \tag{3.17}$$

wobei β_{FK} den sog. Debt Beta-Faktor bezeichnet, welcher auch als Verhältnis von dem von den Fremdkapitalgebern geforderten Credit Spread zu der MRP dargestellt werden kann:[606]

599 Vgl. GROSSFELD/STÖVER (2004), S. 2808.

600 Vgl. PANKOKE/PETERSMEIER (2009), S. 126 und BARK (2011), S. 130.

601 Vgl. DÖRSCHELL/FRANKEN/SCHULTE (2012), S. 149.

602 Vgl. KOHL/SCHILLING (2006), S. 543.

603 Vgl. ADERS/WAGNER (2004), S. 33.

604 Aufgrund dieser Bezeichnung wird oftmals auch von levered, unlevered und relevered Beta-Faktoren gesprochen, vgl. JONAS (2009), S. 545.

605 Vgl. auch KRUSCHWITZ/LODOWICKS/LÖFFLER (2005), die neben den positiven Effekten steigender Verschuldung auf die Renditekennzahlen auch explizit das damit verbundene erhöhte Insolvenzrisiko in das Bewertungskalkül einbeziehen.

606 Zur praktischen Ermittlung des Credit Spreads, vgl. PANKOKE/PETERSMEIER (2009), S. 129-132. Dort wird beispielsweise gezeigt, wie aus dem Rating eines Unternehmens dessen Credit Spread ermittelt werden kann. Historische Credit Spreads verschiedener Laufzeiten können unter www.bondsonline.com abgerufen werden.

$$\beta_{FK} = \frac{r_{FK} - r_f}{r_M - r_f} \tag{3.18}$$

Es ist zu erkennen, dass die Renditeforderung der Fremdkapitalgeber dem risikolosen Zinssatz r_f entspricht, wenn $\beta_{FK} = 0$ gilt. Die spiegelt den Fall wider, wenn das Fremdkapital annahmegemäß keinem Ausfallrisiko unterliegt.[607] Es kann somit als Spezialfall der hier dargestellten Analyse aufgefasst werden. Da i. d. R. davon ausgegangen werden kann, dass die Renditeforderung der Fremdkapitalgeber größer als der risikolose Zinssatz ist, stellt die Annahme eines Debt Beta-Faktor von Null eine vereinfachende Vorgehensweise dar.[608] Diese kann im Fall sehr finanzstarker Unternehmen oder bei Unternehmen, die ein mit AAA vergleichbares Rating aufweisen, eine sachgerechte Annahme sein, ist aber als pauschale Vorgehensweise abzulehnen, da es dadurch zu systematischen Fehleinschätzungen in Bezug auf den Beta-Faktor kommen kann.[609] Eine Überprüfung dieser Annahme im konkreten Bewertungsfall ist darüber hinaus stets geboten, da eine Peer Group-Analyse zur Ermittlung des Beta-Faktors meist bei nicht börsennotierten Unternehmen angewendet wird, deren Finanzkraft zumindest tendenziell niedriger einzuschätzen ist als diejenige börsennotierter Unternehmen.

Durch den Einbezug eines positiven Debt Beta-Faktors wird somit angenommen, dass das Fremdkapital einem Ausfallrisiko unterliegt. Die Fremdkapitalgeber übernehmen somit einen Teil der operativen Risiken des Unternehmens.[610] Wird das Fremdkapital im Bewertungskalkül fälschlicherweise als risikolos angesehen, wird der durch die Eigenkapitalgeber übernommene Anteil operativer Risiken überschätzt.[611] Da sich die abgebildeten Risiken in operative Risiken und Finanzierungsrisiken unterteilen, wird daher im Umkehrschluss der tatsächliche Anteil der Finanzierungsrisiken unterschätzt.[612]

Im Folgenden werden die durch die Annahmen bezüglich der Finanzierungspolitik und der Ausfallwahrscheinlichkeit des Fremdkapitals determinierten unterschiedlichen Formeln zum Unlevern und

607 Vgl. ADERS/SCHRÖDER (2004), S. 110. Das Ausfallrisiko bezieht sich dabei sowohl auf die Zins- als auch auf die Kapitalrückzahlungen. Daneben wird vereinfachend unterstellt, dass das Fremdkapital keinen Zinsänderungs- und Währungsrisiken unterliegt, vgl. LÜTKESCHÜMER (2012), S. 67.

608 Bei Anwendung des APV-Verfahrens würde diese Annahme implizieren, dass die Tax Shields mit dem risikolosen Zinssatz diskontiert werden. Zu den theoretischen Bedingungen, unter welchen dies sachgerecht ist, vgl. CASTEDELLO/DAVIDSON/SCHLUMBERGER (2004), S. 372 f. Die dafür notwendigen Annahmen spiegeln indes keine realistischen Bedingungen wider.

609 Vgl. PANKOKE/PETERSMEIER (2009), S. 128 und WATRIN/STÖVER (2011), S. 68.

610 Vgl. KRUSCHWITZ/MILDE (1996), S. 1121 und BALLWIESER (2011), S. 104 f.

611 Vgl. ADERS/WAGNER (2004), S. 33.

612 Vgl. LÜTKESCHÜMER (2012), S. 67 f.

Relevern gezeigt und diskutiert.[613] Die Herleitung wird dabei stellvertretend für den Fall wertorientierter Finanzierungspolitik geführt. Der Fall autonomer Finanzierungspolitik verläuft analog.[614] Wie gezeigt, ergibt sich der Fall nicht ausfallgefährdeten Fremdkapitals bei Wahl eines Debt Beta-Faktors von Null. Daher muss keine separate Herleitung für diesen Spezialfall erfolgen. Ausgangspunkt für die Berechnung der einzelnen Formeln ist grundsätzlich der folgende Zusammenhang, der den Beta-Faktor des gesamten Unternehmens β_{EV} als Summe der einzelnen Vermögens- und Schuldenbestandteile darstellt:[615]

$$\beta_{EV} = \frac{FK}{FK+EK} \cdot \beta_{FK} + \frac{EK}{FK+EK} \cdot \beta_v \tag{3.19}$$

$$= \frac{GK}{GK+s \cdot FK} \cdot \beta_u + \frac{s \cdot FK}{GK+s \cdot FK} \cdot \beta_{TS} \tag{3.20}$$

Bei Annahme wertorientierter Finanzierungspolitik sind die künftigen Fremdkapitalbestände nicht bekannt und daher der Wert der Tax Shields nicht sicher.[616] Daher kann angenommen werden, dass der Beta-Faktor des Tax Shields dem Beta-Faktor des fiktiv unverschuldeten Unternehmens entspricht ($\beta_{TS} = \beta_u$). Es ergibt sich somit folgende Gleichung:

$$\frac{FK}{FK+EK} \cdot \beta_{FK} + \frac{EK}{FK+EK} \cdot \beta_v = \frac{GK}{GK+s \cdot FK} \cdot \beta_u + \frac{s \cdot FK}{GK+s \cdot FK} \cdot \beta_u \tag{3.21}$$

Wird die Gleichung anschließend nach β_v aufgelöst ergibt sich:

$$\beta_v = \beta_u + (\beta_u - \beta_{FK}) \cdot \frac{FK}{EK} \tag{3.22}$$

Diese Gleichung beschreibt den Zusammenhang zwischen dem Beta-Faktor eines fiktiv unverschuldeten Unternehmens β_u und dem eines verschuldeten Unternehmens β_v bei Annahme wertorientierter Fi-

613 Die Formeln zur Anpassung des Beta-Faktors an die Kapitalstruktur werden in der Literatur auch unter dem Begriff „Gearing-Formeln" diskutiert, vgl. WATRIN/STÖVER (2011), S. 65-73.

614 In diesem Fall muss der Beta-Faktor der Tax Shields mit dem Debt Beta-Faktor gleichgesetzt werden. Zu einer detailliert ausgeführten Herleitung der Formel sei auf FERNANDEZ (2006), S. 2-4 verwiesen.

615 Vgl. SCHULTE et al. (2010), S. 14.

616 Vgl. PAWELZIK (2012a), S. 937.

nanzierungspolitik. Im Schrifttum ist diese Gleichung als HARRIS/PRINGLE-Formel bekannt.[617] Wird in diese Formel ein Debt Beta-Faktor in Höhe von Null eingesetzt, also das Fremdkapital als nicht ausfallgefährdet eingestuft, ergibt sich die sog. Praktiker-Formel:[618]

$$\beta_v = \beta_u + \beta_u \cdot \frac{FK}{EK} = \beta_u \cdot (1 + \frac{FK}{EK}) \qquad (3.23)$$

Abbildung 3.18 fasst die unterschiedlichen Formeln zum Unlevern und Relevern des aus einer Peer Group-Analyse ermittelten Beta-Faktors zusammen, wobei $V = \frac{FK}{EK}$ den Verschuldungsgrad des zu bewertenden Unternehmens darstellt.

Anpassung des Beta-Faktors in Abhängigkeit der Finanzierungspolitik			
		Erfassung der Kapitalstruktur	
		Unlevern	**Relevern**
Finanzierungspolitik	**Autonom**	$\beta_u = \frac{\beta_v + \beta_{FK} \cdot (1-s) \cdot V}{1 + (1-s) \cdot V}$	$\beta_v = \beta_u + (\beta_u - \beta_{FK}) \cdot (1-s) \cdot V$
	Atmend	$\beta_u = \frac{\beta_v + \beta_{FK} \cdot V}{1 + \cdot V}$	$\beta_v = \beta_u + (\beta_u - \beta_{FK}) \cdot V$

Quelle: Eigene Darstellung, in Anlehnung an DÖRSCHELL/FRANKEN/SCHULTE (2012), S. 208.

Abbildung 3.18: Anpassung des Beta-Faktors in Abhängigkeit der Finanzierungspolitik

An dieser Stelle ist noch einmal darauf hinzuweisen, dass in Bezug auf die Annahme der Finanzierungspolitik im Sinne einer konsistenten Gesamtbewertung kein Ermessensspielraum für den Bewerter besteht.[619] Die Auswahl der Formel für das Unlevern hat sich nach der Finanzierungspolitik der Peer Group-Unternehmen im Analysezeitraum zu richten. Nur für den Fall, dass die Unternehmen der

617 Vgl. HARRIS/PRINGLE (1985).

618 Vgl. SCHULTE et al. (2010), S. 14. Die sich bei Annahme autonomer Finanzierungspolitik ergebenden Formeln werden meist HAMADA-Formel (im Fall sicheren Fremdkapitals) und FERNANDEZ-Formel (im Fall ausfallgefährdeten Fremdkapitals) bezeichnet, vgl. HAMADA (1972) und FERNANDEZ (2006).

619 Vgl. DÖRSCHELL/FRANKEN/SCHULTE (2012), S. 204 f.

Peer Group keine einheitliche Finanzierungspolitik angewendet haben oder aus den vorhandenen Daten nicht eindeutig ermittelt werden kann, welche Finanzierungspolitik angewendet wurde, liegt es im Ermessen des Bewerters, für welche Formel er sich entscheidet. Zu empfehlen ist dabei, sich an der bisherigen Finanzierungspolitik des zu bewertenden Unternehmens zu orientieren. Die zum Relevern zu wählende Formel ist abhängig von der künftig geplanten und damit bereits im Bewertungskonzept enthaltenen Finanzierungspolitik des Bewertungsobjektes. Diese kann durch den Bewertungsanlass determiniert sein.[620]

In der Praxis der Unternehmensbewertung wird häufig auf die Ermittlung des Debt Beta-Faktors verzichtet.[621] Begründet wird dies meist mit der schwierig zu objektivierenden Erhebung der notwendigen Daten zur Berechnung des Credit Spreads.[622] Um den dabei auftretenden Fehler zu veranschaulichen und feststellen zu können, ob eine Systematik bezüglich der Wirkungsrichtung des Fehlers identifiziert werden kann, wird folgendes Beispiel angeführt.[623] Dabei werden verschiedene Szenarien bezüglich der Kapitalstruktur und der Höhe des Credit Spreads analysiert. Die Berechnungen beziehen sich dabei wiederum nur auf die Annahme einer wertorientierten Finanzierungspolitik, so dass sowohl zum Unlevern als auch zum Relevern die HARRIS/PRINGLE-Formel angewendet wird. Die Ergebnisse lassen sich indes auch auf den Fall autonomer Finanzierungspolitik übertragen.

Dem Beispiel liegt die folgende Datenkonstellation zugrunde: Mittels einer Peer Group-Analyse wurde ein levered Beta-Faktor β_v von 1,0 berechnet. Der relevante Steuersatz des zu bewertenden Unternehmens betrage 40 %. Bezüglich der Kapitalstruktur werden folgende Szenarien unterschieden: Die Unternehmen der Peer Group wiesen in dem Betrachtungszeitraum der Analyse konstante Eigenkapitalquoten in Höhe von 25 %, 50 % oder 75 % auf. Die künftig von dem zu bewertenden Unternehmen geplante Finanzierungspolitik sieht ebenfalls Eigenkapitalquoten in einer dieser Höhen vor. Der Fremdkapitalzinssatz betrage 3 %, 4 %, $\cdots$, 8 %, so dass sich bei einem risikolosen Zinssatz r_f von 3 % und einer MRP von 5 % Debt Beta-Faktoren von 0; 0,2; $\cdots$; 1 ergeben.

Tabelle 3.11 zeigt die sich ergebenden, um die Kapitalstruktur der Peer Group-Unternehmen bereinigten Beta-Faktoren. Diese stellen somit den Beta-Faktor des fiktiv unverschuldeten Bewertungsobjektes dar. Die oberste Zeile der Tabelle zeigt dabei den Fall, dass das Fremdkapital nicht ausfallgefährdet ist

620 Vgl. IDW S 1 i. d. F. 2008, Tz. 35-37.

621 Vgl. JONAS (2009), S. 546.

622 Zu verschiedenen Möglichkeiten der Ermittlung des Debt Beta-Faktors in der Praxis, vgl. ADERS/WAGNER (2004), S. 34 f.

623 In Anlehnung an das Beispiel in SCHULTE et al. (2010), S. 18-20.

($\beta_{FK} = 0$). In den weiteren Zeilen sind die sich ergebenden Beta-Faktoren für den Fall abgetragen, dass das Fremdkapital einem Ausfallrisiko unterliegt. Es ist zu erkennen, dass die sich hierbei ergebenden Beta-Faktoren stets höher sind als bei Annahme nicht ausfallgefährdeten Fremdkapitals und damit bei dieser Annahme ein systematischer Bewertungsfehler begangen wird.

Unlevered Beta-Faktoren bei Einbezug eines Debt Beta-Faktors			
	Historische Eigenkapital-Quote		
Debt Beta-Faktor	**25 %**	**50 %**	**75 %**
0,0	0,25	0,50	0,75
0,1	0,40	0,60	0,80
0,2	0,55	0,70	0,85
0,3	0,70	0,80	0,90
0,4	0,85	0,90	0,95
0,5	1,00	1,00	1,00

Quelle: Eigene Darstellung, in Anlehnung an SCHULTE et al. (2010), S. 20.

Tabelle 3.11: Unlevered Beta-Faktoren bei Einbezug eines Debt Beta-Faktors

Tabelle 3.12 zeigt die an die künftig geplante Kapitalstruktur des Bewertungsobjektes angepassten Beta-Faktoren. Diese ergeben sich aus den Werten der obigen Tabelle durch Relevern mit der entsprechenden Formel. Wie der Tabelle zu entnehmen ist, ergeben sich in Abhängigkeit von der künftig geplanten Kapitalstruktur differenzierte Auswirkungen auf den Beta-Faktor, so dass keine allgemeingültige Aussage bezüglich des Effektes getroffen werden kann. Ist die durchschnittliche Finanzierungsstruktur der Peer Group-Unternehmen identisch mit der künftig geplanten Finanzierungsstruktur des Bewertungsobjektes, ergibt sich der ursprüngliche Beta-Faktor. Daher sind diese Fälle nicht in der Tabelle aufgeführt.[624]

Bei gleicher Finanzierungsstruktur ist somit auch die Annahme über die Ausfallwahrscheinlichkeit des Fremdkapitals irrelevant in Bezug auf die Höhe des Beta-Faktors. Anders verhält es sich, wenn die Kapitalstrukturen der Peer Group-Unternehmen und des Bewertungsobjektes voneinander abweichen. Ist die Eigenkapital-Quote der Peer Group-Unternehmen höher (niedriger) als die des Bewertungsobjektes, ist der resultierende Beta-Faktor bei Berücksichtigung des Ausfallrisikos des Fremdkapitals kleiner (größer) als bei Annahme sicheren Fremdkapitals. Die konkrete Höhe der Abweichung der beiden Beta-Faktoren hängt dabei von der Höhe des angenommenen Debt Beta-Faktors ab. Betrug

624 Dies ist mathematisch damit zu erklären, dass zum Unlevern und anschließendem Relevern die gleiche Formel benutzt wird, die lediglich nach verschiedenen Variablen aufgelöst ist.

Relevered Beta-Faktoren bei Einbezug eines Debt Beta-Faktors							
	*	25 %		50 %		75 %	
Debt Beta-Faktor	**	**50 %**	**75 %**	**25 %**	**75 %**	**25 %**	**50 %**
0,0		0,50	0,33	2,00	0,67	3,00	1,50
0,1		0,60	0,47	1,80	0,73	2,60	1,40
0,2		0,70	0,60	1,60	0,80	2,20	1,30
0,3		0,80	0,73	1,40	0,87	1,80	1,20
0,4		0,90	0,87	1,20	0,93	1,40	1,10
0,5		1,00	1,00	1,00	1,00	1,00	1,00
* = Historische Eigenkapital-Quote ** = Künftige Eigenkapital-Quote							

Quelle: Eigene Darstellung, in Anlehnung an SCHULTE et al. (2010), S. 20.

Tabelle 3.12: Relevered Beta-Faktoren bei Einbezug eines Debt Beta-Faktors

beispielsweise die durchschnittliche Eigenkapital-Quote der Peer Group 25 % und ist für das zu bewertende Unternehmen künftig eine Eigenkapital-Quote von 50 % vorgesehen, wird selbst bei einem relativ kleinen Debt Beta-Faktor von 0,2 der an die Kapitalstruktur angepasste Beta-Faktor um 40 % $(= \frac{0{,}7-0{,}5}{0{,}5})$ überschätzt.

Dies verdeutlicht, dass für jeden Bewertungsfall abgeschätzt werden muss, ob die Annahme eines Debt Beta-Faktors von Null und damit von nicht ausfallgefährdetem Fremdkapital sachgerecht ist. Dies ist vor allem dann erforderlich, wenn die Kapitalstrukturen der Peer Group-Unternehmen und des Bewertungsobjektes deutlich voneinander abweichen. Der ansonsten in Kauf genommene Fehler kann einen deutlichen Effekt auf die Höhe des Unternehmenswertes haben.[625]

Der bislang vorgestellte Ansatz zur Anpassung des mittels einer Peer Group-Analyse ermittelten Beta-Faktors an die künftig geplante Kapitalstruktur des Bewertungsobjektes ist, wie jedes die Realität abbildende Modell, der Kritik bezüglich der getroffenen Prämissen ausgesetzt.[626] Der oft als MODIGLIANI/MILLER-Welt bezeichnete Modellrahmen wird dabei als idealisierend bezeichnet, da er von Annahmen ausgeht, die in dieser Form i. d. R. nicht an einem realen Kapitalmarkt anzutreffen sind.[627] Neben dieser Kritik an den Modellprämissen wurde zudem nachgewiesen, dass bei der Herleitung der For-

625 Vgl. LÜTKESCHÜMER (2012), S. 67.

626 Vgl. dazu auch die allgemeinen Ausführungen zu diesem Zusammenhang in BALLWIESER (1990), S. 1-3.

627 Vgl. KERN/MÖLLS (2010), S. 448.

meln zur Anpassung an das Kapitalstrukturrisiko logische Inkonsistenzen auftreten.[628] Hierbei wurde gezeigt, dass zum einen die Annahme über eine autonome, zum anderen aber auch die Annahme einer wertorientierten Finanzierungspolitik des Bewertungsobjektes in die Formel einfließen.[629] Um diese Inkonsistenz zu vermeiden, wurde vorgeschlagen, statt der MODIGLIANI/MILLER-Anpassung die Anpassung nach MILES/EZZELL vorzunehmen.[630] Diese wird im Folgenden erläutert, wobei wiederum nur der Fall wertorientierter Finanzierungspolitik behandelt wird.[631]

Wird zur Anpassung des Kapitalstrukturrisikos der Modellrahmen von MILES/EZZELL verwendet, ergeben sich die in Abbildung 3.19 gezeigten Formeln zum Unlevern und Relevern, die von den bislang gezeigten Formeln abweichen:[632]

Anpassung des Beta-Faktors an die künftige Kapitalstruktur nach MILES/EZZELL	
Erfassung der Kapitalstruktur	
Unlevern	**Relevern**
$\beta_v = \beta_u \cdot \left(1 + \frac{1+r_f \cdot (1-s)}{1+r_f} \cdot V\right) - \beta_{FK} \cdot (1-s) \cdot V$	$\beta_u = \dfrac{\beta_v + \beta_{FK} \cdot (1-s) \cdot V}{1 + \frac{1+r_f \cdot (1-s)}{1+r_f} \cdot V}$

Quelle: Eigene Darstellung.

Abbildung 3.19: Anpassung des Beta-Faktors an die künftige Kapitalstruktur nach MILES/EZZELL

Um die Auswirkungen der Annahmen bezüglich der Ausfallwahrscheinlichkeit des Fremdkapitals und die Sensitivität gegenüber der Höhe des Debt Beta-Faktors auch für diesen Fall zu analysieren, wird das obige Beispiel auf die Anpassungsformeln nach MILES/EZZELL übertragen. In Tabelle 3.13 sind die sich ergebenden Unterschiede der beiden Verfahren abgebildet.[633] Es ist zu erkennen, dass die Abwei-

628 Vgl. KRUSCHWITZ/LÖFFLER/LORENZ (2011).

629 Anderer Ansicht sind MEITNER/STREITFERDT, die keine Inkonsistenz bei der Herleitung der entsprechenden Formeln identifizieren. Zur Diskussion der verschiedenen Anpassungsformeln und den zugrunde liegenden Kapitalkostendefinitionen, vgl. MEITNER/STREITFERDT (2012b) und KRUSCHWITZ/LÖFFLER/LORENZ (2012).

630 Vgl. KRUSCHWITZ/LÖFFLER/LORENZ (2011), S. 676-678.

631 Grundlegend zu den Prämissen dieser Anpassungsformeln, vgl. MILES/EZZELL (1980).

632 Im Wesentlichen resultieren die Unterschiede daraus, dass bei den Anpassungsformeln nach MILES/EZZELL im Zeitverlauf variable Verschuldungsgrade angenommen werden. Detailliert zu den unterschiedlichen Annahmen der beiden Modellrahmen, vgl. KRUSCHWITZ/LÖFFLER/LORENZ (2011), S. 673-678.

633 Ein positiver Wert bedeutet dabei, dass der nach MILES/EZZELL ermittelte Beta-Faktor größer ist als derjenige nach MODIGLIANI/MILLER.

chungen in den meisten Fällen eher gering ausfallen, aber vor allem dann besonders groß sind, wenn die künftig geplante Eigenkapital-Quote deutlich niedriger ist als die der Peer Group-Unternehmen.

Darstellung der Abweichungen angepasster Beta-Faktoren bei Verwendung verschiedener Modellrahmen							
	*	**25 %**		**50 %**		**75 %**	
Debt Beta-Faktor	**	**50 %**	**75 %**	**25 %**	**75 %**	**25 %**	**50 %**
0,0		0,00	0,00	0,00	0,00	0,00	0,00
0,1		−0,04	−0,05	0,14	−0,02	0,14	0,04
0,2		−0,08	−0,10	0,30	−0,05	0,30	0,08
0,3		−0,12	−0,16	0,46	−0,08	0,46	0,12
0,4		−0,16	−0,21	0,62	−0,10	0,62	0,15
0,5		−0,20	−0,26	0,78	−0,13	0,78	0,19
* = Historische Eigenkapital-Quote							
** = Künftige Eigenkapital-Quote							

Quelle: Eigene Darstellung.

Tabelle 3.13: Darstellung der Abweichungen angepasster Beta-Faktoren bei Verwendung verschiedener Modellrahmen

Es ist davon auszugehen, dass in der Praxis der Unternehmensbewertung überwiegend die Anpassungsformeln nach MODIGLIANI/MILLER eingesetzt werden, da die entsprechenden Formeln eingänglicher erscheinen und daher neben der einfacheren Handhabbarkeit auch gegenüber dem Bewertungsadressaten leichter zu kommunizieren sind.[634] Dennoch sind die Anpassungsformeln nach MILES/EZZELL aus theoretischer Sicht besser geeignet, um den Beta-Faktor an das Kapitalstrukturrisiko des zu bewertenden Unternehmens anzupassen. Es bleibt daher abzuwarten, ob diese Formeln künftig in der Praxis der Unternehmensbewertung angewendet werden.

35 Zusammenfassung der theoretischen Analyse der Ermessensspielräume

Ziel dieses Kapitels war, eine umfassende theoretische Analyse der Ermessensspielräume bei der Ermittlung des Kapitalisierungszinssatzes für objektivierte Zwecke zu liefern. Hierzu wurde zunächst der

634 Vgl. PAWELZIK (2012a), S. 946 f. Allgemein zum Problem der Akzeptanz eines Bewertungsgutachtens durch den Bewertungsadressaten, vgl. HENSELMANN (1999), S. 432-435. Zu dem damit eng in Verbindung stehenden Problem der Vereinbarkeit von modelltheoretischen Erkenntnissen und praktischer Anwendbarkeit, vgl. WAGNER et al. (2006), S. 1006 f.

maßgebliche Standard IDW S 1 ausführlich in Bezug auf dessen Vorgaben zur Ermittlung der einzelnen Komponenten des CAPM untersucht. Aus diesen Vorgaben wurden anschließend die sich für den Bewertenden ergebenden Ermessensspielräume identifiziert und Möglichkeiten gezeigt, wie diese in der Praxis ausgefüllt werden können. Die zentralen Ergebnisse dieses Kapitels werden im Folgenden zusammenfassend dargestellt.

Zur Ermittlung des Kapitalisierungszinssatzes ist nach den Vorgaben des IDW S 1 entweder das CAPM (mittelbare Typisiserung) oder das Tax-CAPM (unmittelbare Typisierung) anzuwenden. Beide Modelle erlauben eine kapitalmarktgestützte und dadurch intersubjektiv nachprüfbare Ermittlung der erforderlichen Parameter. Bezüglich der einzelnen Parameter der beiden Modelle, BZS, MRP und Beta-Faktor, werden im IDW S 1 weitere Vorgaben gemacht, wie deren Bestimmung zu erfolgen hat. Die wesentlichen Vorgaben können folgendermaßen zusammengefasst werden:

- Der BZS ist mittels der Schätzung einer ZSK anhand der SVENSSON-Methode zu ermitteln. Zur Schätzung der ZSK sollen vorwiegend die von der Deutschen Bundesbank veröffentlichten Parameter verwendet werden. Um die Auswirkungen von Marktschwankungen und Schätzungenauigkeiten abzumildern, sind die Parameter über einen 3-Monats-Zeitraum zu glätten und anschließend auf 0,25 %-Punkte zu runden.
- Zur Bestimmung der MRP wird auf eine anhand verschiedener Studien abgeleitete Bandbreite möglicher Werte verwiesen. Diese Bandbreite umfasste seit Einführung des Abgeltungsteuersystems Werte von 4,5–5,5 % vor Steuern. Aufgrund der aktuellen Entwicklungen auf den Kapitalmärkten wurde diese Bandbreite inzwischen angepasst und sieht seit September 2012 Werte von 5,5–7 % vor Steuern vor.
- Bezüglich der Ermittlung des Beta-Faktors sind nur wenige explizite Vorgaben im IDW S 1 enthalten. Es wird lediglich vorgegeben, den Beta-Faktor zukunftsbezogen zu ermitteln. Werden indes historische Kapitalmarktdaten zu dessen Bestimmung herangezogen, ist abzuschätzen, ob diese repräsentativ für die künftige Risikosituation des zu bewertenden Unternehmens sind. Wird der Beta-Faktor anhand einer Peer Group-Analyse ermittelt, ist dieser an die künftig vom Bewertungsobjekt geplante Kapitalstruktur anzupassen.

Trotz dieser zum Teil detaillierten Vorgaben des Standards zur Ermittlung des Kapitalisierungszinssatzes, konnten in der anschließenden Analyse zahlreiche Ermessensspielräume für den Bewertenden identifiziert werden. Diese wurden dahingehend untersucht, welche Möglichkeiten in der Theorie der

Unternehmensbewertung zu deren Ausfüllung bestehen. Weiterhin wurde der Einfluss der verschiedenen Methoden und Verfahren zur Ausfüllung der Ermessensspielräume auf den zu ermittelnden Unternehmenswert untersucht.

Zusammenfassend konnte beobachtet werden, dass sich bei der Ermittlung des BZS die Ermessensspielräume meist auf Detailfragen der Anwendung der SVENSSON-Methode bezogen. Dennoch haben die in diesem Zusammenhang angeführten Beispielrechnungen verdeutlicht, dass auch die unterschiedliche Interpretation dieser Detailfragen zu teilweise stark voneinander abweichenden Unternehmenswerten führt. Die Ermessensspielräume zur Ermittlung der MRP wurden durch die Vorgabe einer als angemessen angesehenen Bandbreite ebenfalls eingeschränkt. Indes zeigte sich auch hier, dass das Ausnutzen der vorgegebenen Bandbreite zu erheblich voneinander abweichenden Unternehmenswerten führt.

Die meisten Ermessensspielräume liegen bei der Ermittlung des Beta-Faktors vor. Hier hat der Bewertende zum einen über die angemessene Festlegung der Parameter der Regressionsanalyse zu entscheiden. Dies umfasst die Festlegung eines Referenzindex, eines Beobachtungszeitraumes und eines Renditeintervalls. Die durchgeführten Analysen haben gezeigt, dass jeder dieser Parameter einen nicht zu vernachlässigenden Einfluss auf die Höhe des Unternehmenswertes hat. Zum anderen erstrecken sich die Ermessensspielräume auf sämtliche Entscheidungen bei der Durchführung einer Peer Group-Analyse. Hier ist beispielsweise zu entscheiden, welche Kriterien herangezogen werden, um vergleichbare Unternehmen zu identifizieren. Weiterhin sind durch den Bewertenden bei der anschließenden Anpassung des Beta-Faktors an die künftig geplante Finanzierungsstruktur des Bewertungsobjektes zahlreiche Entscheidungen zu treffen, die sich auf die Höhe des zu ermittelnden Beta-Faktors auswirken.

4 Empirische Analyse der Ermessensspielräume bei der Ermittlung des Kapitalisierungszinssatzes nach IDW S 1 anhand von Experteninterviews

41 Überblick

Ziel der vorliegenden empirischen Untersuchung ist es, zu analysieren, wie die in Kap. 3 identifizierten Ermessensspielräume bei der Ermittlung des Kapitalisierungszinssatzes für objektivierte Zwecke in der Praxis der Unternehmensbewertung ausgefüllt werden. Die Ergebnisse des vorangehenden Kapitels werden dabei als Ausgangspunkt der Analyse verwendet. Um die zugrunde liegenden Forschungsfragen zu beantworten, werden Experteninterviews geführt, da diese sich besonders eignen, die notwendigen Daten zu generieren. Da in der betriebswirtschaftlichen Forschung nur selten auf Methoden der empirischen Sozialforschung zurückgegriffen wird, wird in dem folgenden Abschnitt zunächst ein kurzer Überblick über die theoretischen Grundlagen zur Durchführung von Experteninterviews gegeben.

Anschließend wird die Strategie der vorliegenden Untersuchung erläutert. Hierzu werden die Ziele der Untersuchung dargestellt, woraus sich das weitere Design der Untersuchung ergibt. Danach wird auf die Durchführung der Experteninterviews eingegangen, wobei die Auswahl der Experten und das Anfertigen des Interviewleitfadens ausführlich dargestellt werden.

Bevor die Ergebnisse der Experteninterviews ausführlich dargestellt werden, wird zunächst auf theoretische Grundlagen der Auswertung von Experteninterviews anhand der qualitativen Inhaltsanalyse eingegangen. Abschließend werden aus den Ergebnissen der empirischen Untersuchung Empfehlungen für über den IDW S 1 hinausgehende Vorgaben zur Ermittlung des Kapitalisierungszinssatzes formuliert. Diese sind an der Zielsetzung der objektivierten Wertermittlung orientiert und ermöglichen eine für den Bewertungsadressaten nachvollziehbare und transparente Bestimmung des Kapitalisierungszinssatzes.

42 Theoretische Grundlagen zur Durchführung von Experteninterviews

Allgemein ist es das Ziel empirischer Sozialforschung, Aussagen über bestimmte Zusammenhänge treffen zu können.[1] Um diese Zusammenhänge zu erforschen, bestehen unterschiedliche Erhebungsmethoden, die sich nach den Kriterien der Art der Befragung und dem Grad der Standardisierung systematisieren lassen.[2] Das Experteninterview erlaubt es, genaue und detaillierte Informationen des Interviewpartners in Hinblick auf sein spezifisches Expertenwissen zu erlangen.[3]

Bei der Befragung von Experten sind die Interviewpartner in deren Funktion als Experten für bestimmte Handlungsfelder interessant.[4] Durch eine Befragung gelingt es somit, innerhalb kurzer Zeit erfahrungsgestütztes Wissen in den Forschungsprozess einzubeziehen.[5] Vor allem durch Anwendung eines leitfadengestützten Interviews können so Aussagen über den betreffenden Forschungsgegenstand von den Experten erfasst werden.[6]

Während früher Experteninterviews oftmals als exploratives Forschungsinstrument eingesetzt wurden, um neue Felder zu erschließen oder um durch andere Instrumente gewonnene Ergebnisse zu plausibilisieren,[7] haben sich diese inzwischen als eigenständige Forschungsmethode etabliert und werden vor allem eingesetzt, um Einflüsse auf die Entscheidungsbildung zu analysieren oder seltene und von der Norm abweichende Fälle zu interpretieren.[8] Dieser Richtung folgt auch die vorliegende Untersuchung, da in Bezug auf die identifizierten Ermessensspielräume analysiert werden soll, welche Faktoren die Entscheidung für oder gegen eine Methode zu deren Ausfüllung beeinflussen und wie bei abweichenden Fällen konkret vorgegangen wird.

Der gesamte Forschungsprozess gliedert sich in fünf Stufen.[9] Zunächst muss in theoretischen Vorüberlegungen das zugrunde liegende Forschungsziel herausgearbeitet werden. Darauf aufbauend wird die Strategie der weiteren Untersuchung festgelegt. Dies betrifft sowohl die Fall- als auch die Metho-

1 Vgl. SCHNELL/HILL/ESSER (2011), S. 3.
2 Vgl. ATTESLANDER (2010), S. 123.
3 Vgl. FRIEDRICHS (1990), S. 224. Zur Definition und Auswahl der Experten, vgl. Abschn. 432.
4 Vgl. MAYER (2008), S. 38.
5 Vgl. MIEG/BRUNNER (2004), S. 199.
6 Vgl. MAYER (2008), S. 37.
7 Vgl. MIEG/BRUNNER (2004), S. 204.
8 Vgl. FRIEDRICHS (1990), S. 226.
9 Vgl. GLÄSER/LAUDEL (2010), S. 35.

denauswahl.[10] Anschließend müssen die zur Beantwortung der Forschungsfrage notwendigen Daten mittels der Durchführung von Experteninterviews erhoben werden. Diese werden danach anhand der qualitativen Inhaltsanalyse ausgewertet. Als letzter Schritt folgt die Interpretation und Darstellung der Ergebnisse. Abbildung 4.1 fasst den Forschungsprozess zusammen.[11]

Quelle: Eigene Darstellung.

Abbildung 4.1: Überblick über den Forschungsprozess

In der Literatur werden verschiedene Interviewarten unterschieden. Da im Schrifttum der empirischen Sozialforschung meist keine einheitliche Bezeichnung verwendet wird, sondern vielmehr eine kaum zu überblickende Anzahl verschiedener Begriffe existiert, wird im Folgenden eine Klassifizierung von Interviews anhand des Grades ihrer Standardisierung vorgenommen.[12] Hierbei bezieht sich der Grad

10 Vgl. dazu auch den Überblick in KÖNIG/BENTLER (2010), S. 176.

11 Vgl. SCHNELL/HILL/ESSER (2011), S. 4.

12 So finden sich etwa die folgenden Bezeichnungen für Interviews in der entsprechenden Literatur: narrativ, qualitativ, leitfadengestützt, themenzentriert, problemorientiert, vgl. dazu auch die Aufzählung bei GLÄSER/LAUDEL (2010), S. 40.

der Klassifizierung auf der einen Seite auf die Fragen des Inteviewers und auf der anderen Seite auf die Antwortmöglichkeiten des Interviewten.[13]

Grundsätzlich können folgende Interviewarten unterschieden werden, die im Folgenden erläutert werden:[14]

- standardisierte Interviews,
- halbstandardisierte Interviews und
- nichtstandardisierte Interviews.

Bei einem standardisierten Interview werden sowohl die vom Interviewenden zu stellenden Fragen als auch die Antwortmöglichkeiten des Interviewten bei der Konzeption des Forschungsdesigns festgelegt und sind daher für jedes Interview gleich.[15] Der Interviewende bekommt im Prinzip einen Fragenkatalog mit vorgegebenen Antwortmöglichkeiten und muss diesen im Laufe des Interviews in der vorgegebenen Reihenfolge abarbeiten. Der Interviewte darf seine Antwort nicht in seinen eigenen Worten formulieren, sondern muss seine Antwort aus einer vorgegebenen Liste wählen. Diese Interviewart erinnert aufgrund ihrer Konzeption stark an die Fragebogenanalyse und ist daher für die dieser Arbeit zugrunde liegende Fragestellung nicht geeignet.

Das halbstandardisierte Interview unterscheidet sich dahingehend von dem standardisierten Interview, als dass der Interviewte seine Antworten frei formulieren darf. Die exakte Formulierung der Fragen und die anzuwendende Reihenfolge der Fragen sind hingegen weiterhin anhand eines vorgegebenen Fragebogens festgelegt. Der Vorteil dieser Interviewform liegt darin, dass sich die Interviews gut vergleichen lassen, da einerseits die exakt gleichen Fragen gestellt werden, aber andererseits den Interviewten der notwendige Raum für individuelle Antworten eingeräumt wird. Dennoch wird diese Interviewform in der Praxis nur selten angewendet.[16]

Am häufigsten werden in der empirischen Sozialforschung nichtstandardisierte Interviews eingesetzt. Diese zeichnen sich dadurch aus, dass weder der exakte Wortlaut der Fragen, die Reihenfolge der Fra-

13 Zur Abgrenzung der Begriffe „standardisiert“ und „strukturiert“, vgl. ATTESLANDER (2010), S. 135.

14 Vgl., auch zum Folgendem, GLÄSER/LAUDEL (2010), S. 41.

15 Vgl. SCHNELL/HILL/ESSER (2011), S. 316.

16 In der Literatur findet sich oft die Klassifizierung von leitfadengestützten Interviews als halbstandardisierte Interviewform. Dieser Auffassung kann indes aufgrund der Definition der Standardisierung als exakt vorgegebene Handlungsweise nicht gefolgt werden.

gestellung noch die Antwortmöglichkeiten des Interviewten standardisiert sind.[17] Dies hat den großen Vorteil, dass der Interviewende eine aktive Rolle während des Gesprächs einnehmen kann. Er kann auf den Verlauf des Gesprächs eingehen und nach Bedarf Fragen vorziehen oder, sollten diese im Laufe des bisherigen Gesprächs schon beantwortet sein, auslassen.[18] Weiterhin ist er nicht gezwungen, die Fragen in der vorgegebenen Formulierung zu stellen, so dass er diese z. B. präziser formulieren kann.

Aufgrund der Komplexität der in dieser Arbeit untersuchten Fragestellung bezüglich der praktischen Ermittlung des Kapitalisierungszinssatzes, scheiden Interviewformen, die vorgegebene Antwortmöglichkeiten vorsehen, als anzuwendende Methode aus. Aus dem gleichen Grund eignen sich auch Interviewformen, die eine strikte Abarbeitung eines Fragenkataloges vorsehen, nicht zur Beantwortung der aufgeworfenen Forschungsfrage. Nichtstandardisierte Interviews lassen sowohl dem Interviewenden als auch dem Interviewten die notwendigen Freiräume bei der Formulierung der Fragen bzw. Antworten. Allerdings werden innerhalb nichtstandardisierter Interviews wiederum verschiedene Konzepte der konkreten Interviewgestaltung unterschieden. Diese werden im Folgenden kurz erläutert und in Bezug zur vorliegenden Untersuchung gesetzt.

Offenen Interviews liegt nur ein übergeordnetes Thema zugrunde. Die Interviewführung wird durch keine weiteren Hilfsmittel unterstützt. So gelingt die Annäherung an eine natürliche Gesprächssituation. Es werden nur spontan formulierte Fragen gestellt. Auf diese Weise werden die für die Beantwortung der aufgeworfenen Fragestellung wichtigen Themen abgearbeitet.[19]

Bei narrativen Interviews wird zu Beginn des Interviews eine erzählanregende Frage gestellt, die möglichst umfassend vom Interviewten beantwortet werden soll. Wenn möglich, sollen schon in dieser einen Antwort möglichst viele Aspekte und Themen angesprochen werden, die zur Beantwortung der Forschungsfrage dienen. Im Anschluss an die Erzählung hat der Interviewende die Möglichkeit, weitere Fragen zu stellen, um bestimmte Aspekte zu vertiefen oder um auf bisher nicht angesprochene Themenfelder einzugehen.

Die dritte Art nichtstandardisierter Interviews sind leitfadengestützte Interviews. Hierbei wird als Hilfsmittel zur Interviewführung ein Leitfaden eingesetzt, der die zu besprechenden Themen und damit in Zusammenhang stehende Fragen enthält. Charakteristisch für einen Leitfaden ist aber, dass er weder die Reihenfolge der einzelnen Fragen noch die exakte Formulierung der Fragen enthält. Er dient

17 Vgl. MAYER (2008), S. 36.
18 Vgl. HELFFERICH (2011), S. 181.
19 Vgl. MAYER (2008), S. 37.

vielmehr der gedanklichen Strukturierung der im Interview abzuarbeitenden Themenfelder und als Erinnerungsstütze, damit im Laufe des Interviews keine wichtigen Themen oder Einzelfragen vergessen werden.[20]

Als abschließender Aspekt werden im Folgenden die Gütekriterien von Experteninterviews betrachtet. Da es sich hierbei um eine qualitative Forschungsmethode handelt, können die Gütekriterien der quantitativen Forschung nicht ohne Weiteres übernommen werden.[21] Stattdessen bieten sich folgende Kriterien an, um die Güte der Experteninterviews abschätzen zu können.[22] Diese werden im Folgenden erläutert und auf die vorliegende Untersuchung übertragen.

- Intersubjektive Nachvollziehbarkeit,
- Indikation des Forschungsprozesses,
- Empirische Verankerung,
- Limitation,
- Kohärenz,
- Relevanz,
- Reflektierte Subjektivität.

Da keine intersubjektive Überprüfung im Sinne quantitativer Forschung hergestellt werden kann, wird diese Forderung ersetzt durch das Gütekriterium der intersubjektiven Nachvollziehbarkeit.[23] Der Gang der Forschung und vor allem die Frage, wie zu den Ergebnissen gelangt wurde, müssen für einen Dritten nachvollziehbar dargestellt werden. Die gelingt durch eine vollständige Dokumentation des Forschungsprozesses. Dabei sind folgende Punkte von Bedeutung:

- die Erhebungsmethoden,
- der Erhebungskontext,
- die Transkriptionsregeln,

20 Detailliert zu den Funktionen eines Interviewleitfadens und der Konzipierung des in dieser Untersuchung verwendeten Leitfadens, vgl. Abschn. 433.

21 Vgl. YIN (2008), S. 44.

22 Vgl. STEINKE (1999), S. 207-248, STEINKE (2010), S. 320-329 und MAYRING (2002), S. 144-147.

23 Vgl. AEPPLI et al. (2011), S. 243 f.

- die Darstellung der erhobenen Daten,
- die Auswertungsmethoden und
- die getrennte Darstellung von Aussagen der Interviewpartner und Interpretationen des Forschers.

Alle aufgeführten Punkte werden in der vorliegenden Untersuchung in diesem Kapitel ausführlich diskutiert. Beispielsweise werden im Abschn. 431. die angewendete Erhebungsmethode und das weitere Forschungsdesign dargestellt. In Abschn. 443. wird die Analyse der erhobenen Daten mittels der qualitativen Inhaltsanalyse beschrieben und anschließend wird auf die Ergebnisse der Experteninterviews eingegangen.

Das Gütekriterium der Indikation des Forschungsprozesses verlangt ein auf die Zielsetzung der Untersuchung abgestimmtes Vorgehen zur Beantwortung der zugrunde liegenden Forschungsfrage. So muss die angewendete Methode zu dem Untersuchungsgegenstand passen, die Transkriptionsregeln dem Forschungsziel entsprechen und die Methoden der Erhebung und Auswertung der Daten aufeinander abgestimmt sein. Auf die Einhaltung dieses Gütekriteriums wird in Abschn. 431. näher eingegangen.

Die empirische Verankerung als Gütekriterium qualitativer Forschung sieht vor, dass sämtliche Ergebnisse in den erhobenen Daten begründet sein müssen.[24] Dieses Kriterium ist bei der Wahl von Experteninterviews als Forschungsmethode in Zusammenhang mit der qualitativen Inhaltsanalyse als Analysemethode erfüllt, da die Transkripte der Interviews als Grundlage für die spätere Analyse und Auswertung herangezogen werden.[25]

Weitere Gütekriterien stellen die Limitation der Ergebnisse, bei der die Grenzen des Geltungsbereiches analysiert werden sollen, und die Kohärenz, bei der abweichende Fälle offengelegt werden sollen, dar.[26] Weiterhin gilt es, die Relevanz des Untersuchungsgegenstandes darzustellen sowie zu prüfen, wie die Rolle des Forschers in die Theoriebildung einbezogen wird. Die Gütekriterien der Limitation, Kohärenz, Relevanz und der reflektierten Subjektivität werden ebenfalls bei der Analyse und Interpretation der aus den Interviews erhobenen Daten diskutiert.

24 Vgl. AEPPLI et al. (2011), S. 244.
25 Vgl. dazu auch die Ausführungen in Abschn. 44.
26 Vgl. MAYER (2008), S. 55-57.

43 Planung und Durchführung der Experteninterviews

431. Festlegung des Untersuchungsdesigns

Die Wahl des Untersuchungsdesigns ist in erster Linie von der zugrunde liegenden Forschungsfrage abhängig.[27] Aus dieser leitet sich die zweckadäquate Wahl der Untersuchungsmethode ab. Mit der vorliegenden Untersuchung wird die Frage beantwortet, welche Methoden in der Praxis der Unternehmensbewertung bei der Ermittlung des Kapitalisierungszinssatzes eingesetzt werden, um die Ermessensspielräume des IDW S 1 auszufüllen, welche Faktoren die Entscheidung für oder gegen eine Methode zu deren Ausfüllung beeinflussen und wie bei abweichenden Fällen vorgegangen wird. Theoretisch bieten sich daher drei Möglichkeiten an, zu einer Antwort zu gelangen, die im Folgenden diskutiert werden.

Die erste Möglichkeit wäre, vorliegende Unternehmensbewertungsgutachten zu analysieren und daraus die angewendeten Methoden zur Ausfüllung der Ermessensspielräume abzuleiten. Diese Vorgehensweise hätte den Vorteil, dass das zugrunde liegende Datenmaterial in Form der Gutachten als Ergebnis von realen Bewertungsfällen vorläge. Allerdings wären hiermit auch in Bezug auf die zu untersuchende Fragestellung zahlreiche Nachteile verbunden. So könnten letztendlich nur die in den Gutachten dargestellten Sachverhalte beurteilt werden. Nicht in die Analyse einbezogen könnten die Gründe für die Entscheidung für oder gegen eine bestimmte Methodik sowie alle nicht beschriebenen Sachverhalte. Wie RATHAUSKY in seiner Analyse von Squeeze-Out-Gutachten gezeigt hat, bleibt die Darstellung der Ermittlung des Kapitalisierungszinssatzes oftmals sehr oberflächlich.[28] Daher erscheint diese Methode nicht geeignet, um in dieser Arbeit Anwendung zu finden.

Eine weitere Möglichkeit wäre es, die verschiedenen WP-Gesellschaften per Fragebogen zu den von ihnen angewendeten Methoden zur Ermittlung des Kapitalisierungszinssatzes zu befragen. Hierbei könnte auf die Gründe für oder gegen bestimmte Verfahren eingegangen werden. Indes müssen bei einem Fragebogen sowohl die Fragen als auch die Antworten fest vorgegeben sein, um eine sinnvolle Analyse zu ermöglichen.[29] Durch dieses Vorgehen könnte nur ein standardisiertes Vorgehen der Praxis geprüft

27 Vgl. FRIEBERTSHÄUSER/LANGER (2010), S. 438.

28 RATHAUSKY (2008).

29 Ansonsten müsste jede Antwort in einen Freitext eingetragen werden, was die Bereitschaft zur Teilnahme an der Untersuchung enorm einschränken würde.

und nicht die notwendige Tiefe der Untersuchung erreicht werden, da das untersuchte Themenfeld und die zugehörigen Antwortmöglichkeiten zu komplex und vielschichtig sind.[30]

Als letzte Möglichkeit zur Untersuchung der Forschungsfrage sind nichtstandardisierte Experteninterviews anzusehen.[31] Die Anwendung dieser Methode hat zahlreiche Vorteile gegenüber den bislang vorgestellten Methoden. In einer Interviewsituation kann der Interviewpartner seine Antwort in der für ihn angebrachten und der Fragestellung angemessenen Weise formulieren. Er ist nicht an bestimmte Antwortvorgaben gebunden und kann daher auch Themen einbeziehen, die bei der Vorbereitung auf das Gespräch nicht vorhergesehen wurden. Ebenso können Verständnisprobleme einzelner Fragestellungen sofort geklärt werden und die Frage in einer abgewandelten Form gestellt werden, ohne dass die Frage unbeantwortet bleibt. Zeigt sich, dass die Antwort des Experten noch nicht die gewünschte bzw. erwartete Tiefe enthält, können detaillierte Nachfragen gestellt werden.

Um diese Vorteile der Interviewsituation optimal nutzen zu können, wird in der vorliegenden Untersuchung auf die Methode von Experteninterviews unter Zuhilfenahme eines Interviewleitfadens zurückgegriffen.[32] Dieser enthält die während des Interviews anzusprechenden Themenbereiche, ohne eine starre Vorgabe der Reihenfolge oder der genauen Formulierung der Fragen vorzugeben.[33] Durch Verwendung eines Leitfadens ist gewährleistet, dass alle zu analysierenden Aspekte des BZS, der MRP und des Beta-Faktors während der Interviews angesprochen werden. Außerdem können potentielle Fragen in Verbindung mit den im theoretischen Teil gewonnenen Erkenntnissen der Ausgestaltung nicht vorgegebener Regelungen des IDW S 1 bezüglich der verschiedenen Themenbereiche in den Leitfaden aufgenommen werden. Auf diese Weise ist es in der Interviewsituation jederzeit möglich, auf alle relevanten Punkte einzugehen sowie Nachfragen bezüglich in der Praxis nicht verwendeter Modelle zu stellen. Zur Interpretation der in den Interviews erhobenen Daten wird die qualtitative Inhaltsanalyse herangezogen, die eine kategoriengestützte Analyse der einzelnen Themenbereiche erlaubt.[34]

30 Die genannten Einschränkungen treffen auch auf die Durchführung von standardisierten Interviews zu.

31 Vgl. MEUSER/NAGEL (2010).

32 Vgl. dazu die in Abschn. 42 diskutierten Standardisierungsgrade von Experteninterviews.

33 Vgl. FRIEBERTSHÄUSER/LANGER (2010), S. 439-441. Vgl. dazu auch die Ausführungen zur Funktion und Erstellung des Interviewleitfadens in Abschn. 433.

34 Vgl. MAYRING/BRUNNER (2010), S. 325. Zu den Einzelheiten der qualitativen Inhaltsanalyse, vgl. Abschn. 44.

432. Auswahl der Experten

Bei der Wahl des Experteninterviews als grundlegende Methodik zur Beantwortung der Forschungsfrage spielt, neben der Festlegung des weiteren Forschungsdesigns und der Erstellung des Interviewleitfadens, die Auswahl der zu befragenden Experten eine entscheidende Rolle für die Qualität der Ergebnisse.[35] In diesem vorgelagerten Schritt ist es das Ziel, die relevanten Gesprächspartner zu identifizieren und dazu zu bewegen, an der Forschungsarbeit teilzunehmen. Im Folgenden wird daher zunächst erläutert, was in diesem Zusammenhang unter einem Experten zu verstehen ist und wie die Experten für die vorliegende Untersuchung ausgewählt wurden.

Ein Experte verfügt aufgrund seiner sozialen Stellung oder seiner Tätigkeit über das Wissen oder die Informationen, die es dem Interviewenden im Anschluss an das Interview mithilfe der gesammelten Daten ermöglichen, die Forschungsfrage zu beantworten.[36] Wird dies konkreter gefasst, verfügt der Experte über[37]

- technisches Wissen über fachspezifische Anwendungsroutinen,
- Prozesswissen über organisationale Konstellationen und Handlungsabläufe sowie
- Deutungswissen, d. h. subjektive Sichtweisen und Interpretationen.

In der vorliegenden Untersuchung ist es daher notwendig, dass der Experte über das notwendige technische Wissen in Bezug auf die Ermittlung des Kapitalisierungszinssatzes besitzt. Darüber hinaus soll er Kenntnis über die in der jeweiligen Gesellschaft vorherrschenden Prozesse, die bei der Ermittlung des Kapitalisierungszinssatzes eine Rolle spielen, besitzen. Ein wichtiges Kriterium bei der Beurteilung der im Interview abzufragenden Daten ist es hierbei, dass der Experte auch über eine übergeordnete Sichtweise auf die Problemstellung besitzt. Dies grenzt ihn zudem von einem Spezialisten im engeren Sinne ab.[38] Das damit zusammenhängende Deutungswissen wurde in der vorliegenden Untersuchung nur in wenigen Fällen abgefragt, da es keinen zentralen Analysepunkt darstellt.

35 Ausführlich zu möglichen Verfahren zur Auswahl einer Stichprobe aus einer Grundgesamtheit, vgl. FRIEDRICHS (1990), S. 123-147, MAYER (2008), S. 38-42 und MERKENS (2010).

36 Diese Definition von Experten schließt beispielsweise auch Kinder ein, die häufig in der empirischen Sozialforschung befragt werden, um soziale Prozesse zu rekonstruieren, vgl. GLÄSER/LAUDEL (2010), S. 181.

37 Vgl. BOGNER/MENZ (2009), S. 43 f.

38 Vgl. MEUSER/NAGEL (2009), S. 261.

In Bezug auf die relevanten Informationen mussten daher Experten gefunden werden, die durch ihre berufliche Tätigkeit detaillierte Kenntnis über die theoretischen Vorgaben des IDW S 1 sowie die praktische Ermittlung von BZS, MRP und Beta-Faktor verfügen. Neben der rein technischen Ermittlungsmethodik mussten die Experten zudem in der Lage sein, die modulare Ermittlung der einzelnen Parameter in den Gesamtzusammenhang des CAPM und darüber hinaus in die übergeordnete Aufgabenstellung der Unternehmenswertermittlung einzuordnen.

Da das Führen von Interviews und damit auch der damit zusammenhängende Aspekt der Auswahl der Experten soziale Prozesse darstellen, mussten neben der Kenntnis über das relevante Wissen der auszuwählenden Experten auch die folgenden Fragestellungen berücksichtigt werden:[39]

- Wer von den möglichen Interviewpartnern ist bereit, diese Informationen während eines Interviews zu geben?
- Wer von den möglichen Interviewpartnern ist in der geplanten Zeit der Durchführung der Interviews verfügbar?

Werden diese Anforderungen an die auszuwählenden Experten zusammengefasst und in den Kontext der zu untersuchenden Forschungsfrage gestellt, ergibt sich das folgende Bild. Aufgrund der Anforderung über die Kenntnis der praktischen Ermittlung des Kapitalisierungszinssatzes nach den Vorgaben des IDW S 1 erschien es begründet, Partner oder leitende Angestellte der Bewertungsabteilungen von WP-Gesellschaften zu befragen.[40] Diese verfügen neben dem relevanten Wissen auch aufgrund ihrer Berufserfahrung zudem über die geforderte übergeordnete Sichtweise auf die einzelnen Parameter des CAPM.[41] Dies wäre beispielsweise bei der Befragung nicht-leitender Angestellte nicht zwangsläufig sichergestellt.

Anhand der Daten der Lündedonk-Liste 2011 über führende WP- und Steuerberatungs-Gesellschaften in Deutschland[42] wurden zunächst die 15 anhand des Umsatzes größten WP-Gesellschaften identifi-

39 Vgl. GORDEN (1975), S. 196 f.

40 An dieser Stelle sei darauf hingewiesen, dass diese Experten der Gruppe der Eliten zuzurechnen sind. Der Befragung von Eliten wird aufgrund deren herausgehobener gesellschaftlicher Stellung aber auch aufgrund spezifischer Merkmale bei der Beantwortung von Fragen in einem Interviewprozess im Schrifttum besonderes Augenmerk geschenkt. Positiv anzumerken ist dabei, dass kaum eine dieser im Schrifttum genannten Schwierigkeiten die Interviewsituation negativ beeinträchtigt haben, vgl. TRINCZEK (2009), S. 229 f.

41 Vgl. MAYER (2008), S. 42.

42 Vgl. Lünedonk-Liste 2011.

ziert.[43] Da für die Bewertungsabteilungen kein separater Umsatz veröffentlicht wird, wurde die Annahme getroffen, dass die verschiedenen Gesellschaften einen vergleichbaren Anteil von Unternehmensbewertungsleistungen erbringen, so dass von dem Umsatz der gesamten Gesellschaft auf den Umsatz der Bewertungsabteilung geschlossen werden kann. Darüber hinaus wurde eine weitere, nicht in der Lünedonk-Liste aufgeführte WP-Gesellschaft einbezogen, die sich primär auf Unternehmensbewertungsleistungen spezialisiert hat. Anhand der jeweiligen Homepage der Gesellschaft wurde geprüft, ob diese eine Bewertungsabteilung besitzt und – sofern zutreffend – der zugehörige Ansprechpartner ermittelt.

Diese Analyse ergab zwölf potentielle Interviewpartner, die am 13. Juli 2012 per Brief angeschrieben wurden.[44] In diesem wurde das geplante Forschungsprojekt und dessen Ziele kurz beschrieben.[45] Weiterhin wurde der Wunsch geäußert, den Ansprechpartner über die dargestellten Sachverhalte zu interviewen.[46]

Das Anschreiben schloss mit dem Hinweis, dass sich der Verfasser zwecks einer möglichen Terminfindung telefonisch bei den potentiellen Interviewpartnern melden wird. Dies hatte den Vorteil, dass eine Terminabsprache nicht aufgrund anderer Verpflichtungen seitens des Interviewpartners vergessen wird. Die erste telefonische Kontaktaufnahme fand genau eine Woche nach Versand der Anschreiben statt, so dass sichergestellt wurde, dass die möglichen Interviewpartner genügend Zeit hatten, den Brief zu lesen. Das Telefongespräch wurde dazu genutzt, den möglichen Interviewpartnern Rückfragen zu dem geplanten Forschungsprojekt zu ermöglichen, die wahrscheinliche Dauer eines Interviews mitzuteilen und, sofern die Bereitschaft bestand, Ort und Zeit für ein Interview festzulegen.[47]

Das Ergebnis dieser ersten telefonische Kontaktaufnahme kann als überaus erfolgreich bezeichnet werden. Es konnten acht der zwölf angeschriebenen Interviewpartner kontaktiert werden. In zwei Fällen wurde der Verfasser an deren Kollegen verwiesen. Von den acht auf diese Weise kontaktierten Personen

43 Hierdurch ist sichergestellt, dass die Untersuchung einen repräsentativen Charakter im Sinne qualitativer Forschung für die Praxis der Unternehmensbewertung aufweist, vgl. SCHNELL/HILL/ESSER (2011), S. 298-300 und OSWALD (2010), S. 184 f.

44 Der Erstkontakt möglicher Interviewpartner per Brief hat dabei folgende Vorteile: Durch die Bekanntgabe der eigenen Organisation und der Kontaktdaten wird die Seriosität des Anliegens unterstrichen. Weiterhin wird sichergestellt, dass alle notwendigen Informationen zu dem Forschungsprojekt enthalten sind. Zuletzt wird durch einen Brief der Druck auf den möglichen Interviewpartner verringert, da er sich die Teilnahme an dem Projekt in Ruhe überlegen kann. Dies wäre beispielsweise bei einem telefonischen Erstkontakt nicht der Fall, vgl. GLÄSER/LAUDEL (2010), S. 161.

45 Vgl. MIEG/BRUNNER (2004), S. 215.

46 Vgl. FROSCHAUER/LUEGER (2003), S. 66.

47 Vgl. GLÄSER/LAUDEL (2010), S. 162.

waren alle bereit, sich für den angegebenen Zweck interviewen zu lassen. Die weiteren vier möglichen Interviewpartner wurden im Laufe der folgenden Woche kontaktiert. Auch hier setzte sich das positive Bild fort, da auch diese sehr interessiert an der Teilnahme an einem Interview waren. Im weiteren Verlauf des Telefongespräches wurden die dem Interview zugrunde liegenden Datenschutzbestimmungen erläutert, verbleibende Fragen seitens der Interviewpartner geklärt sowie Ort und Zeit der Interviews vereinbart.[48]

Sämtliche im Vorhinein ausgewählte Experten waren somit bereit, an dem Forschungsprojekt teilzunehmen. Diese positive Aufnahme verdeutlicht zum einen den hohen Praxisbezug der Untersuchung und zum anderen, dass auch die Praxis der Unternehmensbewertung ein großes Interesse an der Weiterentwicklung und damit der Professionalisierung des Berufsstandes durch wissenschaftliche Erkenntnisse besitzt.[49] Die an der Untersuchung beteiligten Unternehmen sind zur Übersicht in Tabelle 4.1 aufgelistet.[50]

433. Erstellung des Interviewleitfadens

Der Interviewleitfaden stellt ein Erhebungsinstrument dar, das als Ergebnis der Operationalisierung der zugrunde liegenden Fragestellung angesehen werden kann.[51] Wie in Abschn. 42 bereits beschrieben, stellt der Leitfaden keinen starren Fragenkatalog dar, der im Laufe des Interviews abgearbeitet werden muss. Vielmehr bildet er ein Gerüst für das Gespräch, indem die für das Gespräch relevanten Themen und mögliche Fragestellungen enthalten sind.[52] Auf diese Weise hat der Interviewende die Freiheit, das Gespräch so zu lenken, dass es einem möglichst natürlichen Gesprächsverlauf angepasst wird.

Darüber hinaus übernimmt der Leitfaden während des Gesprächs zwei wichtige Funktionen. Auch wenn der Interviewende die zentrale Forschungsfrage und die weiteren Leitfragen der Untersuchung zu jeder Zeit im Kopf haben muss, um ein gelungenes Interview zu ermöglichen, stellt der Leitfaden

48 Zur Darstellung der Durchführung der Interviews sei auf Abschn. 434. verwiesen.

49 Dies belegen auch viele Bemerkungen der Experten sowohl bei der ersten telefonischen Kontaktaufnahme als auch in den Vorgesprächen der Interviews, die einerseits großes Interesse an der Mitwirkung bei der Untersuchung und andererseits an den gefundenen Ergebnissen zeigten.

50 Aufgrund von Terminschwierigkeiten in dem genannten Zeitraum konnte trotz des generellen Interesses an der Teilnahme an der Untersuchung kein Interview mit einem Vertreter der WP-Gesellschaft Ebner Stolz Mönnig Bachem geführt werden. Dennoch liegt die Anzahl mit elf geführten Interviews in einer für Forschungen anhand von Experteninterviews üblichen Größenordnung, vgl. HELFFERICH (2011), S. 173.

51 Vgl. GLÄSER/LAUDEL (2010), S. 142.

52 Vgl. HELFFERICH (2011), S. 178.

An der Untersuchung beteiligte Unternehmen		
Name des Unternehmens	**Umsatz in Mio. Euro***	**Mitarbeiter***
PricewaterhouseCoopers AG	1.336	8.673
KPMG AG	1.187	8.270
Ernst & Young GmbH	1.055	6.776
Deloitte GmbH	577	4.602
BDO AG	180	1.896
Rödl & Partner	136	1.500
RölfsPartner Gruppe	84	591
Warth & Klein Grant Thornton AG	52	522
Susat & Partner OHG	51	492
Mazars GmbH	43	370
IVC Independent Valuation & Consulting AG	**	**
* = Alle Werte für Deutschland laut der Lünedonk-Liste 2011 für das Jahr 2010		
** = Nicht in der Lünedonk-Liste 2011 enthalten		

Quelle: Eigene Darstellung.

Tabelle 4.1: An der Untersuchung beteiligte Unternehmen

zum einen sicher, dass in jedem Gespräch auch gleichartige Informationen abgefragt werden und zum anderen auch alle notwendigen Informationen erhoben werden.[53] Gleichartig formulierte Fragen sind wichtig, um die Vergleichbarkeit der verschiednen Interviews zu gewährleisten. Die Erhebung aller Informationen ist notwendig, um die Forschungsfrage umfassend beantworten zu können.[54]

Die Notwendigkeit gleichartig formulierter Fragen ist auch in Hinblick auf Gewöhnungs- und Anpassungsprozesse im gesamten Forschungsablauf zu sehen. Im Laufe der verschiedenen Interviews entwickelt der Interviewende eine subjektive Theorie, wie auf bestimmte Fragen geantwortet wird.[55] Dies erhöht die Gefahr, suggestive Fragen zu stellen. Hier dient der Leitfaden als Unterstützung und Vorbeugung, da die in ihm enthaltene Formulierung der Fragen für alle Interviews gleich ist.[56]

Neben diesen theoretischen Überlegungen zu dem Interviewleitfaden wird im Folgendem auf dessen praktische Erstellung eingegangen. Hierbei spielen vor allem die Auswahl, Formulierung und Reihen-

53 Vgl. AEPPLI et al. (2011), S. 180.
54 Vgl. HELFFERICH (2011), S. 187.
55 Vgl. GLÄSER/LAUDEL (2010), S. 143.
56 Vgl. HELFFERICH (2011), S. 177.

folge der Fragen eine Rolle. Diese haben einen entscheidenden Einfluss auf die gesamte Interviewsituation und damit generell auf das Gelingen des Interviews und die Qualität der Forschungsergebnisse.

Hinsichtlich der Auswahl der Fragen ist zu beachten, dass diese grundsätzlich offen, neutral, klar und leicht verständlich sein sollten.[57] Außerdem sollten sie in der Alltagssprache des Interviewpartners gestellt werden.[58] Dies wurde in der vorliegenden Untersuchung sichergestellt, indem zu den unterschiedlichen Themenbereichen des Kapitalisierungszinssatzes präzise und klar abgegrenzte Fragen unter Einbezug der entsprechenden Fachbegriffe gestellt wurden.[59] Bezüglich der Anzahl der in einem einstündigen Interview zu behandelnden Fragen ist in der Literatur eine Spanne von sechs bis über 15 zu finden.[60] Hinsichtlich der aufgeworfenen Fragestellung war es zu erwarten, dass in den Interviews eher der obere Rand der Bandbreite zu wählen ist. Daher wurden 19 Fragen in den Leitfaden aufgenommen, die in die Themenfelder BZS, MRP, Beta-Faktor und weitere Fragen aufgeteilt wurden.

Sofern sich keine Besonderheiten der Interviewsituation ergaben, wurden die Fragen während der Interviews in der im Leitfaden aufgeführten Reihenfolge gestellt. Der „natürlichen" Reihenfolge des CAPM entsprechend, wurden zuerst die Fragen zum BZS, dann zur MRP und anschließend zum Beta-Faktor gestellt. Auch innerhalb der einzelnen Themenbereiche wurde jeweils eine bestimmte Reihenfolge der Fragen festgelegt, die einen möglichst guten Gesprächsverlauf sicherstellen sollte.[61] Von dieser wurde immer dann abgewichen, wenn der Interviewpartner ein Thema bereits angesprochen hat, das eigentlich erst später behandelt werden sollte. Diese erhöhte Flexibilität erwies sich in den Interviews als äußerst erfolgreich, da es häufig vorkam, dass die Reihenfolge der Fragen spontan dem Gesprächsverlauf angepasst werden musste.

Eine weitere wichtige Fragestellung, die einen wesentlichen Einfluss auf die Güte und Qualität der aus Interviews gewonnenen Erkenntnisse hat, ist der Schwierigkeitsgrad der zu stellenden Fragen. Hierbei geht es ebenfalls darum, die Rollenverteilung zu definieren.[62] Der Interviewpartner muss erkennen, dass sich der Interviewende intensiv mit dem Gegenstand des Interviews auseinandergesetzt hat. Weiterhin wird durch eine entsprechende Tiefe der Fragestellung signalisiert, welchen Detaillierungsgrad

57 Ausführlich zu den einzelnen Kriterien, vgl. GLÄSER/LAUDEL (2010), S. 131-142.

58 Vgl. TRINCZEK (2009), S. 232.

59 Auch die sehr geringe Anzahl von Gegen- oder Verständnisfragen im Laufe der Interviews deutet darauf hin, dass die dargestellten Kriterien eingehalten wurden.

60 Vgl. MAYER (2008), S. 44. Dies stellte auch die geplante Dauer der Interviews dar.

61 Zu allgemeinen Kriterien zur Anordnung der Fragen des Leitfaden, vgl. HELFFERICH (2011), S. 181.

62 Ausführlich zur Rollenverteilung bei Experteninterviews, vgl. BOGNER/MENZ (2009), S. 50-64 und FLICK (2011), S. 87-95.

die Antworten haben dürfen.[63] In der vorliegenden Untersuchung wurden die Fragen daher so gewählt, dass sie auf der einen Seite eine grundlegende Beschreibung der Vorgehensweise der Praxis zur Ermittlung des Kapitalisierungszinssatzes ermöglichen und auf der anderen Seite andeuten, welche Kenntnisse bei der Antwort vorausgesetzt werden dürfen. Durch gezieltes Nachfragen bei den ersten Fragen eines Interviews wurde zudem verdeutlicht, welche Tiefe der Antworten wünschenswert war.

Neben den genannten Themenbereichen BZS, MRP und Beta-Faktor wurde in den Leitfaden ebenfalls eine sogenannte Anwärmfrage und eine Abschlussfrage aufgenommen.[64] Die Anwärmfrage hat die Funktion, mögliche Spannungen aufgrund der ungewohnten Interviewsituation zu lösen und sollte daher eine für den Interviewten leicht zu beantwortende Frage sein.[65] In der vorliegenden Untersuchung wurde dabei gefragt, welches grundlegende Modell üblicherweise bei der Ermittlung des Kapitalisierungszinssatzes i. d. R. herangezogen wird. Die Abschlussfrage sollte ebenfalls möglichst angenehm für den Interviewten sein, damit kein unangenehmer Eindruck durch das Interview hinterlassen wird.[66] Daher wurde gefragt, ob aus Sicht der Interviewten noch Aspekte offen geblieben sind, die noch angesprochen werden sollten. Dies hatte zudem den Vorteil, dass auch hier noch einmal eine Anregung gegeben wurde, über die diskutierten Inhalte nachzudenken und eventuell offene oder im Vorhinein nicht abzusehende Punkte zu ergänzen.[67]

Eine weitere Fragestellung bei der Erstellung des Interviewleitfadens ist, ob dieser im Laufe des Interviewprozesses angepasst werden sollte. Dabei wird zwischen der generellen Anpassung des Leitfadens für alle Interviewpartner und der spezifischen Anpassung für bestimmte Interviewpartner unterschieden. Letztere Anpassung wurde in der vorliegenden Untersuchung nicht vorgenmmen, da wie in Abschn. 432. dargestellt, alle Interviewpartner denselben Status bzw. dieselbe Rolle bezüglich der aufgeworfenen Fragestellung einnehmen. Eine individuelle Anpassung ist indes vor allem dann sinnvoll, wenn verschiedene Interviewpartner auch verschiedene Sichtweisen auf ein Problem einbringen können.

63 Vgl. GLÄSER/LAUDEL (2010), S. 148.

64 Vgl. FROSCHAUER/LUEGER (2003), S. 73.

65 In sämtlichen Gesprächen mit den Experten bezüglich einer Terminvereinbarung für ein Interview wurde angegeben, dass es das erste mal sei, dass sie für wissenschaftliche Zwecke über die Praxis der Unternehmensbewertung befragt werden.

66 Vgl. GLÄSER/LAUDEL (2010), S. 149.

67 Positiv zu beurteilen ist dabei die Tatsache, dass die interviewten Experten die Antwort zu dieser Frag dazu nutzten, aktuelle und praxisrelevante Punkte bezüglich des Kapitalisierungszinssatzes zu erwähnen. Ebenfalls hervorzuheben ist, dass in fast allen Interviews bestätigt wurde, dass alle für die praktische Ermittlung des Kapitalisierungszinssatzes relevanten Apekte im Laufe des Interviews angesprochen wurden.

Bei einer generellen Anpassung des Leitfadens während des Forschungsprozesses wird kritisiert, dass auf diese Weise ein Teil der Standardisierung aufgegeben wird. Dem ist entgegenzuhalten, dass der Leitfaden in erster Linie die Funktion besitzt, sicherzustellen, dass die für die zugrunde liegende Forschungsfrage wichtigen Informationen erhoben werden.[68] Daher ist es sinnvoll, den Leitfaden aufgrund neuer Erkenntnisse oder nicht absehbarer Informationen im Laufe des Interviewprozesses anzupassen. In der vorliegenden Untersuchung wurde der Interviewleitfaden folgendermaßen angepasst. Nach dem durchgeführten Pre-Test[69] wurden einige Fragen umformuliert, um das Verständnis der Fragestellung zu verbessern. Dies betraf vor allem Fragen bezüglich des BZS. Weiterhin wurde nach dem ersten Interview eine Frage zu dem zurzeit in der Praxis diskutierten Themenfeld der Anpassung der MRP an die aktuelle Entwicklung an den Kapitalmärkten aufgenommen. Eine Frage wurde, da sie sich als nicht praxisrelevant herausstellte, nach der Durchführung von drei Interviews nicht mehr gestellt. Der auf diese Weise entstandene und in den Interviews eingesetzte Leitfaden ist im Anhang angeführt.

434. Durchführung der Experteninterviews

Bevor die Interviews mit den ausgewählten Experten geführt wurden, wurde ein Pre-Test der Interviewsituation durchgeführt. Als Interviewpartner stellten sich zwei mit der Unternehmensbewertung nach IDW S 1 vertraute Wirtschaftsprüfer zur Verfügung.[70] Mit dem Pre-Test wurden vor allem folgende Ziele verfolgt:[71] Der Leitfaden sollte auf seine Anwendbarkeit in der konkreten Interviewsituation geprüft werden. Dies bezog sich sowohl auf die vorgesehene Reihenfolge als auch auf die Formulierung der Fragen.[72] Weiterhin sollte geprüft werden, ob die erhaltenen Antworten der Experten einen Schluss zuließen, ob sie zur Beantwortung der Forschungsfrage herangezogen werden können. Während der Pre-Tests wurde die Dauer der Interviews erfasst, um zu prüfen, ob die der Planung zugrunde liegende Zeit eingehalten wurde.[73]

Als Ergebnisse des Pre-Testes konnte festgestellt werden, dass der Interviewleitfaden grundsätzlich geeignet erschien, um die Interviews in der geplanten Weise durchführen zu können. Die Interviewpart-

68 Vgl. GLÄSER/LAUDEL (2010), S. 150.

69 Vgl. Abschn. 434.

70 Diesen sei an dieser Stelle noch einmal herzlich für ihre Teilnahme und die wertvollen Anmerkungen zur Verbesserung der Interviewsituation gedankt.

71 Vgl. FLICK (2011), S. 273.

72 Vgl. FRIEDRICHS (1990), S. 154.

73 Vgl. MIEG/BRUNNER (2004), S. 215.

ner gaben nach dem Gespräch an, keine Verständnisprobleme gehabt zu haben und beurteilten auch die gesamte Interviewführung als äußerst angemessen. Dennoch wurden mehrere Fragen des Leitfadens bezüglich des BZS geringfügig abgeändert, da sich in beiden Interviews des Pre-Testes die Antworten zu verschiedenen Fragen überschnitten. Mit einer Dauer der beiden Interviews von 44 bzw. 53 Minuten wurde der geplante Zeitrahmen von einer Stunde eingehalten, so dass diesbezüglich keine Anpassung erfolgen musste.

Die der empirischen Analyse zugrunde liegenden Experteninterviews wurden in der Zeit vom 25. Juli bis zum 22. August 2012 durchgeführt. Insgesamt wurden dabei elf Gespräche geführt. Wird diese Anzahl an durchgeführten Gesprächen auf die Anzahl der ursprünglich angeschriebenen Experten bezogen, ergibt sich eine Quote von ca. 92 %. Diese, vor allem im Vergleich zu anderen empirischen Untersuchungen, extrem hohe Quote lässt sich zum einen auf die hohe Praxisrelevanz der zugrunde liegenden Fragestellung zum anderen aber auch auf die angewendete Methode der Experteninterviews zurückführen.[74] Im Folgenden werden die geführten Interviews dargestellt, wobei neben der beschreibenden Analyse auch die Aspekte angeführt werden, die für die spätere inhaltliche Analyse der gewonnenen Daten von Bedeutung sind.

Von den elf Interviews wurden fünf als face-to-face-Interview und die restlichen sechs als Telefoninterview durchgeführt. Sämtliche face-to-face-Interviews fanden dabei in Nordrhein-Westfalen statt. Zur Zeit- und Kostenersparnis wurden sämtliche Interviews mit Experten, die ihr Büro außerhalb von Nordrhein-Westfalen haben, per Telefon durchgeführt. Für den Interviewpartner bedeutet ein telefonisches Interview eine erhöhte Flexibilität, da er nur die tatsächliche Interviewzeit aufbringen muss.[75]

Im Schrifttum zur empirischen Sozialforschung werden die Nachteile herausgestellt, die mit einem Telefoninterview verbunden sind.[76] So kann beispielsweise die Situation, in der der Interviewpartner seine Antworten gibt, weder erkannt noch gesteuert werden. Außerdem können visuelle Informationen wie die Körpersprache des Interviewpartners oder andere, das Interview möglicherweise störende Faktoren nicht in die Analyse aufgenommen werden.[77] Zudem lässt sich eine vertrauensvolle Atmosphäre meist besser im persönlichen Kontakt herstellen.[78] In Bezug auf die vorliegende Untersuchung ist indes festzustellen, dass die genannten Nachteile von Telefoninterviews nur einen geringen Einfluss

74 Bei Fragebogenanalysen sind beispielsweise Rücklaufquoten von nur 10 % keine Seltenheit.

75 Vgl. GLÄSER/LAUDEL (2010), S. 153.

76 Vgl. GLÄSER/LAUDEL (2010), S. 153 f.

77 Vgl. FRIEBERTSHÄUSER/LANGER (2010), S. 450.

78 Ausführlich zu den Besonderheiten von Telefoninterviews, vgl. SCHNELL/HILL/ESSER (2011), S. 356-369.

auf die Ergebnisse haben, da beispielsweise visuelle Informationen nicht in die Analyse einbezogen werden, da sie keinen entscheidenden Beitrag zu der Beantwortung der Forschungsfrage leisten. Daher wird bei der Analyse und Interpretation der Daten auch nicht zwischen denen der face-to-face- und der Telefoninterviews unterschieden.

Bis auf eine Ausnahme stellten alle Interviews Gespräche mit einem einzigen Interviewpartner dar. Auf Wunsch eines ursprünglich angeschriebenen Experten waren bei dem Interview noch zwei weitere Mitarbeiter derselben Bewertungsabteilung anwesend. Die so entstandene Interviewsituation entsprach demnach einem Gruppeninterview.[79] Da beide zusätzlich anwesenden Mitarbeiter ebenfalls dem dieser Untersuchung zugrunde liegenden Begriff des Experten entsprachen, konnten die positiven Effekte eines Gruppeninterviews genutzt werden.[80] Die Aussagen eines Interviewpartners gaben Anregungen für die weiteren Interviewteilnehmer, so dass es an vielen Stellen zu ertragreichen Diskussionen kam. Auf diese Weise konnte die Tiefe der gewonnenen Informationen noch gesteigert werden.[81]

Die face-to-face-Inteviews fanden in den Räumlichkeiten der jeweiligen WP-Gesellschaft statt. In vier der fünf Fälle wurde das Gespräch in einem Konferenzraum und im verbleibenden Fall im Büro des Interviewpartners geführt. Der Vorteil der Benutzung von Konferenzräumen ist, dass hierbei die Gefahr nicht vorhergesehener Störungen und Unterbrechungen des Interviews durch Kollegen des Interviewpartners oder durch Telefonanrufe reduziert wird.[82] Bei den Telefoninterviews konnte auf diesen Aspekte kein Einfluss genommen werden.

Vor der eigentlichen Befragung der Interviewpartner wurden diese, dem Prinzip der informierten Einwilligung folgend, auf folgende Punkte hingewiesen: Es wurden erneut die zugrunde liegenden Datenschutzbestimmungen sowie die Anonymisierung des Datenmaterials erläutert.[83] Weiterhin wurde darum gebeten, eine Einverständniserklärung zu unterzeichnen, damit die während des Interviews erhobenen Daten in der vorliegenden Untersuchung verwendet werden dürfen.[84] Anschließend wurde darum gebeten, das Interview auf Tonband aufzeichnen zu dürfen, um eine genauere Analyse der ein-

79 Vgl. ATTESLANDER (2010), S. 131.

80 Dies konnte trotz der asymmetrischen Chef-Mitarbeiter-Beziehung der Interviewpartner festgestellt werden, vgl. GLÄSER/LAUDEL (2010), S. 169.

81 Vgl. GLÄSER/LAUDEL (2010), S. 168.

82 Vgl. HELFFERICH (2011), S. 177.

83 Vgl. HELFFERICH (2011), S. 190.

84 Vgl. AEPPLI et al. (2011), S. 183.

zelnen Aussagen zu ermöglichen.[85] Dieser Bitte wurde in allen Fällen entsprochen.[86] Vor Beginn der eigentlichen Befragung wurde nochmals die Zielsetzung der Untersuchung kurz erläutert und auf die zugrunde liegenden Prämissen hingewiesen. Sofern die Interviewpartner keine Fragen zum Interviewprozess hatten, wurde anschließend mit der Befragung begonnen. Im Anschluss an die Befragung wurde die weitere Vorgehensweise der Untersuchung dargelegt.

Die Länge der Interviews variierte zwischen 47 und 92 Minuten. Im Durchschnitt war ein Interview ca. 55 Minuten lang. Da allen Interviews bis auf die in Abschn. 433. dargestellten Änderungen der gleiche Leitfaden zugrunde gelegt wurde, lassen sich diese Unterschiede nahezu vollständig auf das Antwortverhalten der Interviewpartner zurückführen. Einige Experten hielten ihre Antworten relativ kurz, so dass erst durch gezieltes Nachfragen des Interviewers die notwendige Tiefe der Antworten erreicht wurde. Bei anderen konnte festgestellt werden, dass diese auf eine Einstiegsfrage zu einem neuen Themenkomplex so ausführlich antworteten, dass nahezu alle weiteren Fragen dieses Themenkomplexes zumindest angesprochen wurden.[87] Diese wurden dann im weiteren Verlauf des Gesprächs vertieft behandelt.

Um den Ablauf des empirischen Forschungsprozesses noch einmal zusammenzufassen, sind dessen wesentliche Schritte in Abbildung 4.2 veranschaulicht.

44 Analyse der Experteninterviews anhand der qualitativen Inhaltsanalyse

441. Überblick zur qualitativen Inhaltsanalyse

Früher wurden Texte meist mittels quantitativen Analyseverfahren untersucht.[88] Hierbei wurden die interessierenden Informationen des Textes Kategorien eines zuvor definierten Systems zugeordnet und anschließend deren Häufigkeiten analysiert.[89] Diesem Vorgehen lag die Auffassung zugrunde, dass

85 Vgl. MAYER (2008), S. 47.

86 In Interview 7 wurde an dieser Stelle des Gesprächs vergessen, den Interviewpartner um Einverständnis zur Aufzeichnung des Gesprächs zu bitten. Um den weiteren Gesprächsverlauf nicht zu belasten, wurde daher auch im weiteren Verlauf nicht darum gebeten. Welche Auswirkungen dies auf die Auswertung des entsprechenden Interviews hatte, wird in Abschn. 443. diskutiert.

87 Dies ist konsistent zu der im Schrifttum dargestellten Tendenz der Angehörigen von Eliten, geschlossene Reden zu halten, vgl. THOMAS (1993), S. 84.

88 Ausführlich zu der Geschichte der Inhaltsanalyse, vgl. MERTEN/RUHRMANN (1982).

89 Vgl. AEPPLI et al. (2011), S. 238 f.

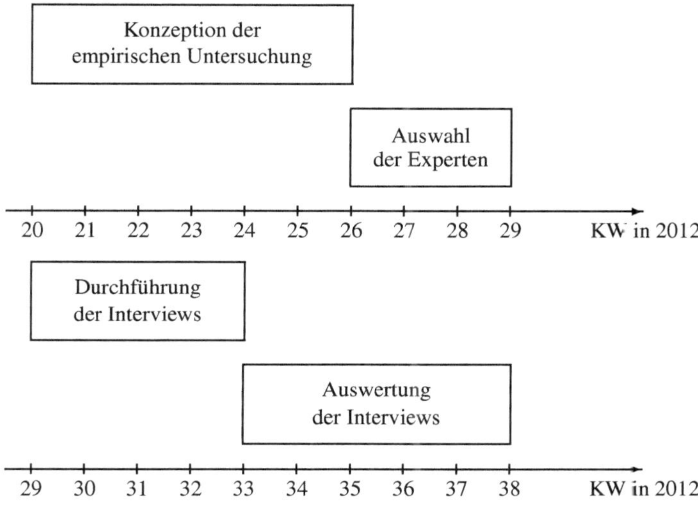

Quelle: Eigene Darstellung.

Abbildung 4.2: Darstellung des zeitlichen Ablaufs des empirischen Forschungsprozesses

es einen Zusammenhang zwischen der Häufigkeit des Auftretens und der inhaltlichen Bedeutung des entsprechenden Sachverhaltes gebe.[90] Indes ist mit diesem Vorgehen eine erhebliche Komplexitätsreduktion verbunden, da die Bedeutung des jeweiligen Textelementes nicht in Beziehung zu dessen Kontext analysiert wird.

Aufgrund dieser Nachteile wird in der vorliegenden Untersuchung mit der qualitativen Inhaltsanalyse ein Verfahren angewendet, welches sich in erster Linie an den Basisprinzipien des Verstehens und der Offenheit orientiert. Das Verfahren wurde von MAYRING[91] entwickelt und anschließend von

90 Vgl. GLÄSER/LAUDEL (2010), S. 198.
91 Vgl. MAYRING (2010).

GLÄSER/LAUDEL[92] modifiziert. Nach MAYRING werden quantitative und qualitative Analyseschritte miteinander verbunden, indem die Kategorienbildung und die anschließende Zuordnung der erhobenen Daten qualitative Schritte darstellen, anschließend aber die Kategorienhäufigkeiten quantitativ analysiert werden.[93] Die Modifikation des Verfahrens legt ihren Schwerpunkt auf die sachgerechte Extraktion der Informationen. Somit ist die qualitative Inhaltsanalyse den inhaltsanalytischen Auswertungsverfahren zuzurechnen.[94] Weiterhin ist das Verfahren so angelegt, dass im Laufe der Analyse nicht vorhergesehene Kategorien hinzugefügt werden können.

Die qualitative Inhaltsanalyse besteht aus drei wesentlichen Komponenten: der Extraktion, der Aufbereitung und der Auswertung des Datenmaterials.[95] In einem vorgelagerten Schritt müssen die Interviews zunächst transkribiert werden. Im Folgenden werden die einzelnen Schritte der qualitativen Inhaltsanalyse kurz erläutert und anschließend wird dargestellt, wie diese in der vorliegenden Untersuchung durchgeführt wurden.[96]

442. Transkription, Extraktion und Aufbereitung des Datenmaterials

Vor der Analyse der Daten müssen die aufgezeichneten Interviews vollständig transkribiert werden.[97] Eine lediglich zusammenfassende Abschrift der Interviews genügt den methodischen Anforderungen der qualitativen Inhaltsanalyse nicht, da diese eine nicht kontrollierbare Reduktion von Informationen darstellt. Es müssten sämtliche Regeln angegeben werden, anhand derer der ursprüngliche Interviewwortlaut zusammengefasst wird. Aus diesem Grund wurden die geführten Interviews anhand der Tonbandaufzeichnungen vollständig und wortgetreu transkribiert.[98]

92 Vgl. GLÄSER/LAUDEL (2010), S. 197-260.

93 Vgl. MAYRING/BRUNNER (2010), S. 331 f.

94 Vgl. SCHMIDT (2010), S. 473. Weiterhin stellt es eine Mischform aus traditioneller, hermeneutisch-interpretierender und empirisch-erklärender Inhaltsanalyse dar.

95 Vgl. dazu auch die Abbildung zum Ablauf der qualitativen Inhaltsanalyse bei GLÄSER/LAUDEL (2010), S. 203.

96 Vgl. zur qualitativen Inhaltsanalyse auch die Ausführungen in KUCKARTZ (2012).

97 Vgl., auch zum Folgenden, GLÄSER/LAUDEL (2010), S. 195.

98 Für Interview 7, in dem keine Tonbandaufnahme stattfand, wurde neben den während des Gespräches aufgezeichneten Notizen im Anschluss ein ausführliches Gedächtnisprotokoll angefertigt, um den Informationsverlust möglichst gering zu halten. Die einzelnen Antworten des Interviewpartners wurden bestmöglich rekonstruiert, so dass das daraus entstandene Transkript nahezu gleichwertig in die Analyse einbezogen werden kann, vgl. HELFFERICH (2011), S. 193.

Um eine bessere Vergleichbarkeit der aus den Interviews gewonnenen Daten zu gewährleisten, wurden vor Beginn der Transkription deren Regeln festgelegt.[99] Die Detailtreue der Transkription leitet sich dabei aus dem Untersuchungsziel ab.[100] So kann es beispielsweise notwendig sein, auch sämtliche non- und paraverbalen Äußerungen wie Lachen, Zögern oder Pausen in das Transkript aufzunehmen.[101] Dies ist für die vorliegende Untersuchung kaum von Bedeutung. Daher wurden solche Äußerungen nur dann notiert, wenn sie die jeweilige Aussage entscheidend verändert haben.[102] Weiterhin wurde stets in Standardorthographie verschriftet und alle Unterbrechungen der Gespräche vermerkt.

Die auf diese Weise entstandenen Transkripte bilden die Grundlage der weiteren Analyse.[103] Bevor mit der Extraktion begonnen werden kann, müssen anhand der theoretischen Überlegungen Auswertungskategorien definiert werden.[104] Die einzelnen Abschnitte der Texte werden anschließend den passenden Kategorien zugeordnet. Als Auswertungskategorien wurden die einzelnen in Kap. 3 diskutierten Ermessensspielräume herangezogen. Beispielsweise wurden zu dem Themenbereich des BZS die beiden Kategorien „Wahl der Kapitaltitel" und „Methodik der Ermittlung der Anschlussverzinsung" definiert. Einer der großen Vorteile der qualitativen Inhaltsanalyse ist das Prinzip der Offenheit. So ist es möglich, während der Extraktion neue Auswertungskategorien zu definieren, die die bisherigen Kategorien ergänzen und damit die Effizienz der Auswertung erhöhen.

Die Extraktion hat das Ziel, dem Text Informationen zu entnehmen und diese anschließend zu analysieren.[105] Auf diese Weise entsteht also eine neue Informationsbasis, die nur noch für die Beantwortung der Forschungsfrage relevante Informationen enthält. Somit wird die ursprüngliche Informationsfülle reduziert und strukturiert, was die Analyse des Datenmaterials erleichtert.[106] Die Extraktion wurde mithilfe des von GLÄSER/LAUDEL entwickelten Programms „MIA" durchgeführt. Dieses Programm ermöglicht die Erstellung der notwendigen Auswertungskategorien und die weitere Bearbeitung der

99 Zu unterschiedlichen Transkriptionsregeln, vgl. RUES et al. (2009).

100 Vgl. LANGER (2010), S. 516 und MAYER (2008), S. 47.

101 Vgl. AEPPLI et al. (2011), S. 184 f.

102 Vgl. dazu auch die Transkriptionsregeln bei GLÄSER/LAUDEL (2010), S. 195.

103 Vgl. AEPPLI et al. (2011), S. 224 f. Weitere während des Interviewprozesses entstandene Dokumente wurden nicht in die abschließende Analyse einbezogen. Die zur Analyse herangezogenen Transkripte werden im Folgenden auch vereinfachend als Text bezeichnet.

104 Vgl. SCHMIDT (2010), S. 473.

105 Vgl. GLÄSER/LAUDEL (2010), S. 199.

106 Vgl. SCHMIDT (2010), S. 484.

Texte innerhalb einer Softwareumgebung.[107] Als Ergebnis der Extraktion ergibt sich für jede Auswertungskategorie eine Extraktionstabelle, die alle zugehörigen Textabschnitte und die entsprechenden Verweise auf die ursprünglichen Stelle im Transkript enthält.

Neben der Erstellung der auf die Forschungsfrage abgestimmten Auswertungskategorien spielt die Zuordnung der in den Texten enthaltenen Informationen zu den entsprechenden Kategorien eine zentrale Rolle für die Qualität der Ergebnisse der Analyse.[108] Es muss daher für jeden Abschnitt des Textes entschieden werden, ob dieser in Bezug auf die zugrunde liegende Fragestellung relevante Informationen enthält und welcher Kategorie dieser anschließend zugeordnet wird.[109] Vor allem bei Abgrenzungsproblemen muss eine Entscheidungsregel festgelegt werden, nach welchen Kriterien die Abschnitte des Textes den Kategorien zugeordnet werden.[110] Da solche Abgrenzungsprobleme in der vorliegenden Untersuchung nur äußerst selten auftraten, wurde jeweils im Einzelfall entschieden, welcher Kategorie der entsprechende Abschnitt des Textes zugeordnet wurde.

Im Anschluss an die Extraktion wurden die entstandenen Extraktionstabellen aufbereitet. Die Aufbereitung dient dazu, die Qualität der Daten zu verbessern, indem verstreute Informationen zusammengefasst, Redundanzen beseitigt und Fehler korrigiert wurden.[111] Dies ist, ebenso wie die Extraktion der Daten, mit Interpretationen verbunden. Um den Analyseprozess im Nachhinein rekonstruieren zu können und damit die intersubjektive Nachprüfbarkeit sicherzustellen, ist dabei nicht in den Extraktionstabellen, sondern in neuen Dateien zu arbeiten.[112] Als Ergebnis ergibt sich eine sich auf die theoretischen Vorüberlegungen stützende Informationsbasis, die alle für die Beantwortung der Forschungsfrage notwendigen Daten enthält.

443. Auswertung des Datenmaterials

Die Auswertung des Datenmaterials stellt den letzten Schritt von der aufbereiteten Informationsbasis der aus den Interviews erhobenen Daten zu der Beantwortung der zugrunde liegenden Forschungs-

107 Das Kürzel „MIA“ steht dabei für Makrosammlung für die qualitative Inhaltsanalyse und ist auf den Seiten www.jochenglaser.info und www.laudel.info kostenfrei erhältlich.

108 Vgl. SCHMIDT (2010), S. 478.

109 Vgl. MAYRING/BRUNNER (2010), S. 325.

110 Zu einer ausführlichen Darstellung möglicher Extraktionsmöglichkeiten, vgl. GLÄSER/LAUDEL (2010), S. 213-215.

111 Vgl. GLÄSER/LAUDEL (2010), S. 229.

112 Vgl. MAYRING/BRUNNER (2010), S. 326.

frage dar.[113] Ziel der Auswertung war es, neben der deskriptiven Analyse der erhobenen Daten auch die Einflussfaktoren der Ermessensentscheidungen zu identifizieren und darzustellen. Im Folgenden wird erläutert, wie die Daten in der vorliegenden Untersuchung unter Zuhilfenahme der qualitativen Inhaltsanalyse ausgewertet wurden.

Die Auswertung des Datenmaterials fand in einem zweistufigen Prozess statt. In dem ersten Schritt wurden die aufbereiteten Daten der einzelnen Interviews hinsichtlich der dort dargestellten Aussagen über die verwendeten Methoden untersucht. Es wurden somit erhoben, welche Methoden die verschiedenen WP-Gesellschaften in Bezug auf die analysierten Ermessensspielräume in der Praxis anwenden. Auf diese Weise konnte ermittelt werden, welche Methode in der Praxis am verbreitesten ist und welche Methoden nur selten verwendet werden.

Der zweite Schritt der Auswertung bestand darin, die Einflussfaktoren der Entscheidungen zu erheben. Das Datenmaterial wurde für jeden Ermessensspielraum dahingehend untersucht, welche Gründe für oder gegen die Wahl einer bestimmten Methode angeführt wurden. Diese wurden anschließend systematisiert, so dass ähnliche Argumente zusammengefasst in die Darstellung der Ergebnisse einbezogen werden können. Die auf diese Weise erhaltenen Ergebnisse der Untersuchung werden im folgenden Abschnitt dargestellt.

45 Ergebnisse der empirischen Untersuchung der Ermessensspielräume bei der Ermittlung des Kapitalisierungszinssatzes nach IDW S 1

451. Ermittlung des Basiszinssatzes in der Praxis der Unternehmensbewertung

451.1 Methodik zur Ermittlung des Basiszinssatzes

Bezüglich der zur Ermittlung des BZS verwendeten Methodik gaben alle befragten Gesellschaften an, nur auf die SVENSSON-Methode zurückzugreifen.[114] Anhand dieser werde die ZSK der nächsten 30

113 Vgl. GLÄSER/LAUDEL (2010), S. 247.

114 Vgl. z. B. (5-10-4) und (9-10-4). Der Verweis auf die entsprechende Stelle des Interviewtranskriptes erfolgt anhand einer Codierung der Form (#1-#2-#3). Diese wurde durch das zur Auswertung herangezogene Programm MIA vergebenen. Die erste Zahl steht dabei für das jeweilige Interview, die zweite für die Antwort innerhalb dieses Interviews und die dritte für die zugehörige Frage des Interviewleitfadens. Dieser ist im Anhang dieser Arbeit zu finden. Die Transkripte der Interviews liegem dem Verfasser der vorliegenden Arbeit vor.

Jahre berechnet und die so ermittelten Zinssätze werden als Grundlage zur Diskontierung der finanziellen Überschüsse herangezogen. Diese Vorgehensweise sei deswegen für Zwecke einer objektivierten Unternehmensbewertung geeignet, da eine ZSK die am besten am Markt ablesbare Prognose darstelle.[115] Darüber hinaus könne auf diese Weise eine stärkere gesellschaftsübergreifende Vereinheitlichung bei der Ermittlung des BZS erreicht werden.[116] Andere Methoden wie die Verwendung von STRIPS oder Swaps spielen in der Praxis der Unternehmensbewertung keine Rolle.[117] Die Antworten zu dieser Fragestellung lassen zudem vermuten, dass sich die Praxis nur in sehr eingeschränktem Maß mit alternativen Möglichkeiten zur Schätzung einer ZSK auseinandergesetzt hat.

Durch die im IDW S 1 vorgegebene Empfehlung der Verwendung der SVENSSON-Methode wurde das Vorgehen zur Ermittlung einer ZSK somit standardisiert und vereinheitlicht.[118] Aufgrund dieser Konvention ist es gelungen, eine für den Bewertungsadressaten objektive und theoretisch fundierte Vorgehensweise zu etablieren.[119] Als weiterer Vorteil dieser Methodik wird angeführt, dass mit der Deutschen Bundesbank und der EZB neutrale Institutionen für die Bereitstellung der erforderlichen Daten herangezogen werden.[120] Letztlich habe sich diese Vorgehensweise sowohl am Markt als auch in der Rechtsprechung durchgesetzt und stelle daher bei objektivierten Unternehmensbewertung die einzige verwendete Methode dar.[121]

Bei der Frage, ob neben der Ermittlung des BZS anhand der SVENSSON-Methode auch andere Verfahren wie historische Zinssätze oder Stichtagszinssätze eingesetzt werden, gaben alle Befragten an, dass bei objektivierten Unternehmensbewertungen lediglich die SVENSSON-Methode angewendet wird. Die anderen, zum Teil noch in alten Fassungen des IDW S 1 vorgeschlagenen Ermittlungsmethoden werden in der Praxis nicht mehr verwendet.

Weiterhin haben die Interviewpartner darauf hingewiesen, dass es beispielsweise bei Spruchverfahren vorkommen kann, dass die Angemessenheit der Verwendung anderer Methoden beurteilt werden muss. Ziel der Beurteilung ist, eine Aussage darüber zu treffen, ob das bei der Bewertung angewendete Vorgehen mit dem damaligen Kenntnis- und Praxisstand sachgerecht war. Vor allem bei älteren

115 Vgl. (4-6-3).
116 Vgl. (5-8-3).
117 Vgl. (1-8-4).
118 Vgl. (2-8-4).
119 Vgl. (3-6-4).
120 Vgl. (4-8-4).
121 Vgl. (11-8-4).

Bewertungsstichtagen kann es daher vorkommen, dass auch Methoden wie historische Zinssätze oder Stichtagszinssätze beurteilt werden müssen.[122]

451.2 Wahl der Parameter der SVENSSON-Formel

Für Bewertungsfälle in Deutschland verwenden alle befragten Gesellschaften die von der Deutschen Bundesbank veröffentlichten Parameter, um die ZSK anhand der SVENSSON-Formel zu berechnen. Ein differenziertes Bild der Bewertungspraxis ergibt sich bei Bewertungen im europäischen Ausland. Auch hier verwendet die Mehrheit der befragten Gesellschaften die Daten der Deutschen Bundesbank. Es wird zwar erkannt, dass die Daten der EZB methodisch vergleichbar ermittelt werden und daher theoretisch auch Anwendung finden könnten.[123] Dass in der Praxis überwiegend die Daten der Bundesbank zugrunde gelegt werden, wird meist mit der geforderten Risikolosigkeit des BZS begründet.[124] Allerdings greifen auch einige der befragten Gesellschaften für solche Bewertungssituationen auf die Daten der EZB zurück.[125]

Da schon vor der Finanzmarktkrise ein Renditeaufschlag der anhand der Daten der EZB ermittelten Zinssätze erkennbar war, wurde spätestens nach Ausbruch der Krise auf die Daten der Bundesbank ausgewichen.[126] Da bei den Daten der EZB auch unsichere Staatsanleihen einbezogen werden, ist der ermittelte Zinssatz höher als der vergleichbare Zinssatz der Daten der Bundesbank.[127] Der anhand der Daten der EZB ermittelte Zinssatz wird somit von den meisten Gesellschaften als nicht risikolos im Sinne des BZS verstanden und daher nicht verwendet. Als weitere Begründung wird angeführt, dass auch jeder Europäer die Möglichkeit habe, in deutsche Staatsanleihen zu investieren.[128] Nur in einem Fall wird die Verwendung der Daten der Bundesbank nicht mit dem auftretenden Renditespread begründet, sondern damit, dass es das gewohnte Vorgehen darstelle und historisch so gewachsen sei.[129]

Das Argument der Gesellschaften, die für Bewertungen im europäischen Ausland die Daten der EZB verwenden, ist, dass sich für sie auch der BZS an dem relevanten Markt des Bewertungsobjektes orien-

122 Vgl. (7-8-3).
123 Vgl. (1-4-2) und (11-4-2).
124 Vgl. (6-4-2), (7-6-2) und (8-4-2).
125 Vgl. (3-4-2).
126 Vgl. (1-4-2) und (7-6-2).
127 Vgl. (4-4-2).
128 Vgl. (8-4-2).
129 Vgl. (5-6-2).

tiere.[130] Es gebe daher nicht nur einen BZS, sondern jeweils länderspezifisch bzw. unternehmensspezifisch einen unterschiedlichen risikolosen Zinssatz.[131] Die Prämisse, es gebe nur einen BZS, sei realitätsfern.[132] Hierbei sind sich die Anwender über den auftretenden Renditespread bewusst, begründen dies aber damit, dass entweder ein länderspezifischer Zuschlag zu dem anhand der Daten der Bundesbank ermittelten Zinssatz berechnet oder direkt die Daten der EZB verwendet werden könnten.[133]

Neben den Daten der Deutschen Bundesbank und denen der EZB werden auch methodisch vergleichbare Daten anderer Nationalbanken zur Ermittlung des BZS herangezogen. So werden beispielsweise für Bewertungen im britischen Währungsraum die Daten der Bank of England oder für den amerikanischen Währungsraum die Daten der Federal Reserve zugrunde gelegt.[134] Länderspezifische Zuschläge nach DAMODARAN finden ebenfalls Anwendung, wenn es sich um Bewertungen in risikobehafteten Ländern handelt.[135] Diese Bewertungsfälle machen allerdings in der Praxis nur einen sehr kleinen Teil aus.

451.3 Methodik zur Schätzung der Anschlussverzinsung

Zur Ermittlung der Anschlussverzinsung für den über 30 Jahre hinausgehenden Zeitraum verwenden fast alle befragten Gesellschaften die gleiche Methodik. Bis auf eine Ausnahme wird immer der anhand der SVENSSON-Methode für das 30. Jahr berechnete Zinssatz fortgeschrieben. Diese Vorgehensweise ist vom IDW empfohlen und wird auch fast ausschließlich in der Praxis verwendet. Die einzige Gesellschaft, die eine andere Vorgehensweise wählt, extrapoliert die SVENSSON-Methode. Dies wurde früher vom IDW vorgeschlagen, ist aber zwischenzeitlich durch die oben beschriebene Methodik ersetzt worden.

Begründet wird die Verwendung des 30-jährigen Zinssatzes neben der Vorgabe durch den IDW S 1 meist damit, dass es eine pragmatische Vorgehensweise darstellt, die eine vertretbare Prognose des langfristigen Zinssatzes ermöglicht.[136] Die weiteren Argumente stellen darauf ab, dass die Extrapolation der SVENSSON-Methode nicht geeignet ist, um die Anschlussverzinsung zu berechnen. Dies ist

130 Vgl. (9-6-2).
131 Vgl. (3-4-2).
132 Vgl. (3-4-2).
133 Vgl. (9-6-2).
134 Vgl. (2-4-2) und (4-4-2).
135 Vgl. (9-6-2).
136 Vgl. (3-8-5) und (5-12-5).

darauf zurückzuführen, dass die SVENSSON-Methode nur für die Schätzung von Zinssätzen bis zu 30 Jahren konzipiert wurde und daher im sehr langfristigen Bereich zu nicht plausiblen Renditeverläufen führt.[137] Diese liegen zwar meist erst weit in der Zukunft, haben aber einen nachhaltigen Charakter, so dass sich der ermittelte Zinssatz erheblich verändern kann.[138] Auch die Verwendung von Forward Rates wird zwar als theoretisch begründet bezeichnet, führe aber in dem momentanen Marktumfeld ebenfalls zu nicht plausiblen Ergebnissen.[139]

Als alternative Methode zur Ermittlung der Anschlussverzinsung wurde bei einer Gesellschaft überlegt, Durchschnittszinssätze zu verwenden.[140] Hiermit sollte dem langfristigen Charakter der Anschlussverzinsung Rechnung getragen werden, da davon ausgegangen wird, dass sich die Zinssätze langfristig wieder dem historischen Durchschnitt annähern werden. Von dieser Vorgehensweise wurde allerdings wieder Abstand genommen, da eine Analyse zeigte, dass nicht erklärbare Verwerfungen auftraten. Bei Bewertungen in Ländern, in denen über den 30-jährigen Zeitraum hinausgehende Anleihen emittiert wurden, können diese gegebenenfalls herangezogen werden, um die Anschlussverzinsung zu berechnen.[141]

451.4 Kapitalisierung der finanziellen Überschüsse

Wurde anhand der SVENSSON-Methode eine ZSK für die nächsten 30 Jahre ermittelt, kann diese herangezogen werden, um die finanziellen Überschüsse des Bewertungsobjektes mit den periodenspezifischen Spot Rates zu diskontieren oder um die Zinssätze in einen barwertäquivalenten BZS umzurechnen. Die Mehrheit der befragten Gesellschaften wendet letztere Methodik an und berechnet grundsätzlich einen barwertäquivalenten BZS. Zwei der Gesellschaften analysieren zudem die Unterschiede, die sich bei der Verwendung von Spot Rates ergeben würden.[142] Nur zwei der elf Gesellschaften nutzt grundsätzlich die ZSK, um der weiteren Bewertung periodenspezifische Spot Rates zugrunde legen zu können.

137 Vgl. (2-14-5). Außerdem wurde darauf hingewiesen, dass auch die Bundesbank die SVENSSON-Methode als nicht geeignet für die Schätzung langfristiger Zinssätze ansieht, vgl. (5-12-5).

138 Vgl. (6-6-5).

139 Vgl. (3-8-5).

140 Vgl. (10-8-5).

141 Vgl. (6-6-5).

142 Vgl. (2-16-6) und (7-12-6).

In der Praxis wird somit standardmäßig ein barwertäquivalenter BZS verwendet, obwohl sich die Interviewpartner meist darüber bewusst sind, dass es sachgerechter ist, periodenspezifische Spot Rates zugrunde zu legen.[143] Die Begründungen für die Wahl dieser Methode sind vielfältig. Das am meisten genannte Argument der Interviewpartner war die einfache Kommunizierbarkeit eines barwertäquivalenten BZS gegenüber dem Bewertungsadressaten.[144] Für diesen sei es leichter nachzuvollziehen, wenn der gesamten Bewertung nur ein BZS zugrunde gelegt wird und nicht ein für jede Periode spezifischer Zinssatz. In die gleiche Richtung gehen die Argumente, dass ein barwertäquivalenter BZS die Transparenz und die Vergleichbarkeit einer Bewertung erhöhe.[145] Auch hier wird der Adressatenbezug der Bewertung deutlich.

Ein weiteres mehrfach genanntes Argument für die Verwendung eines barwertäquivalenten BZS ist, dass davon ausgegangen wird, dass der dadurch entstehende Fehler zu vernachlässigen sei.[146] In diesem Zusammenhang wurde von den Interviewpartnern darauf hingewiesen, dass das im IDW S 1 aufgeführte Beispiel zur Berechnung des barwertäquivalenten BZS nicht ohne Weiteres auf die Bewertung übertragen werden könne.[147] Dies gelte vor allem bei stark schwankenden finanziellen Überschüssen. Vielmehr müssten in diesem Fall die der Bewertung zugrunde liegenden finanziellen Überschüsse in die Berechnungsformel eingesetzt werden.[148] Ebenso müsse statt der typisierenden Wachstumsrate von 1 % die in der Terminal Value-Phase angewendete Wachstumsrate herangezogen werden.[149] Würde dies beachtet, ergebe sich nur ein marginaler Unterschied zwischen der Verwendung eines barwertäquivalenten BZS und periodenspezifischen Spot Rates, so dass es nur eine Darstellungsfrage sei, welche Methode verwendet würde.[150]

Die theoretisch exaktere Methode der Verwendung periodenspezifischer Spot Rates wird nur von zwei Gesellschaften angewendet. In einem der beiden Fälle wurde nach ausführlichen Diskussionen über die Vor- und Nachteile der verschiedenen Methoden entschieden, statt eines barwertäquivalenten BZS künftig Spot Rates zu verwenden.[151] Was bei dieser Entscheidung die ausschlaggebenden Arumen-

143 Vgl. (6-8-6) und (7-12-6).
144 Vgl. z. B. (5-14-6), (6-8-6) und (10-10-6).
145 Vgl. (9-14-6).
146 Vgl. (5-14-6), (8-8-6) und (10-10-6).
147 Vgl. (10-10-6).
148 Vgl. (3-10-8).
149 Vgl. (6-8-6).
150 Vgl. (5-14-6), (6-8-6) und (10-10-6).
151 Vgl. (11-10-6).

te waren, konnte in dem Interview nicht abschließend geklärt werden. Die andere Gesellschaft, die der Bewertung Spot Rates zugrunde legt, begründet diese Vorgehensweise mit der dadurch erhöhten Transparenz der Bewertung. Nur durch die Verwendung von periodenspezifischen Spot Rates sei es dem Bewertungsadressaten möglich, die Auswirkungen einer Veränderung der Finanzierungsstruktur zu erkennen. Der barwertäquivalente BZS hingegen würde anhand der Daten der ZSK berechnet und wäre daher nicht transparent genug.[152] Dies ist vor allem deshalb ein sehr interessanter Aspekt, da einige der Interviewpartner der anderen Gesellschaften die Verwendung eines barwertäquivalenten BZS als einen Transparenz erhöhenden Faktor für das Bewertungskalkül betrachten. Es ist demnach zu erkennen, dass bezüglich dieses Sachverhaltes keine durchgehende Einigkeit in der Praxis der Unternehmensbewertung besteht. Dennoch ist festzuhalten, dass von der Mehrheit der befragten Gesellschaften tendenziell ein barwertäquivalenter BZS verwendet wird.

451.5 Auslegung der Vorgaben zur 3-Monats-Glättung und zur Rundung

Alle Gesellschaften führen die vorgeschriebene Glättung der in die SVENSSON-Gleichung eingehenden Parameter durch. Allerdings unterscheiden sich die Verfahren der Durchschnittsbildung im Detail. Laut den Vorgaben des IDW S 1 soll statt der Daten des Bewertungsstichtages ein Durchschnittswert der Parameter gebildet werden. Dieser soll aus den Parametern der abgeschlossenen drei Monate vor dem Bewertungsstichtag gebildet werden. An diese Vorgabe hält sich indes nur eine der befragten Gesellschaften.[153] Der Großteil der übrigen Gesellschaften nimmt eine tagesgenaue Anpassung der Parameter vor, verwendet also ausgehend vom Bewertungsstichtag die drei vorangehenden Monate zur Bildung des Durchschnitts.[154]

Im Wesentlichen wird diese Abweichung von der Vorgabe des IDW S 1 damit begründet, dass die Daten von der Bundesbank bzw. der EZB auch täglich veröffentlicht werden und es daher genauer sei, auch auf diese tagesaktuellen Daten zurückzugreifen.[155] Weiterhin dürfe es keinen (großen) Unterschied ergeben, ob der Bewertungsstichtag beispielsweise am 30.09 oder am 01.10. eine Jahres liege. Bei der exakten Anwendung der Vorgaben des IDW S 1 kann es aber durchaus passieren, dass sich substanzielle Änderungen der Höhe des BZS ergeben.[156]

152 Vgl. (9-14-6).
153 Vgl. (9-16-7).
154 Vgl. z. B. (1-10-7), (7-14-7) und (11-12-7).
155 Vgl. (8-10-7) und (10-12-7).
156 Vgl. (1-10-7).

Eine der befragten Gesellschaften weicht von der Vorgabe der Verwendung von drei Monaten zur Durchschnittsbildung ab.[157] Hier werden verschiedene Zeiträume analysiert, um anschließend zu entscheiden, welcher Zeitraum für die vorliegende Bewertung am sachgerechtesten ist. Dabei wird so vorgegangen, dass sowohl die drei abgeschlossenen Monate vor dem Bewertungsstichtag und zusätzlich die Tage bis zum Bewertungsstichtag in die Durchschnittsbildung einfließen. Hierdurch kann es vorkommen, dass bis zu vier Monate einbezogen werden. Anschließend wird der Zeitraum sukzessive verkürzt, bis nur noch die Daten eines Monats einbezogen werden. Diese Abweichung von den Vorgaben des IDW S 1 wird damit begründet, dass es in vielen Fällen ausreiche, den Durchschnitt über einen 1-Monats-Zeitraum zu ermitteln, um Ausreißer zu eliminieren.[158] Diese Vorgehensweise wurde indirekt von anderen Interviewpartnern kritisiert, da hierdurch die Nachvollziehbarkeit der Bewertung erschwert würde. Gerade bei objektivierten Unternehmensbewertungen sei es wichtig, dem Bewertungsadressaten eine gewisse Sicherheit bezüglich der verwendeten Methodik zu geben.[159]

Die im IDW S 1 vorgeschriebene Rundung auf 0,25 %-Punkte wird grundsätzlich von allen befragten Gesellschaften durchgeführt. Vor allem bei gesellschaftsrechtlichen Bewertungsanlässen wird diese allerdings nur dann durchgeführt, wenn dies nicht zum Nachteil der abzufindenden Eigentümer sei. Die Rundung wird dabei allgemein für sinnvoll erachtet, da sich so beispielsweise bestimmte wirtschaftliche Sachverhalte geringfügig ändern können, ohne dass die Bewertung angepasst werden muss.[160] Ebenfalls werde so verhindert, dass an dieser Stelle eine Scheingenauigkeit unterstellt wird, indem auf mehrere Nachkommastellen exakt gerechnet wird, während an anderer Stelle des Bewertungskalküls wesentliche wertbeeinflussende Faktoren nicht beachtet werden.[161]

452. Ermittlung der Marktrisikoprämie in der Praxis der Unternehmensbewertung

Alle befragten Gesellschaften greifen bei der Bestimmung der MRP auf die vom IDW empfohlene Bandbreite von 4,5–5,5 % zurück.[162] Die wird einerseits mit der damit verbundenen Objektivität und Nachvollziehbarkeit für den Bewertungsadressaten begründet. Andererseits wird betont, dass in der

157 Vgl. (6-10-7).

158 Vgl. (6-10-7).

159 Vgl. (7-14-7).

160 Vgl. (6-12-7).

161 Vgl. (3-14-7).

162 Vgl. z. B. (2-18-8), (8-14-8) und (11-18-8). Anzumerken ist, dass die vom IDW im September 2012 geänderte Empfehlung zur Ermittlung der MRP nicht in die Analyse einbezogen wurde, da diese zum Zeitpunkt der Interviews noch nicht veröffentlicht war.

Praxis nicht die Möglichkeit bestehe, eine ähnlich ausführliche Studie durchzuführen.[163] Ein weiterer Grund, der gegen individuelle Analysen einzelner Gesellschaften spricht, ist, dass diese entscheidend von den eingehenden Parametern abhängen und somit eine nicht abschließend zu klärende Diskussion über die Angemessenheit einzelner Parameter vermieden wird.[164]

Auffällig ist, dass von mehreren Interviewpartnern betont wurde, dass sich die empfohlene Bandbreite nicht nur auf die von STEHLE durchgeführte Studie beziehe.[165] Vielmehr würden viele einzelne Studien zur Höhe der MRP betrachtet, die indes alle zu vergleichbaren Ergebnissen gelangen.[166] Daher sei es sachgerecht, auf die genannten Bandbreiten zurückzugreifen.

Trotz dieser scheinbar einheitlichen Vorgehensweise zur Ermittlung der MRP stellt diese einen in der Praxis der Unternehmensbewertung zurzeit intensiv diskutierten Parameter dar. Bis vor der Finanzmarktkrise wurde i. d. R. von dem Mittelwert der empfohlenen Bandbreite als angemessenen Wert für die MRP ausgegangen.[167] Aufgrund der Entwicklungen an den internationalen Finanzmärkten wird seitens des IDW seit Anfang des Jahres 2012 empfohlen, zu prüfen, ob es sachgerecht sei, das obere Ende der Bandbreite zu wählen.[168] Die Interviews haben gezeigt, dass diese Veröffentlichung zu einer Verunsicherung der Praxis geführt hat.

Es wird z. B. kritisiert, dass die Veröffentlichung nur eine Empfehlung zur Prüfung enthalte. Diese Prüfung habe indes auch schon vorher durchgeführt werden müssen. Da auch der obere Rand noch zu der empfohlenen Bandbreite gehört, hätte auch vor Ausbruch der Krise mit entsprechenden Argumenten dieser Wert angenommen werden können.[169] Die Auswirkungen der Krise bleiben somit unklar. Weiterhin verwundert es, dass die Gründe für die Empfehlung nicht konkretisiert wurden.[170] Im Laufe der Finanzkrise wurde durch das IDW bereits eine Empfehlung veröffentlicht, in der mit Bezug auf die Auswirkungen der Finanzmarktkrise empfohlen wurde, nichts an der momentanen Ermittlung der MRP zu ändern.[171] Es bleibt somit unklar, welche Gründe dazu geführt haben, dass inzwischen eine Anpassung an das obere Ende der Bandbreite vorgenommen werden sollte. Für zwei der Gesellschaf-

163 Vgl. (8-14-8).
164 Vgl. (1-20-8) und (5-22-8).
165 Vgl. (3-16-8) und (4-20-8).
166 Vgl. (9-22-8).
167 Vgl. (4-20-8).
168 Vgl. IDW (2012a).
169 Vgl. (3-16-8).
170 Vgl. (7-16-8).
171 Vgl. FAUB des IDW (2009), S. 697.

ten stellt die Empfehlung nur einen Schritt in die richtige Richtung dar.[172] Aufgrund des niedrigen BZS-Niveaus sei es angemessen, eine noch höhere MRP zu verwenden. Eine der befragten Gesellschaften hat daher unter Zuhilfenahme aktueller empirischer Daten einen Zusatzrisikozuschlag zum BZS entwickelt, der auch bei objektivierten Unternehmensbewertungen angewendet wird.[173]

Somit zeigt sich seit der Veröffentlichung des IDW ein uneinheitliches Bild bei der Ermittlung der MRP. Einige Gesellschaften wenden seitdem das obere Ende der Bandbreite an. Andere verwenden weiterhin den Durchschnittswert der Bandbreite. In manchen Fällen wird die Entscheidung von dem zugrunde liegenden Bewertungsanlass abhängig gemacht. So werden beispielsweise in gesellschaftsrechtlichen Bewertungsfällen weiterhin 5 % als MRP angenommen.

Trotz der Tatsache, dass in der Praxis stets auf die empfohlenen Bandbreiten zur Schätzung der MRP zurückgegriffen wird und keine der befragten Gesellschaften eigene Prognosen zur Höhe der MRP durchführt, wurden die Interviewpartner um eine Einschätzung der verschiedenen Parameter bei der Analyse der MRP gebeten. Die Einschätzung sollte sich auf die Länge des zugrunde gelegten Betrachtungszeitraumes, die Auswahl des Marktportfolios und die Entscheidung, welche Methode zur Ermittlung der Durchschnittswerte herangezogen wird, beziehen. Im Folgenden werden die Ergebnisse dieser Einschätzungen dargestellt.

Bei der Einschätzung der Länge des zugrunde zu legenden Betrachtungszeitraumes herrschte bei den befragten Interviewpartnern Einigkeit darüber, dass ein möglichst langer Zeitraum gewählt werden sollte.[174] Keiner der Interviewpartner wollte sich indes auf einen konkreten Zeitraum festlegen. Vielmehr wurden Aussagen dazu getroffen, dass in dem Zeitraum verschiedene Konjunkturzyklen, also sowohl Boom- als auch Rezessionsphasen eingeschlossen sein sollten.[175] Ein Zeitraum von weniger als 20 Jahren sei daher tendenziell weniger geeignet als ein Zeitraum, der mindestens 30 Jahre umfasst. Ein solch langer Zeitraum sei auch daher zu empfehlen, da Einzelereignisse keinen zu großen Einfluss auf die Höhe der resultierenden MRP hätten.[176]

Wie in Abschn. 334.3 beschrieben, verwendet die im IDW S 1 empfohlene Studie von STEHLE einen Beobachtungszeitraum, der im Jahr 1955 beginnt. Hier gab es unterschiedliche Auffassungen, ob ein solcher Zeitraum sachgerecht sei. Teilweise wird kritisiert, dass dieser Zeitraum länger sei als der

172 Vgl. (3-16-8) und (11-18-8).
173 Vgl. (3-16-8).
174 Vgl. z. B. (1-22-9), (2-20-9) und (4-24-10).
175 Vgl. (1-22-9), (2-20-9) und (9-24-9).
176 Vgl. (9-24-9).

eines typisierten Investors und dadurch nicht der geforderten Investorenperspektive entspreche.[177] Andererseits wird empfohlen, noch längere Zeiträume zu betrachten, wobei auf internationale Studien verwiesen wurde, die teilweise bis ins 19. Jahrhundert zurückreichen. In einem solchen Fall sei zu entscheiden, wie die Inflationsperioden in die Analyse einbezogen werden.[178] Weiterhin wurde darauf hingewiesen, dass Start- und Endzeitpunkte der Analyse einen hohen Einfluss auf die ermittelten Ergebnisse haben.[179]

Bei der Frage, welches Marktportfolio bei der Ermittlung der MRP zugrunde gelegt werden sollte, zeigte sich ein uneinheitliches Bild. Teilweise wurde darauf hingewiesen, der Theorie des CAPM folgend, einen möglichst breiten Index zu verwenden.[180] Demzufolge würde sich als sehr breiter internationaler Aktienindex der MSCI World anbieten. Dieser habe indes den Nachteil, dass er zu Verzerrungen führe, da auch Emerging Markets einbezogen werden.[181] Daher wurde die Einschätzung getroffen, auch mit einem breiten lokalen Index wie dem CDAX zu plausiblen Ergebnissen zu gelangen.[182] Weiterhin wurde betont, dass bei entwickelten Kapitalmärkten der Unterschied bei der Verwendung unterschiedlicher Aktienindices nur sehr gering sei.[183] Eine weitere Meinung war, dass das verwendete Marktportfolio zu der wirtschaftlichen Tätigkeit des Bewertungsobjektes passen müsse und daher vorab nicht beurteilt werden könne, ob ein nationaler oder ein internationaler Index besser geeignet sei.[184]

Als weitere Frage in Zusammenhang mit der Ermittlung der MRP wurde um eine Einschätzung des Einflusses der Methodik der Durchschnittsbildung gebeten. Hier zeigte sich, dass diese Frage in der Praxis der Unternehmensbewertung nicht (mehr) diskutiert wird.[185] Die Diskussion wurde als „überflüssiger Statistikerstreit“ bezeichnet, der nicht abschließend geklärt werden könne, da die zugrunde liegende Problematik der stochastischen Abhängigkeit der Aktienrenditen empirisch weder klar erkennbar noch klar zu verneinen sei.[186] Es wurde darauf hingewiesen, dass durch die Anwendung der

177 Vgl. (5-24-9).
178 Vgl. (9-24-9).
179 Vgl. (5-24-9).
180 Vgl. (1-24-10), (2-22-10) und (9-26-10).
181 Vgl. (1-24-10).
182 Vgl. (2-22-10).
183 Vgl. (4-24-10).
184 Vgl. (9-26-10).
185 Vgl. z. B. (1-26-11).
186 Vgl. (3-18-11), (5-28-11) und (9-28-11).

im IDW S 1 empfohlenen Bandbreiten der Effekt der unterschiedlichen Methoden zur Durchschnittsbildung angemessen widergespiegelt werde.[187]

453. Ermittlung des Beta-Faktors in der Praxis der Unternehmensbewertung

453.1 Grundlegende Methodik

Bei der Ermittlung des Beta-Faktors für objektivierte Unternehmenswerte wird in der Praxis nahezu ausnahmslos auf historische Kapitalmarktdaten zurückgegriffen.[188] Ein Interviewpartner hat in diesem Zusammenhang darauf hingewiesen, dass dabei stets geprüft wird, ob der anhand historischer Daten ermittelte Beta-Faktor auch für die Zukunft aussagekräftig in Bezug auf das Risiko des zu bewertenden Unternehmens ist.[189] Auf andere Methoden wird nur dann ausgewichen, wenn die spezifische Situation des Bewertungsobjektes keine Ermittlung anhand historischer Kapitalmarktdaten erlaubt. Dies kann beispielsweise dann der Fall sein, wenn das Unternehmen erst kürzlich gegründet wurde oder noch keine Börsenhistorie aufweist und gleichzeitig auch kein vergleichbares Unternehmen börsengelistet ist.[190]

Begründet wird die Verwendung historischer Kapitalmarktdaten meist mit der damit verbundenen intersubjektiv nachprüfbaren Vorgehensweise.[191] Auf diese Weise ist es für den Bewertungsadressaten möglich, die Bestimmung des Beta-Faktors nachzuvollziehen. Im Gegensatz dazu werden die grundlegenden Prämissen bei der Verwendung von Fundamentaldaten oder zukunftsbezogenen Methoden zur Ermittlung des Beta-Faktors meist nicht von den Finanzdienstleistern veröffentlicht, so dass es nicht ersichtlich ist, wie der Beta-Faktor zustande gekommen ist.[192] Daher sind auf diese Weise ermittelte Beta-Faktoren vor allem bei der Bestimmung objektivierter Unternehmenswerte generell einer größeren Kritik ausgesetzt.[193]

187 Vgl. (1-26-11).
188 Vgl. z. B. (3-20-12), (5-30-12) und (7-18-12).
189 Vgl. (6-16-12).
190 Vgl. (2-26-12).
191 Vgl. (1-28-12).
192 Vgl. (4-26-12), (8-16-12) und (10-18-12).
193 Vgl. (1-28-12).

453.2 Wahl des Referenzindex

Bei der Frage, welcher Referenzindex bei der Ermittlung des Beta-Faktors zugrunde gelegt wird, zeigt sich ein sehr heterogenes Bild der Praxis der Unternehmensbewertung. Von den befragten Gesellschaften werden alle in der Theorie diskutierten Indices verwendet. Dennoch unterscheiden sich die Vorgehensweisen zur Auswahl des herangezogenen Index zwischen den einzelnen Gesellschaften im Detail, so dass im Folgenden näher darauf eingegangen wird.

Am häufigsten wird von den befragten Gesellschaften der jeweils breiteste lokale Index herangezogen. Hierbei wird dieser in drei Fällen immer als Referenzindex zugrunde gelegt[194] und in vier Fällen wird darüber hinaus geprüft, ob ein europäischer oder globaler Index den Markt des Bewertungsobjektes bzw. der Peer Group besser abbildet.[195] Hierbei sei es indes nicht relevant, in welchem Land das zu bewertende Unternehmen seinen Sitz hat, sondern in welchem Raum primär die Geschäftstätigkeit stattfindet.[196]

Zwei der befragten Gesellschaften verwenden grundsätzlich den MSCI World als Referenzindex.[197] Die Wahl dieses Index wird mit der Perspektive eines globalen Investors begründet. Dieser sei bei seiner Investitionsentscheidung nicht auf den jeweiligen Heimatmarkt des Unternehmens beschränkt, sondern könne vielmehr auf Investitionsmöglichkeiten auf dem gesamten Weltmarkt zurückgreifen. Dieser Sachverhalt werde durch die Verwendung eines globalen Index besser berücksichtigt.[198] Weiterhin werde dadurch auch die Theorie des CAPM besser abgebildet, da es streng genommen nur ein Marktportfolio geben dürfe.[199]

Nur eine Gesellschaft gab an, auch den DAX als Referenzindex zu verwenden. Dies sei immer dann der Fall, wenn die Peer Group nur aus deutschen Unternehmen bestehe.[200] Diese Vorgehensweise wird von den anderen befragten Gesellschaften abgelehnt, da es zum einen den Markt nicht sachgerecht repräsentiere und zum anderen da dieser Index sehr stark von bestimmten Anlegerthemen und Index-

194 Vgl. (1-30-13), (3-22-13) und (7-20-13).
195 Vgl. (4-28-13), (5-32-13), (8-18-13) und (9-32-13).
196 Vgl. (9-32-13).
197 Vgl. (6-18-13) und (10-20-13).
198 Vgl. (6-18-13).
199 Vgl. (10-20-13).
200 Vgl. (11-22-13).

Schwerpunkten getrieben sei.[201] Umfasst die Peer Group auch internationale Unternehmen, werde auch auf einen entsprechenden Index zurückgegriffen.[202]

Die Frage nach dem Zusammenhang zwischen dem bei der Ermittlung der MRP gewählten Marktportfolio und dem Referenzindex zur Bestimmung des Beta-Faktors wurde in den Interviews nicht explizit gestellt. Aus den Antworten der Interviewpartner lässt sich dennoch schließen, dass diese in der Praxis unabhängig voneinander festgelegt werden, da bis auf eine Ausnahme keiner der Interviewpartner diesen theoretischen Zusammenhang angesprochen hat.[203]

453.3 Festlegung des Beobachtungszeitraumes und des Renditeintervalls

Vergleichbar zu der Auswahl des Referenzindex fällt auch das Bild bei der Wahl des Beobachtungszeitraumes und des Renditeintervalls zwischen den einzelnen Gesellschaften sehr unterschiedlich aus. Übereinstimmend wurde lediglich festgestellt, dass die beiden genannten Parameter simultan festgelegt und nicht getrennt voneinander bestimmt werden. Neben den in Abschn. 343.23 dargestellten Möglichkeiten zur Festlegung dieser Parameter werden in der Praxis auch noch weitere Kombinationen analysiert und teilweise zur Bestimmung des Beta-Faktors herangezogen. Die in der Praxis verwendeten Kombinationen und die zugehörigen Begründungen werden im Folgenden dargestellt.

Auffällig ist, dass von mehreren Interviewpartnern bei der Frage nach den Parameterkonstellationen auf die Notwendigkeit der gutachterlichen Einschätzung der verschiedenen Sachverhalte seitens des Bewertenden hingewiesen wurde.[204] Dies lässt den Schluss zu, dass es nach Ansicht der Praktiker an dieser Stelle keine standardisierte Lösung geben kann und dass dementsprechend keine weitergehenden Vorgaben für notwendig erachtet werden. Aus diesem Grund werden von nahezu allen befragten Gesellschaften verschiedene Parameterkonstellationen aus Beobachtungszeitraum und Renditeintervall ausgewertet und auf mögliche Strukturbrüche analysiert.[205] Welche Kombination der Bewertung anschließend zugrunde gelegt wird, hängt entscheidend von den Ergebnissen dieser Analyse ab.

201 Vgl. (5-32-13).

202 Vgl. (11-22-13).

203 Vgl. (10-20-13). Indes greift auch diese Gesellschaft auf einen Referenzindex zurück, der meist von dem Marktportfolio abweicht.

204 Vgl. (4-30-14) und (5-34).

205 Vgl. (2-28-14).

Die in der Praxis am häufigsten verwendete Kombination der beiden Parameter sind ein zweijähriger Beobachtungszeitraum mit wöchentlichen Renditen und ein fünfjähriger Beobachtungszeitraum mit monatlichen Renditen. Diese Vorgehensweise wird von fünf der befragten Gesellschaften standardmäßig gewählt.[206] Einige der Gesellschaften wählen grundsätzlich nur eine der beiden Möglichkeiten, beispielsweise nur einen fünfjährigen Zeitraum mit monatlichen Renditen[207] oder nur einen zweijährigen Zeitraum mit wöchentlichen Renditen.[208] Andere Interviewpartner gaben an, schon in einem ersten Schritt wesentlich mehr Parameterkonstellationen zu analysieren. So werden bei einer Gesellschaft etwa grundsätzlich vier Konstellationen analysiert, die Zeiträume von ein bis fünf Jahren und tägliche, wöchentliche und monatliche Renditeintervalle umfassen.[209]

Bei anderen Gesellschaften werden statt der bislang dargestellten Beobachtungszeiträume, die jeweils bis zum Bewertungsstichtag reichen, einzelne, disjunkte Jahresscheiben ausgewertet. Diese können ein, zwei oder drei Jahre umfassen. Werden mehrere Jahresscheiben analysiert, wird anschließend ein Durchschnitt berechnet, der teilweise zusätzlich gewichtet wird.[210] Dieses Vorgehen wird damit begründet, dass sich die Verschuldung eines Unternehmens im Laufe der Zeit erheblich verändern kann und somit die in die Regression einfließenden Daten nicht vergleichbar seien.[211]

In Bezug auf die maximale Länge des Beobachtungszeitraumes wurde von den Interviewpartnern mehrheitlich eine Länge von fünf Jahren als sachgerecht empfunden. Dies wurde meist damit begründet, dass sich im Laufe der Zeit die Geschäftsmodelle und die Finanzierungssituation der Unternehmen ändern. Hierdurch sind diese dann nicht mehr miteinander vergleichbar, so dass sie nicht mehr zur Ermittlung des Beta-Faktors herangezogen werden können. Vor allem seit Ausbruch der Finanzmarktkrise ist zu beobachten, dass verstärkt ein fünfjähriger Zeitraum gewählt wird, da hierdurch verschiedene Konjunkturzyklen abgebildet werden.[212] Nur eine Gesellschaft verwendet in der Praxis auch einen Beobachtungszeitraum von sieben Jahren.[213]

Eine weitere übereinstimmende Meinung der Praxis in Bezug auf die zugrunde zu legenden Renditeintervalle war, dass tägliche Renditeintervalle nur in Ausnahmefällen angewendet werden sollten. Im

206 Vgl. z. B. (1-32-14), (2-28-14) und (5-34-14).
207 Vgl. (9-34-14).
208 Vgl. (7-22-14).
209 Vgl. (11-24-14).
210 Vgl. (4-30-14).
211 Vgl. (3-24-14).
212 Vgl. (1-32-14) und (10-22-14).
213 Vgl. (6-20-18).

Regelfall sollte auf wöchentliche oder monatliche Renditen zurückgegriffen werden, da diese eine höhere statistische Signifikanz aufweisen.[214] Der Nachteil täglicher Renditen bestehe drin, dass zu viele Informationen in den zugrunde liegenden Marktpreisen enthalten sind, die für das Risikoprofil des Unternehmens nicht aussagekräftig seien.[215] Weiterhin werden die starken Schwankungen, das Auftreten des Noise-Effektes und die zu hohe Autokorrelation täglicher Renditen als Nachteil empfunden.[216]

453.4 Verwendung und Auswahl statistischer Gütemaße

Jede der befragten Gesellschaften verwendet statistische Gütemaße zur Überprüfung des ermittelten Beta-Faktors. Überwiegend werden dafür der t-Test und das Bestimmtheitsmaß R^2 eingesetzt.[217] Meist werden beide Gütemaße parallel analysiert und getrennt voneinander ausgewertet. Nur in einem Fall wurde explizit darauf hingewiesen, dass sich die Kriterien beider Maße ineinander überführen lassen, so dass es nur notwendig ist, eines der beiden Maße zu verwenden.[218]

In diesem Zusammenhang werden zum Teil feste Grenzen für die entsprechenden Gütemaße festgelegt, bei deren Überschreiten das jeweilige Unternehmen aus der Peer Group ausgeschlossen wird.[219] Diese Vorgehensweise wird von anderen Interviewpartnern für nicht sachgerecht angesehen. Diese vertreten die Meinung, dass ein solcher Test nur Anhaltspunkte liefern könne, die eine genauere Prüfung des zugrunde liegenden Sachverhaltes erfordern.[220] Dies könne beispielsweise daran liegen, dass in bestimmten Branchen tendenziell eher niedrige Beta-Faktoren angenommen werden, die daher auch einen niedrigen Wert bei Anwendung des t-Tests zur Folge haben. Weiterhin wurde auch bei dieser Frage angeführt, dass die Einhaltung der Grenzwerte restriktiver gefordert werde, wenn mehr potentielle Vergleichsunternehmen zur Verfügung stehen.[221]

Neben diesen statistischen Gütemaßen werden von zwei Gesellschaften aufgrund der im paxisnahen Schrifttum geführten Diskussion der letzten Jahre auch Liquiditätskriterien zur Einschätzung des ermit-

214 Vgl. (10-22-14).
215 Vgl. (4-30-14).
216 Vgl. (6-20-14), (8-20-14) und (9-34-14).
217 Vgl. z. B. (1-42-17), (4-34-17) und (11-32-17).
218 Vgl. (5-44-17).
219 Vgl. (1-42-17), (5-44-17) und (11-32-17).
220 Vgl. z. B. (2-38-17), (3-34-17) und (7-26-17).
221 Vgl. (4-34-17).

telten Beta-Faktors herangezogen.[222] Eine der befragten Gesellschaften prüft sogar nur die zugrunde liegende Liquidität, da die oben genannten Kriterien als nicht geeignet eingeschätzt werden.[223] Die Interviewpartner gaben an, dass das durchschnittliche Handelsvolumen, der Free Float und der Bid-Ask-Spread als Liquiditätskennzahlen herangezogen werden.[224] Einschränkend wurde indes konstatiert, dass diese Kriterien noch nicht ausgereift seien und eine weitergehende theoretische Entwicklung notwendig sei.[225]

453.5 Auswahl der Peer Group

Im IDW S 1 sind keine Vorgaben enthalten, nach welchen Kriterien eine Peer Group zur Ermittlung des Beta-Faktors zusammengestellt werden sollte. Dementsprechend groß ist der Ermessensspielraum für die Praxis der Unternehmensbewertung. Im Folgenden werden die Ergebnisse der Interviews in Bezug auf die angewendeten Kriterien zur Identifizierung eines vergleichbaren Unternehmens und die für angemessen empfundene Anzahl an Unternehmen in einer Peer Group dargestellt.

Es zeigt sich, dass in der Praxis eine große Anzahl an Kriterien und Vorgehensweisen zur Zusammenstellung der Peer Group herangezogen wird. Indes wird ebenfalls betont, dass es i. d. R. schwierig sei, ein Unternehmen zu finden, das bezüglich sämtlicher Kriterien mit dem Bewertungsobjekt vergleichbar sei.[226] Aus diesem Grund werden zunächst die zugrunde gelegten Kriterien und anschließend die dabei verwendeten Vorgehensweisen dargestellt.

Als zentrale Kriterien zur Identifizierung vergleichbarer Unternehmen wurden von den Interviewpartnern die Branche, das Geschäftsmodell und die zentralen Risikotreiber genannt.[227] Daneben wäre es zudem vorteilhaft, wenn die Unternehmen in Bezug auf die Größe, die regionale Ausrichtung, das Kundenumfeld und die Produkte eine möglichst hohe Übereinstimmung aufweisen würden.[228] Auf einige dieser Kriterien wird im Folgenden detailliert eingegangen.

222 Vgl. (8-30-17) und (9-44-17).
223 Vgl. (6-28-17).
224 Vgl. (8-30-17).
225 Vgl. (6-28-17).
226 Vgl. (1-34-18) und (6-22-18).
227 Vgl. z. B. (2-30-18), (9-36-18) und (11-26-18).
228 Vgl. (1-34-18), (6-22-18) und (7-24-18).

Ein in vielen Interviews intensiv diskutierter Punkt war, ob die Branche als Kriterium zur Vergleichbarkeit der Unternehmen angemessen ist. Zum Teil wurde dies von den Interviewpartnern als ausreichendes Kriterium aufgefasst.[229] Die Mehrzahl der Interviewpartner gab indes an, dass die Zugehörigkeit zu einer Branche nicht ausreiche, um als vergleichbares Unternehmen angesehen zu werden. Innerhalb einer Branche gebe es viele verschiedene Geschäftsmodelle, die eine sinnvolle Vergleichbarkeit nicht zuließen.[230] Daher wird bei diesen Gesellschaften nicht die Branche, sondern das Geschäftsmodell als Vergleichskriterium zugrunde gelegt.[231]

Ebenso kontrovers wurde der Einfluss der Größe in Bezug auf die Vergleichbarkeit der Unternehmen diskutiert. Auch hierbei zeigte sich, dass einige Gesellschaften die Größe als Vergleichskriterium heranziehen[232] und andere diesem Kriterium eher ablehnend gegenüber stehen.[233] Dass die Größe nicht als Kriterium betrachtet wird, wird damit begründet, dass diese hinsichtlich des Risikos des Unternehmens nur eine untergeordnete Rolle spiele und gerade bei der Bewertung von kleinen und mittleren Unternehmen die Vergleichbarkeit nur selten gegeben sei, da börsengelistete Unternehmen tendenziell groß seien.[234]

Die Operationalisierung der Überprüfung der Kriterien zur Ermittlung der Peer Group wurde von den einzelnen Gesellschaften meist durch verschiedene Informationsquellen vorgenommen. Meist wird anhand einer Branchen- oder Stichwortsuche in den Datenbanken der Finanzdienstleister eine Liste potentiell vergleichbarer Unternehmen erstellt.[235] Diese wird anschließend anhand von Geschäfts- und Analystenberichten, Homepages und Unternehmenspräsentationen um nicht mit dem Bewertungsobjekt vergleichbare Unternehmen bereinigt.[236] Eine weitere Informationsquelle, um vergleichbare Unternehmen zu identifizieren, stellt das Management des Bewertungsobjektes dar, das nach Wettbewerbern befragt wird.[237]

229 Vgl. (1-34-18) und (2-30-18).

230 Vgl. (3-26-18), (4-32-18) und (7-24-18).

231 Vgl. (8-22-18), (9-36-18) und (11-26-18).

232 Vgl. z. B. (2-30-18), (6-22-18) und (11-26-18).

233 Vgl. (3-26-18), (4-32-18) und (7-24-18).

234 Vgl. (3-26-18) und (7-24-18).

235 Hierbei wurde von einigen Interviewpartnern darauf hingewiesen, dass diese Ergebnisse nicht ohne weitere Prüfung in den nachfolgenden Bewertungsprozess übernommen werden dürfen, da oft Unternehmen in der Liste enthalten sind, die nicht mit dem Bewertungsobjekt vergleichbar sind, vgl. z. B. (1-34-18), (5-36-18) und (10-24-18).

236 Vgl. (8-22-18), (10-24-18) und (11-26-18).

237 Vgl. (5-36-18), (7-24-18) und (11-26-18).

Können anhand dieser Informationsquellen keine vergleichbaren Unternehmen identifiziert werden, bietet es sich an, auf vor- oder nachgelagerte Stufen der Wertschöpfungskette des zu bewertenden Unternehmens auszuweichen.[238] Dem liegt die Auffassung zugrunde, dass das Risiko des zugrunde liegenden Geschäftsmodells auch von den angrenzenden Stufen des Wertschöpfungsprozesses abhängig ist.[239] Eine andere Vorgehensweise stellt in einem solchen Fall die Verwendung von Branchen-Beta-Faktoren dar. Aufgrund der Durchschnittsbildung durch die Betrachtung der gesamten Branche würden einzelne Effekte aufgehoben, die gegen eine Aufnahme in eine Peer Group sprechen würden.[240]

In diesem Zusammenhang wurde auch die Frage nach der Anzahl der Unternehmen in einer Peer Group gefragt. Auch hier zeigt sich, dass die befragten Gesellschaften abweichende Auffassungen über die optimale Zusammensetzung einer Peer Group vertreten. Im Folgenden werden diese zusammenfassend dargestellt.

Einige der Gesellschaften halten eine Peer Group mit weniger als vier Unternehmen als nicht angemessen.[241] Konkrete Begründungen konnten dabei von den Interviewpartnern nicht genannt werden. Es entspricht vielmehr der intuitiven Annahme, eine Peer Group müsse aus mehreren Unternehmen bestehen.

Die entgegengesetzte Auffassung vertrat ein Großteil der anderen Gesellschaften. Hier wird die Meinung vertreten, dass es besser sei, wenige aber dafür gut vergleichbare Unternehmen in die Peer Group aufzunehmen, als viele nicht gut vergleichbare.[242] Im Extremfall bedeutet dies, dass nur ein einziges Unternehmen identifiziert wird, welches in allen wesentlichen Vergleichskriterien mit dem Bewertungsobjekt übereinstimmt.[243] Dies sei allerdings in der Realität nur selten der Fall, so dass die Peer Group i. d. R. zwischen fünf und zwölf Unternehmen enthalte.

Weiterhin gaben die Interviewpartner an, dass die Vergleichskriterien enger gefasst werden, wenn die Anzahl potentiell vergleichbarer Unternehmen hoch ist. In einem solchen Fall komme es vor, dass ein Unternehmen schneller aus der Peer Group ausgeschlossen wird, als es bei einer geringen Anzahl vergleichbarer Unternehmen ist. Als Beispiel wurde angeführt, dass Unternehmen ausgeschlossen wer-

238 Vgl. (2-30-18), (8-22-18) und (9-36-18).

239 Vgl. (6-22-18).

240 Vgl. (5-36-18). Ansonsten werden Branchen-Beta-Faktoren nur bei indikativen Bewertungsfällen zu einer ersten Einschätzung des Unternehmenswertes eingesetzt, vgl. (1-34-18).

241 Vgl. z. B. (4-36-18), (5-38-18), (9-38-18).

242 Vgl. z. B. (1-36-18), (2-34-18) und (3-28-18).

243 Vgl. (6-24-18).

den, deren Beta-Faktoren erheblich von denen der anderen Peer Group-Unternehmen abweichen oder die eine andere Eigentümerstruktur aufweisen.[244]

453.6 Anpassung des Beta-Faktors an die Kapitalstruktur des Bewertungsobjektes

Bei der Anpassung des aus einer Peer Group-Analyse ermittelten Beta-Faktors an die Kapitalstruktur des Bewertungsobjektes zeigt sich, dass in der Praxis weitgehend einheitlich vorgegangen wird. Alle befragten Gesellschaften legen sowohl beim Unlevern als auch beim Relevern unsichere Tax Shields zugrunde.[245] Dies wird durchgehend mit der größeren Realitätsnähe dieser Prämisse gegenüber der Annahme sicherer Tax Shields begründet.[246] Als grundlegender Modellrahmen wird i. d. R. MODIGLIANI/MILLER herangezogen, da die Unterschiede zu den Ergebnissen bei MILES/EZZELL nur gering seien und diese dem Bewertungsadressaten besser kommuniziert werden könnten.[247]

Abweichungen zwischen den befragten Gesellschaften bestehen hinsichtlich der Ermittlung der Kapitalstruktur der Peer Group-Unternehmen. Hierzu wird von einer Gesellschaft grundsätzlich die Kapitalstruktur am Bewertungsstichtag zugrunde gelegt.[248] Andere Gesellschaften gehen hierbei differenzierter vor, indem sie nicht nur einen Zeitpunkt, sondern einen Zeitraum betrachten.[249] Dieser sollte dem der Regressionsanalyse zur Ermittlung des Beta-Faktors zugrunde liegenden Zeitraum entsprechen.[250] Wird ein Zeitraum zur Ermittlung der Kapitalstruktur gewählt, muss weiterhin entschieden werden, ob nur die entsprechenden Jahres- oder auch sämtliche Quartalsabschlüsse in die Berechnung einbezogen werden.[251] Der Vorteil des Einbezugs von Quartalsabschlüssen ist ein präziseres Bild der Entwicklung der Kapitalstruktur im Zeitablauf. Allerdings muss dabei beachtet werden, dass Quartalsabschlüsse nicht durch Wirtschaftsprüfer geprüft werden, so dass diese eventuell Verzerrungen enthalten können.[252]

244 Vgl. (1-34-18) und (4-32-18).
245 Vgl. z. B. (2-32-20), (3-30-20) und (10-28-20).
246 Vgl. (8-26-20).
247 Vgl. (1-38-20) und (10-28-20).
248 Vgl. (5-40-20).
249 Vgl. (2-32-20).
250 Vgl. (4-38-20).
251 Vgl. (4-38-20).
252 Vgl. (2-32-20).

453.7 Einbezug eines Debt Beta-Faktors

Der Einbezug eines Debt Beta-Faktors wird von allen Gesellschaften für grundsätzlich richtig angesehen. Dennoch wird in der Praxis bei der Anpassung der Kapitalstruktur nur selten ein Debt Beta-Faktor einbezogen. Dies hat verschiedene Gründe. Eine wesentliche Schwierigkeit stellt dessen objektive Ermittlung dar.[253] Bislang gibt es noch kein theoretisch abgesichertes Modell, welches es erlaubt, einen Debt Beta-Faktor aus Kapitalmarktdaten zu berechnen. Die bestehenden Modelle weisen vor allem bei Unternehmen mit außergewöhnlich hoher Fremdkapital-Quote nicht zu erklärende Ergebnisse auf, die eine weitere Verwendung im Bewertungsprozess kaum zulassen.[254]

Ist das Bewertungsobjekt im Gegensatz zu den restlichen Unternehmen der Branche übermäßig stark verschuldet, tendieren die befragten Gesellschaften dazu, trotz der Ermittlungsschwierigkeiten, einen Debt Beta-Faktor einzubeziehen.[255] Dieser Vorgehensweise liegt der Gedanke zugrunde, dass es sinnvoller ist, in einem solchen Fall einen von Null abweichenden Debt Beta-Faktor einzubeziehen, als implizit davon auszugehen, dass die Fremdkapitalgeber kein Risiko tragen.[256]

46 Kritische Würdigung der Ergebnisse der empirischen Untersuchung zum Kapitalisierungszinssatz

461. Zusammenfassende Darstellung der Ergebnisse der empirischen Untersuchung

Dieser Abschnitt fasst die wesentlichen Ergebnisse der durchgeführten empirischen Untersuchung zusammen. Auf diese Weise werden die wichtigsten Ergebnisse der Studie noch einmal prägnant dargestellt. Weiterhin können hierdurch weitergehende Empfehlungen zur Ermittlung des Kapitalisierungszinssatzes formuliert werden. Diese werden anschließend in Abschn. 462. diskutiert.

- Der BZS wird, den Empfehlungen des IDW S 1 folgend, stets unter Rückgriff auf die SVENSSON-Methode ermittelt. Für Bewertungsfälle in Deutschland werden dabei die von der Deutschen

253 Vgl. (6-26-20) und (8-28-20).
254 Vgl. (2-36-20), (9-42-20) und (10-30-20).
255 Vgl. (2-36-20), (5-42-20) und (9-42-20).
256 Vgl. (6-26-20) und (8-28-18).

Bundesbank zur Verfügung gestellten Parameter herangezogen. Für Bewertungen im europäischen Raum verwenden einige WP-Gesellschaften auch die Parameter der EZB.

- Die über den 30-jährigen Zeitraum hinausgehende Anschlussverzinsung wird in nahezu allen WP-Gesellschaften auf die gleiche Weise bestimmt. Nachdem das IDW zunächst empfohlen hat, die SVENSSON-Formel zu extrapolieren, wird nun der Zinssatz der 30-jährigen Spot Rate als geeigneter Schätzwert der Anschlussverzinsung angesehen. Diese Vorgehensweise wird mit einer Ausnahme von allen befragten Gesellschaften angewendet.
- Zur Diskontierung der künftigen finanziellen Überschüsse verwendet die Mehrheit der befragten Gesellschaften einen barwertäquivalenten BZS. Dies wird meist mit der damit verbundenen besseren Kommunizierbarkeit gegenüber dem Bewertungsadressaten sowie mit der Größe des dadurch in Kauf genommenen Bewertungsfehlers begründet.[257] Nur zwei der befragten Experten gaben an, bei der Diskontierung periodenspezifische Spot Rates zu verwenden.
- Bezüglich der vom IDW S 1 geforderten Glättung der Daten über einen 3-Monats-Zeitraum ergab die Befragung, dass diese Glättung zwar vorgenommen wird, aber mehrheitlich nicht auf die im IDW S 1 beschriebenen Weise. Statt den Durchschnitt der Parameter der drei abgeschlossenen Monate vor dem Bewertungsstichtag zu verwenden, werden die Daten bis zum Bewertungsstichtag zur Durchschnittsbildung herangezogen, da dies einer genaueren Abbildung der Verhältnisse entspräche. Die ebenfalls vom IDW S 1 vorgesehene Rundung des Durchschnittswertes auf 0,25 %-Punkte wird vor allem bei gesellschaftsrechtlichen Bewertungsanlässen nur dann durchgeführt, wenn dies nicht zum Nachteil der abzufindenden Eigentümer sei.
- Zur Ermittlung der MRP wird von allen WP-Gesellschaften in Zusammenhang mit objektivierten Unternehmensbewertungen auf die vom IDW S 1 empfohlene Bandbreite zurückgegriffen. Diese sei aufgrund der Auswertung und Würdigung zahlreicher Studien zur Höhe der MRP entwickelt worden und stelle daher einen für den Bewertungsadressaten nachvollziehbaren Wert dar.
- Im Zuge der internationalen Finanz- und Wirtschaftskrise wird aufgrund der vom IDW veröffentlichten Meldung im Januar 2012 von einigen der befragten Gesellschaften das obere Ende der Bandbreite als MRP angesetzt. Andere Gesellschaften halten diese Vorgehensweise für nicht begründbar, da der Betrachtungszeitraum zur Ableitung der MRP auch Rezessionsphasen enthalte und daher

257 Wie dargestellt, wird teilweise davon ausgegangen, dass bei Anwendung dieser Methodik bei Verwendung der tatsächlich vom Bewertungsobjekt prognostizierten finanziellen Überschüsse kein Bewertungsfehler gemacht werde, vgl. (5-14-6), (8-8-6) und (10-10-6).

aufgrund der aktuellen Situation an den (Finanz-)Märkten keine Anpassung der langfristig zu erwartenden MRP notwendig sei.

- Der Beta-Faktor wird in der Praxis der Unternehmensbewertung für objektivierte Zwecke nahezu ausnahmslos anhand historischer Kapitalmarktdaten ermittelt. Vor allem aufgrund der besseren Kommunizierbarkeit der auf diese Weise bestimmten Werte wird nicht auf andere Methoden, wie zukunftsgerichtete Verfahren, ausgewichen.
- Als Referenzindex wird i. d. R. der jeweils breiteste lokale Index des Bewertungsobjektes bzw. des jeweiligen Peer Group-Unternehmens gewählt. Zwei der befragten Gesellschaften verwenden standardmäßig den MSCI World und eine Gesellschaft zieht den DAX als Referenzindex heran.
- Bei der Festlegung des Beobachtungszeitraumes und des Renditeintervalls lässt sich keine einheitliche Vorgehensweise in der Praxis feststellen. Bezüglich dieser Fragestellung wurde von den Experten betont, dass es auf die gutachterliche Einschätzung des entsprechenden Sachverhaltes ankomme. Dennoch ist festzustellen, dass ein zweijähriger Beobachtungszeitraum mit wöchentlichen Renditen und ein fünfjähriger Beobachtungszeitraum mit monatlichen Renditen übereinstimmend von einigen der befragten Gesellschaften verwendet werden. Die Auswertung einzelner Jahresscheiben wird hingegen nur selten in der Praxis beobachtet.
- Kann der Beta-Faktor nicht anhand den Kapitalmarktdaten des Bewertungsobjektes bestimmt werden, muss auf eine Peer Group-Analyse zurückgegriffen werden. Zur Auswahl der Vergleichsunternehmen wurden als zentrale Kriterien die Branche, das Geschäftsmodell und weitere zentrale Risikotreiber genannt. Als Informationsquellen dienen dabei vor allem die Datenbanken der Finanzinformationsdienstleister, Geschäfts- und Analystenberichte sowie die Einschätzung des Managements des zu bewertenden Unternehmens in Bezug auf Wettbewerber. Die Frage nach einer optimalen Größe der Peer Group wurde nicht einheitlich beantwortet. Einige der befragten WP-Gesellschaften bevorzugen eine große Anzahl vergleichbarer Unternehmen, während andere eine tendenziell kleinere Peer Group als geeigneter einschätzen. In der Praxis besteht die Peer Group meist aus fünf bis zwölf Unternehmen.
- Zur Anpassung des aus einer Peer Group-Analyse ermittelten Beta-Faktors an die künftig geplante Kapitalstruktur des Bewertungsobjektes wird von den befragten Gesellschaften meist auf den Modellrahmen von MODIGLIANI/MILLER zurückgegriffen. In diesem Zusammenhang werden unsichere Tax Shields unterstellt, da diese Prämisse näher an der Realität sei als die Verwendung sicherer

Tax Shields. Die Kapitalstruktur der Peer Group-Unternehmen wird abhängig vom Bewertungsanlass entweder vereinfachend zum Bewertungsstichtag oder unter Einbezug verschiedener Zeitpunkte berechnet. Aufgrund der Schwierigkeiten, einen objektiv nachvollziehbaren Debt Beta-Faktor aus Kapitalmarktdaten zu ermitteln, wird dieser meist vereinfachend nicht in die entsprechenden Formeln einbezogen. Hiervon wird nur dann abgewichen, wenn das Bewertungsobjekt eine extreme, branchenunübliche Verschuldung aufweist.

- Als statistische Gütemaße bei der Ermittlung des Beta-Faktors werden von den meisten Gesellschaften der t-Test und das Bestimmtheitsmaß R^2 angewendet. Diese werden von fast allen gesellschaften unabhängig voneinander erhoben und ausgewertet. Liquiditätskennzahlen zur Einschätzung der Güte des ermittelten Beta-Faktors werden lediglich von zwei der befragten Gesellschaften eingesetzt.

Neben diesen Ergebnissen zur Bestimmung der einzelnen Parameter des Kapitalisierungszinssatzes in der Praxis der Unternehmensbewertung, konnten durch die empirische Untersuchung weitere Faktoren identifiziert werden, die einen Einfluss auf die Entscheidungen bezüglich der Ausfüllung der auftretenden Ermessensspielräume haben. Die beiden wesentlichen Einflussfaktoren werden im Folgenden diskutiert.

In vielen der geführten Interviews wurde der Adressatenbezug der Bewertung hervorgehoben. Es ist somit für die Praxis der Unternehmensbewertung von Bedeutung, für wen die Bewertung erstellt wird. Es wurde vielfach betont, dass Entscheidungen für oder gegen die Verwendung bestimmter Verfahren in Abhängigkeit der Kommunizierbarkeit gegenüber dem Bewertungsadressaten getroffen werden. Hierduch zeigt sich das Spannungsverhältnis zwischen theoretischer Fundierung und Komplexitätsreduktion.

Grundsätzlich ist dieser Adressatenbezug zu begrüßen. Der Adressat wird das Ergebnis der Bewertung schneller akzeptieren, wenn er die gewählten Methoden und Verfahren nachvollziehen kann. Auch die Darstellung der entsprechenden Sachverhalte im Bewertungsgutachten trägt dazu bei, dessen Akzeptanz zu erhöhen. Kritisch wird eine Fokussierung auf den Bewertungsadressaten indes dann, wenn zugunsten der Kommunizierbarkeit nicht die theoretisch exakte Vorgehensweise gewählt wird. Hier ist zu prüfen, ob es nicht sachgerechter wäre, eine zwar schwerer zu vermittelnde, aber theoretisch begründbare Vorgehensweise vorzuziehen.[258]

258 Als Beispiel kann die Verwendung periodenspezifischer Spot Rates anstelle eines barwertäquivalenten BZS angeführt werden. Der durch die Verwendung eines barwertäquivalenten BZS auftretende Bewertungsfehler könnte vermieden

Neben dem Adressatenbezug spielt auch die Betrachtung des UnternehmensbewertungsMarktes eine große Rolle bei der Ausfüllung der auftretenden Ermessensspielräume. Viele Interviewpartner gaben an, bei der Ausfüllung bestimmter Ermessensspielräume auf das branchenübliche Vorgehen zurückzugreifen. Für die Ermittlung objektivierter Unternehmenswerte entspreche dieses Vorgehen daher einer Vereinheitlichung und Standardisierung der Sachverhalte. Sofern die damit zusammenhängenden Entscheidungen theoretisch begründbar sind, ist diese Entwicklung des Marktes positiv zu beurteilen.[259] Auf diese Weise wird es den Bewertungsadressaten erleichtert, die Entscheidungen nachzuvollziehen.

Zusammenfassend ist zu beobachten, dass die vom IDW durch dessen Vorgaben gewünschte Standardisierung bezüglich der Bestimmung des Kapitalisierungszinssatzes für objektivierte Unternehmenswerte vor allem bezüglich des BZS und der MRP erreicht wird. Die Ermittlung des BZS erfolgt durchgängig anhand der SVENSSON-Methode. Unterschiede ergeben sich lediglich bei Detailfragen. Die MRP wird ausschließlich anhand der vorgegebenen Bandbreite festgelegt.

Indes bestehen zur Ermittlung des Beta-Faktors nur relativ wenige Vorgaben des IDW, so dass die dort auftretenden Ermessensspielräume von der Praxis nicht einheitlich ausgeübt werden. Weder die Festlegung der einzelnen Parameter der Regressionsanalyse noch die Bestimmung einer Peer Group wird von den Gesellschaften einheitlich vorgenommen. Ebenso bestehen nur unzureichende Vorgaben zur Anpassung des Beta-Faktors an die Kapitalstruktur und zur Überprüfung des Beta-Faktors mittels statistischer Gütemaße. Da die entsprechenden Angaben zur Ausfüllung der diskutierten Ermessensspielräume regelmäßig nicht den Bewertungsgutachten zu entnehmen sind, können die ermittelten Unternehmenswerte oftmals nur schwer nachvollzogen werden. Daher wäre es wünschenswert, wenn auch bezüglich des Beta-Faktors detailliertere Vorgaben seitens des IDW zu dessen Ermittlung für objektivierte Zwecke veröffentlicht würden. Vorschläge zu deren Formulierung sind Inhalt des folgenden Abschnitts.

werden, wird aber in der Praxis zugunsten der besseren Kommunizierbarkeit gegenüber den Bewertungsadressaten regelmäßig in Kauf genommen.

259 An dieser Stelle kann die Auslegung der Vorgabe zur Glättung der in die SVENSSON-Gleichung eingehenden Parameter herangezogen werden. Hier hat sich, entgegen den Vorgaben des IDW S 1, in der Branche etabliert, die Daten bis zum Bewertungsstichtag zu verwenden, da sich auf diese Weise ein aussagekräftigeres Ergebnis ergibt.

462. Ableitung von Empfehlungen zur Ermittlung des Kapitalisierungszinssatzes für objektivierte Unternehmensbewertungen nach IDW S 1

Objektivierte Unternehmenswerte werden bestimmt, um einen intersubjektiv nachprüfbaren Zukunftserfolgswert zu ermitteln, der unabhängig von den individuellen Nutzenvorstellungen der betroffenen Parteien ist.[260] Dazu sind das am Bewertungsstichtag vorliegende Unternehmenskonzept sowie alle realistischen Zukunftserwartungen in Bezug auf die Marktchancen und -risiken des Unternehmens bei der Wertermittlung einzubeziehen. Wie in Kap. 3 gezeigt, verbleiben trotz der im internationalen Vergleich von Bewertungsstandards detailliert gehaltenen Vorgaben des IDW S 1 zur Ermittlung objektivierter Unternehmenswerte zahlreiche Ermessensspielräume für den Bewertenden.

Neben Bewertungen für Zwecke der externen Rechnungslegung werden objektivierte Unternehmenswerte nach IDW S 1 vor allem bei gesellschaftsrechtlichen Auseinandersetzungen ermittelt. Gerade solche Bewertungsanlässe weisen das Erfordernis eines hohen Objektivierungsgrades auf.[261] Aus diesem Grund ist auf zwei Ebenen eine für den Bewertungsadressaten nachvollziehbare und transparente Vorgehensweise zu fordern. Zum einen muss auf der Bewertungsebene eine hinreichende Objektivierung gewährleistet werden. Dies kann beispielsweise durch den Einbezug von Kapitalmarktdaten zur Ableitung der verschiedenen Parameter erreicht werden.[262] Zum anderen muss auf der Ebene des Bewertungsgutachtens (Abbildungsebene) die notwendige Transparenz geschaffen werden, damit die Wertermittlung nachvollziehbar ist. Um dies zu erreichen, müssten sämtliche Annahmen und den Wert beeinflussende Faktoren im Bewertungsgutachten dokumentiert werden.[263]

Ziel des folgenden Abschnitts ist es daher, aus den Ergebnissen der vorangehenden theoretischen und empirischen Untersuchung der Ermessensspielräume bei der Ermittlung des Kapitalisierungszinssatzes für objektivierte Zwecke über die Vorgaben des IDW S 1 hinausgehende Empfehlungen zu entwickeln, um die Vorgehensweise in der Praxis der Unternehmensbewertung weiter zu vereinheitlichen. Die Empfehlungen betreffen dabei sowohl die Bewertungs- als auch die Abbildungsebene der entsprechenden Unternehmensbewertung und verfolgen das Ziel, den Grad der Objektivierung der Bewertung

260 Vgl. WP Handbuch 2014, Abschn. A Tz. 19.

261 Vgl. Hommel/Pauly/Nagelschmitt (2007), S. 2729.

262 Vgl. Tinz (2010), S. 181.

263 Indes bestehen laut IDW S 1 nur relativ wenige Vorgaben zur Berichterstattung und Dokumentation des Bewertungsprozesses, so dass regelmäßig zu beobachten ist, dass entscheidende Einflussfaktoren auf den Unternehmenswert nicht im Gutachten enthalten sind, vgl. WP Handbuch 2014, Abschn. A Tz. 592-600.

zu erhöhen. Dies wird auf der Bewertungsebene durch die Vorgabe detaillierter Erläuterungen und auf der Abbildungsebene durch die Vorgabe weitergehender Berichterstattungspflichten erreicht.

In der Theorie des CAPM spiegelt der BZS eine risikolose Anlagemöglichkeit wider. Da diese in der Realität nicht exisitiert, muss eine Alternative gefunden werden, die möglichst risikofrei ist.[264] Die aus Daten deutscher Bundesanleihen ermittelten Parameter der Deutschen Bundesbank spiegeln diese Forderung in großem Maße wider. Die durch die SVENSSON-Methode ermittelten Zinssätze sind, vor allem im Zuge der Finanz- und Wirtschaftskrise, deutlich niedriger als die mittels der EZB-Daten berechneten Zinssätze.

Daher ist zu empfehlen, für die Ermittlung des BZS lediglich die Daten der Deutschen Bundesbank zu verwenden. Nur diese erfüllen die theoretische Forderung nach Risikofreiheit. Auch für Bewertungen im europäischen Umfeld sollte daher nicht auf die Daten der EZB zurückgegriffen werden. Sollten künftig die anhand der Daten der EZB ermittelten Zinssätze keinen Zinsspread mehr gegenüber den mittels den Daten der Bundesbank berechneten Zinssätze aufweisen, ist zu prüfen, ob auch diese Daten zur Bestimmung des BZS herangezogen werden können.

Die vom IDW S 1 geforderte Glättung der Parameter über einen 3-Monats-Zeitraum dient dazu, kurzfristigen Marktschwankungen entgegenzuwirken und die Volatilität der entsprechenden Faktoren abzumildern.[265] Hierzu sollen die Parameter der abgeschlossenen drei Monate vor dem Bewertungsstichtag zur Durchschnittsbildung herangezogen werden.[266] Da die Parameter indes täglich zur Verfügung gestellt werden, ist es nicht ersichtlich, warum diese nicht zur Bildung des Durchschnitts verwendet werden sollten. Die mit der Glättung verbundene Zielsetzung würde auch auf diese Weise erreicht. Es ist daher aufgrund der dargestellten Argumente zu empfehlen, bei der Bildung des Durchschnitts die Parameter bis zum Bewertungsstichtag einzubeziehen. Diese Vorgehensweise spiegelt die Verhältnisse am Bewertungsstichtag präziser wider und ermöglicht daher eine genauere Abbildung der bewertungsrelevanten Verhältnisse.

In der Praxis der Unternehmensbewertung wird die Durchschnittsbildung überwiegend schon auf die beschriebene Weise durchgeführt.[267] Daher würde eine solche Vorgabe diese Vorgehensweise zusätzlich legitimieren und dadurch eine gegenüber den Bewertungsadressaten kommunizierbare Begrün-

264 Vgl. IDW S 1 i. d. F. 2008, Tz. 116.
265 Vgl. JONAS/WIELAND-BLÖSE/SCHIFFARTH (2005), S. 648.
266 Vgl. FAUB des IDW (2008), S. 491.
267 Vgl. Abschn. 451.5.

dung liefern. In diesem Zusammenhang könnte zudem eine klarstellende Empfehlung formuliert werden, in der vorgegeben wird, dass bei gesellschaftsrechtlichen Bewertungsanlässen die geforderte Rundung auf 0,25 %-Punkte nur dann vorgenommen werden sollte, wenn dies nicht zum Nachteil der abzufindenden Aktionäre geschieht.[268]

Die Anwendung der SVENSSON-Methode liefert eine ZSK für die nächsten 30 Jahre. Die so ermittelten Zinssätze können herangezogen werden, um die geplanten finanziellen Überschüsse mit den laufzeitspezifischen Spot Rates zu diskontieren. Alternativ können die Zinssätze in einen barwertäquivalenten BZS transformiert werden. Zahlreiche Analysen haben dabei gezeigt, dass, selbst wenn zur Ermittlung des barwertäquivalenten BZS die finanziellen Überschüsse des Bewertungsobjektes zugrunde gelegt werden, die korrespondierenden Unternehmenswerte zum Teil deutlich voneinander abweichen.[269]

In der Praxis der Unternehmensbewertung wird mehrheitlich ein barwertäquivalenter BZS zur Diskontierung herangezogen.[270] Der auf diese Weise entstehende und zugleich vermeidbare Bewertungsfehler wird meist als vernachlässigbar eingeschätzt.[271] Es ist daher zu empfehlen, zumindest in der Detailplanungsphase die mittels der SVENSSON-Methode ermittelten, laufzeitspezifischen Spot Rates zur Diskontierung der finanziellen Überschüsse zu verwenden. Aufgrund der typischen Struktur einer ZSK wird der Bewertungsfehler durch Anwendung dieser Vorgabe erheblich reduziert. Weiterhin wird die Forderung nach Laufzeitäquivalenz auf diese Weise in der Detailplanungsphase nicht verletzt.

Die MRP stellt die erwartete Überrendite dar, mit der bei einer Investition in mit Risiko behaftete Unternehmensanteile im Gegensatz zu einer Investition in (quasi-)sichere Staatsanleihen gerechnet werden kann. Zur Höhe der MRP existiert eine Vielzahl an Studien mit zum Teil sehr unterschiedlichen Ergebnissen. Die Vorgabe des IDW S 1 in Bezug auf die MRP richtet sich vor allem auf eine von STEHLE durchgeführte Studie des deutschen Kapitalmarktes.[272] Aus der Betrachtung dieser Studie in Verbindung mit den Ergebnissen weiterer Untersuchungen wurde eine Bandbreite zur Höhe der MRP abgeleitet. Diese Bandbreite umfasst seit Einführung der Abgeltungsteuer Werte von 4,5–5,5 % vor

268 Vgl. HACHMEISTER/RUTHARDT/LAMPENIUS (2011b), S. 528.

269 Vgl. dazu die Analyse in Abschn. 341.7 sowie LAMPENIUS/OBERMAIER/SCHÜLER (2008) und BASSEMIR/GEBHARDT/LEYH (2012).

270 Vgl. Abschn. 451.4.

271 Vgl. LAMPENIUS/OBERMAIER/SCHÜLER (2008), S. 253. Allerdings zeigen die Ergebnisse der aufgeführten Untersuchungen, dass es durchaus zu erheblichen Wertabweichungen zwischen den beiden Methoden kommen kann.

272 Vgl. STEHLE (2004).

Steuern.[273] Bei der Ermittlung objektivierter Unternehmenswerte war es in der Bewertungspraxis zu beobachten, dass regelmäßig der Mittelwert der Bandbreite als MRP gewählt wurde.

Im Zuge der Finanz- und Wirtschaftskrise wurde seitens des IDW zunächst keine Anpassung der MRP für notwendig erachtet.[274] Im Januar 2012 wurde dann zunächst eine Empfehlung ausgesprochen, zu prüfen, ob es sachgerecht sei, dass obere Ende der Bandbreite als MRP anzusetzen.[275] Im September desselben Jahres wurde die anzuwendende Bandbreite durch den FAUB des IDW angepasst, indem die Grenzen auf 5,5–7 % vor Steuern geändert wurden.[276]

In der empirischen Untersuchung der vorliegenden Arbeit konnte festgestellt werden, dass diese Vorgehensweise zu einer großen Verunsicherung in der Praxis der Unternehmensbewertung geführt hat.[277] Es wurde als unverständlich angesehen, dass zunächst keine Anpassung der Bandbreite als notwendig erachtet und im Laufe der Krise eine auslegungsbedürftige Empfehlung ausgesprochen wurde, ohne dabei eine Begründung zu liefern. Eine Prüfung, ob statt des Mittelwertes der Bandbreite beispielsweise eine der Grenzen gewählt werden sollte, habe auch ohne den Einfluss einer Krise an den Kapitalmärkten zu geschehen.

Aus diesen Gründen wird empfohlen, zur Ermittlung objektivierter Unternehmenswerte statt einer Bandbreite möglicher Werte, künftig lediglich einen exakten Wert als Vorgabe anzugeben. Sollten sich besondere Kapitalmarktsituationen wie Finanz- und Wirtschaftskrisen ergeben, könnte für einen begrenzten Zeitraum eine abweichende Empfehlung eines anderen Wertes für die MRP ausgesprochen werden. Diese Vorgehensweise hätte mehrere Vorteile gegenüber den bisherigen Vorgaben des IDW S 1. Die durch die Vorgabe einer Bandbreite auftretende Unsicherheit, in welchen Fällen es sachgerecht ist, von dem Mittelwert der Bandbreite abzuweichen, würde aufgehoben. Weiterhin gäbe es künftig keine gesellschaftsübergreifenden Diskussionen bezüglich der Wahl einer geeigneten MRP. Somit wäre bei der Ermittlung objektivierter Unternehmenswerte in diesem Parameter eine Vereinheitlichung der Bewertungspraxis erzielt.

Der Beta-Faktor repräsentiert das individuelle Risiko des zu bewertenden Unternehmens und stellt den einzigen unternehmensindividuellen Faktor bei der Bestimmung des Kapitalisierungszinssatzes mittels

273 Vgl. FAUB des IDW (2009), S. 697.
274 Vgl. FAUB des IDW (2009), S. 697.
275 Vgl. IDW (2012a).
276 Vgl. FAUB des IDW (2012), S. 569.
277 Vgl. Abschn. 452.

des CAPM dar.[278] Zusammen mit der MRP spiegelt der Beta-Faktor die den risikolosen Zinssatz übersteigende Risikoprämie bei einer Investition in das Bewertungsobjekt wider. Als Maß für das unternehmensindividuelle Risiko wird die Volatilität des Kurses der Aktie des zu bewertenden Unternehmens (bzw. der Durchschnittskurs einer entsprechenden Peer Group bei nicht börsennotierten Unternehmen) zu dem Gesamtmarkt betrachtet.[279]

Wird der Beta-Faktor anhand einer Peer Group-Analyse ermittelt, hängt dessen Höhe vor allem von der Auswahl der in die Peer Group aufzunehmenden Unternehmen ab.[280] In diesem Zusammenhang werden durch den IDW S 1 keine Vorgaben zur sachgerechten Bildung einer Peer Group gemacht.[281]

Um diese enormen Ermessensspielräume bei der Auswahl geeigneter Peer Group-Unternehmen einzugrenzen, wird empfohlen, nachprüfbare Kriterien zu formulieren, anhand derer die Auswahl zu geschehen hat. Da in den theoretischen Ausführungen zur Auswahl der Peer Group gezeigt wurde, dass sich quantitative Faktoren wie der Umsatz oder die Marktkapitalisierung nur eingeschränkt als Auswahlkriterien eignen,[282] sollten vor allem qualitative Aspekte, wie das Geschäftsmodell, wesentliche Risikotreiber oder der relevante Absatzmarkt, zur Bestimmung der Peer Group herangezogen werden.[283]

Die bisher dargestellten Empfehlungen beziehen sich auf die Ebene des Bewertungskalküls. Neben der Vereinheitlichung der Bewertung stellt die nachvollziehbare und transparente Dokumentation der Wertermittlung im Bewertungsgutachten einen zentralen Aspekt bei der Ermittlung objektivierter Unternehmenswerte dar.[284] Da die durch den IDW S 1 diesbezüglich geforderten Angabevorschriften sehr allgemein gehalten sind, wird empfohlen, weitere konkretisierende Vorgaben zur Berichterstattung zu formulieren.

Die bisherigen Vorgaben des IDW S 1 zur Ermittlung des BZS und der MRP stellen zusammen mit den dargestellten konkretisierenden Empfehlungen eine einheitliche Vorgehensweise in der Praxis der Unternehmensbewertung sicher. Da die Bestimmung des Beta-Faktors indes aufgrund der damit einherge-

278 Vgl. WAGNER et al. (2006), S. 1019.

279 Vgl. IDW S 1 i. d. F. 2008, Tz. 121.

280 Vgl. Abschn. 343.262.

281 Vgl. WP Handbuch 2014, Abschn. A Tz. 362-375.

282 Vgl. Abschn. 343.262.

283 Vgl. dazu TINZ (2010), S. 209, der indes vorschlägt, einen Katalog quantitativer Kriterien zur Eingrenzung der Ermessensspielräume zu entwickeln.

284 Vgl. dazu auch die Liste von Mindestinhalten von Bewertungsgutachten in CREUTZMANN (2005), S. 2 f.

henden Einschätzungen durch den Bewertenden kaum zu standardisieren ist, sollten konkretisierende Vorgaben zur Berichterstattung diesen Faktor in den Mittelpunkt stellen.

Um die Ermittlung des Beta-Faktors für den Bewertungsadressaten nachvollziehbar und transparent zu gestalten, wird empfohlen, verpflichtend alle die Höhe des Beta-Faktors beeinflussenden Entscheidungen im Bewertungsgutachten darzustellen und zu erläutern. Dies umfasst im Wesentlichen eine detaillierte Darstellung der bei der Regressionsanalyse festzulegenden Parameter des Referenzindex, des Beobachtungszeitraumes und des Renditeintervalls sowie eine genaue Beschreibung der angewendeten Kriterien zur Ermittlung einer Peer Group. Weiterhin wird empfohlen, jedes der Peer Group-Unternehmen kurz darzustellen und mögliche Abweichungen in Bezug auf die angewendeten Kriterien zu erläutern, die Anpassung des Beta-Faktors an die künftig geplante Kapitalstruktur des Bewertungsobjektes darzulegen sowie gegebenenfalls die Ermittlung eines Debt Beta-Faktors zu beschreiben.[285]

Durch die Umsetzung dieser Empfehlungen in der Praxis der Unternehmensbewertung wird eine einheitliche Vorgehensweise bei der Ermittlung objektivierter Unternehmenswerte sichergestellt. Auf diese Weise werden die vorhandenen Ermessensspielräume auf der Bewertungsebene reduziert und eine für den Bewertungsadressaten nachvollziehbare und transparente Darstellung der bewertungsrelevanten Sachverhalte im Bewertungsgutachten ermöglicht. Ein weiterer Vorteil ist, dass auf diese Weise eine bessere Vergleichbarkeit von nach gleichen Kriterien angefertigten Bewertungsgutachten gegeben ist.

463. Limitationen der Untersuchung und weiterer Forschungsbedarf

Die vorliegende empirische Untersuchung ermöglichte einen grundlegenden Einblick in die Praxis der Unternehmensbewertung. Es konnte dargestellt werden, wie die praktische Ermittlung des Kapitalisierungszinssatzes und die damit verbundene Ausfüllung der auftretenden Ermessensspielräume vorgenommen werden. Die Befragung von Experten im Bereich der Unternehmensbewertung hat sich dabei als geeignete Methodik erwiesen, um eine detaillierte Analyse der im theoretischen Teil der Arbeit diskutierten Ermessensspielräume zu ermöglichen. Indes sind mit der angewendeten Methodik auch Limitationen verbunden, die im Folgenden gezeigt werden. Da die vorliegende Untersuchung notwendigerweise einen sehr speziellen Aspekt der Unternehmensbewertung analysiert hat, wird in diesem Abschnitt zudem auf weiteren Forschungsbedarf in diesem Zusammenhang eingegangen.

285 Vgl. CREUTZMANN (2005), S. 3.

Für die Erhebung der erforderlichen Daten wurde von jeder der teilnehmenden Gesellschaften ein Experte zur Ermittlung des Kapitalisierungszinssatzes befragt. Da jedes Interview eine soziale Interaktion darstellt, ist es nicht ausgeschlossen, dass sich bei einer Befragung anderer Experten derselben Unternehmen auch andere Ergebnisse ergeben hätten. Dies kann in anderen Ansichten und Erfahrungen oder lediglich in dem Kentnisstand der befragten Personen begründet sein. Weiterhin ist eine Verzerrung der Datengrundlage möglich, indem für die Untersuchung wichtige Aspekte durch den Interviewpartner vergessen oder (bewusst) nicht korrekt wiedergegeben werden.[286] Darüber hinaus stellt das Interview eine Momentaufnahme dar. Sollten sich beispielsweise in der Theorie neue, theoretisch fundierte Modelle zur Ermittlung der notwendigen Parameter ergeben, ist es wahrscheinlich, dass diese auch in der Praxis eingesetzt werden und die Vorgaben des IDW entsprechend angepasst werden.[287]

Der Gegenstand der empirischen Untersuchung war die praktische Ermittlung des Kapitalisierungszinssatzes für objektivierte Zwecke. Die durchgeführte Befragung von Experten im Bereich der Unternehmensbewertung zur Analyse der Ausfüllung der vorhandenen Ermessensspielräume könnte beispielsweise auf folgende Aspekte ausgeweitet werden:

- Einbezug der Ermittlung der finanziellen Überschüsse,
- Einbezug kleiner WP-Gesellschaften,
- Ermittlung subjektiver Entscheidungswerte.

Neben dem Kapitalsierungszinssatz sind die finanziellen Überschüsse des Bewertungsobjektes die zentrale Größe der Bewertung. Daher könnte in einer folgenden Studie erhoben werden, wie die Vorgaben des IDW S 1 bezüglich dieses Faktors in der Praxis umgesetzt werden.

Die vorliegende Untersuchung hat zur Erhebung der Daten Vertreter der größten in Deutschland tätigen WP-Gesellschaften befragt. Eine mögliche Ausweitung wäre es daher, auch kleine WP-Gesellschaften, die sich mit Unternehmensbewertungen auseinandersetzen, zu befragen. Es ist zu erwarten, dass diese z. B. aufgrund beschränkter Informationsgrundlagen abweichende Vorgehensweisen zur Ermittlung der einzelnen Parameter des Kapitalisierungszinssatzes wählen.

286 Für eine ausführliche Liste möglicher Antwortverzerrungen durch den Interviewpartner, vgl. SCHNELL/HILL/ESSER (2011), S. 346 f.

287 So wurde im Zuge der Finanz- und Wirtschaftskrise im September 2012 die Bandbreite der MRP durch das IDW angepasst, vgl. FAUB des IDW (2012), Es ist daher davon auszugehen, dass die Praxis künftig die geänderten Bandbreiten zur Höhe der MRP heranzieht.

Darüber hinaus bietet es sich an, die praktische Ermittlung des Kapitalisierungszinssatzes bei der Bestimmung subjektiver Entscheidungswerte zu analysieren. Die Vorgaben des IDW S 1 sind diesbezüglich relativ begrenzt, weshalb es interessant wäre, die wesentlichen Aspekte und Einflussfaktoren zu identifizieren.

5 Zusammenfassung

Bei der Bewertung von Unternehmen mittels Zukunftserfolgswertverfahren nimmt der Kapitalisierungszinssatz eine herausragende Stellung ein. Sowohl bei den DCF-Verfahren als auch bei dem Ertragswertverfahren stellt der Kapitalisierungszinssatz neben den finanziellen Überschüssen und deren prognostizierter Wachstumsrate die wesentliche Komponente des Bewertungskalküls dar. Der Unternehmenswert wird durch die Diskontierung der künftigen finanziellen Überschüsse des Bewertungsobjektes mit dem entsprechenden Kapitalisierungszinssatz bestimmt. Konzeptionell spiegelt der Kapitalisierungszinssatz die Rendite einer zu der Investition in das zu bewertende Unternehmen alternativen Anlagemöglichkeit gleichen Risikos wider. Zentrale Funktion des Kapitalisierungszinssatzes ist es somit, das Risiko der Investition in Unternehmensanteile adäquat abzubilden.

Neben dieser konzeptionellen Dimension wird die Notwendigkeit einer sorgfältigen Ermittlung des Kapitalisierungszinssatzes vor allem aufgrund dessen Auswirkung auf den zu ermittelnden Unternehmenswert deutlich. Dieser weist in Bezug auf Änderungen des Kapitalisierungszinssatzes eine große Sensitivität auf, weshalb selbst kleine Änderungen dieses Bewertungsparameters meist eine große Änderung des ermittelten Unternehmenswertes zur Folge haben.

Die Ermittlung objektivierter Unternehmenswerte nach IDW S 1 stellt in der Praxis der Unternehmensbewertung einen zentralen Aspekt dar. Zugehörige Bewertungsanlässe sind meist mit einem hohen Objektivierungserfordernis verbunden. Als Beispiele können Bewertungen aufgrund gesetzlicher Vorschriften oder Bewertungen für Zwecke der externen Rechnungslegung genannt werden. Eine herausragende Stellung nehmen dabei sämtliche Bewertungen im Kontext gesellschaftsrechtlicher Strukturmaßnahmen ein. Objektivierte Unternehmenswerte nach IDW S 1 zeichnen sich dadurch aus, dass sie einen intersubjektiv nachprüfbaren Wert darstellen, der sich auf Basis des bestehenden Unternehmenskonzeptes ergibt. Somit sind an zahlreichen Stellen des Bewertungskalküls Typisierungen notwendig, die einen möglichst objektiven Charakter der Bewertung sicherstellen sollen. Investorenspezifische Annahmen über künftige Szenarien oder Renditeerwartungen werden somit bei der Ermittlung objektivierter Unternehmenswerte nicht berücksichtigt.

In der Praxis der Unternehmensbewertung hat sich bei der Ermittlung objektivierter Unternehmenswerte das CAPM zur Bestimmung des Kapitalisierungszinssatzes etabliert. Dieses unterstellt einen lineraren Zusammenhang der Eigenkapitalkosten eines Unternehmens und dem durch den Beta-Faktor ausgedrückten Risiko des Unternehmens. Daneben werden noch der den risikolosen Zinssatz repräsentierende BZS und die MRP in den funktionalen Zusammenhang zwischen Eigenkapitalrendite und Beta-Faktor einbezogen. Sämtliche Parameter des CAPM können aus Kapitalmarktdaten bestimmt werden, weshalb diese meist als intersubjektiv nachprüfbar angesehen werden. Aus diesem Grund wird die Verwendung des CAPM zur Bestimmung des Kapitalisierungszinssatzes bei der Ermittlung objektivierter Unternehmenswerte explizit im IDW S 1 empfohlen.

Der IDW S 1 liefert im Vergleich zu anderen internationalen Standards der Unternehmensbewertung die detailliertesten Vorgaben zur Ermittlung des Kapitalisierungszinssatzes. Diese wurden in Abschn. 33 ausführlich dargestellt. Aus der Analyse der Vorgaben des IDW S 1 wurden anschließend die für den Bewertenden verbleibenden Ermessensspielräume identifiziert. Es zeigte sich, dass trotz der detaillierten Vorgaben des Standards dennoch zahlreiche Ermessensspielräume bei der Bestimmung der notwendigen Parameter verbleiben. Diese Ermessensspielräume stehen der Konzeption des objektivierten Unternehmenswertes entgegen. Zielsetzung der vorliegenden Arbeit war es daher, die für den Bewertenden verbleibenden Ermessensspielräume bei der Bestimmung des Kapitalisierungszinssatzes theoretisch und empirisch zu untersuchen. Die Ergebnisse der Untersuchung werden im Folgenden zusammengefasst.

Bevor auf die einzelnen Ermessensspielräume der Parameter des Kapitalisierungszinssatzes eingegangen wird, werden die wesentlichen Vorgaben des IDW S 1 zu deren Bestimmung bei der Ermittlung objektivierter Unternehmenswerte zusammenfassend dargestellt:

- Der IDW S 1 empfiehlt, den BZS mittels der Schätzung einer ZSK anhand der SVENSSON-Methode zu ermitteln. In die entsprechende Gleichung zur Ermittlung der ZSK sollten bevorzugt die von der Deutschen Bundesbank täglich veröffentlichten Parameter eingesetzt werden. Diese sollen über einen 3-Monats-Zeitraum geglättet und anschließend auf 0,25 %-Punkte gerundet werden.
- Zur Bestimmung der MRP wird vom IDW eine Bandbreite zur Verfügung gestellt, welche seit Einführung des Abgeltungsteuersystems Werte von 4,5–5,5 % vorsah. Diese Bandbreite leitet sich vor allem aus einer von STEHLE im Jahr 2004 durchgeführten Studie zum deutschen Kapitalmarkt ab, bezieht aber auch weitere Untersuchungen zur Höhe der MRP ein. Aufgrund der aktuellen Entwick-

lungen auf den Kapitalmärkten wurde diese Bandbreite nach intensiver Diskussion in den Fachgremien des IDW angepasst und sieht nun Werte von 5,5–7 % vor.

- Der Beta-Faktor ist nach IDW S 1 grundsätzlich zukunftsbezogen zu ermitteln. Werden historische Kapitalmarktdaten zu dessen Bestimmung verwendet, hat eine Einschätzung auf die Übertragbarkeit auf die künftige Risikosituation des Unternehmens zu erfolgen. Wird der Beta-Faktor anhand einer Peer Group-Analyse ermittelt, ist dieser an die künftig vom Bewertungsobjekt geplante Kapitalstruktur anzupassen.

Aus diesen Vorgaben zur Ermittlung der Parameter wurden in einem weiteren Schritt die dadurch für den Bewertenden resultierenden Ermessensspielräume identifiziert und systematisch analysiert. Diese Analyse umfasste zum einen die in der Theorie der Unternehmensbewertung entwickelten Methoden und Verfahren, um die identifizierten Ermessensspielräume auszufüllen und zum anderen deren Einfluss auf den zu ermittelnden Unternehmenswert. Die wesentlichen Ergebnisse dieser theoretischen Untersuchung der Ermessensspielräume werden im Folgenden zusammengefasst:

- Bei der Wahl der in die SVENSSON-Gleichung einzusetzenden Parameter hat der Bewertende grundsätzlich die Wahl, ob er die von der Deutschen Bundesbank täglich veröffentlichten Parameter oder diejenigen der EZB heranzieht. Von der grundlegenden Methodik unterscheiden sich die Berechnungen der Parameter nicht, allerdings ist vor allem seit Ausbruch der Finanz- und Wirtschaftskrise ein nicht unwesentlicher Zinsspread der EZB-Daten gegenüber denjenigen der Bundesbank zu beobachten. Es ist somit davon auszugehen, dass der anhand der Daten der EZB ermittelte BZS einen gewissen Risikoaspekt enthält, weshalb die EZB-Daten nicht geeignet erscheinen, den theoretischen Anforderungen an einen risikolosen Zinssatz zu genügen.

- Da anhand der ZSK nach der SVENSSON-Methode nur Zinssätze für einen 30-jährigen Zeitraum geschätzt werden, muss eine Annahme über den weiteren Zinsverlauf getroffen werden. Zur Ermittlung der Anschlussverzinsung kann die SVENSSON-Methode extrapoliert werden, es kann die letzte am Markt ableitbare implizite Forward Rate verwendet werden oder die modellierte Spot Rate der 30-jährigen Anleihe konstant fortgeschrieben werden.

  Sowohl die Extrapolation der SVENSSON-Methode als auch die Verwendung impliziter Forward Rates weisen dabei vor allem für die Ermittlung objektivierter Unternehmenswerte einige Nachteile auf. Beispielsweise konvergiert die extrapolierte ZSK gegen den Faktor β_0, der allerdings aufgrund dessen hoher Volatilität nur begrenzte Aussagekraft als langfristiger Zinssatz besitzt. Daher stellt die

Verwendung des geschätzten Zinssatzes der 30-jährigen Anleihe vor allem unter pragmatischen und objektivierten Gesichtspunkten den besten Schätzwert der Anschlussverzinsung dar.

- Ein weiterer Ermessensspielraum für den Bewertenden ergibt sich aus der zu wählenden Form der Diskontierung der finanziellen Überschüsse. Diese können mittels der durch die ZSK ermittelten laufzeitäquivalenten Spot Rates auf den Bewertungsstichtag diskontiert werden. Es besteht zudem die Möglichkeit, die Spot Rates in einen barwertäquivalenten BZS zu überführen und diesen zur Kapitalisierung heranzuziehen.

  Um die Lauzeitäquivalenz zwischen den finanziellen Überschüssen und den entsprechenden Zinssätzen zu gewährleisten, müssen Spot Rates verwendet werden. Ein wesentliches Argument für die Verendung eines barwertäquivalenten BZS stellt die damit einhergehende Komplexitätsreduktion des Bewertungskalküls dar. Dennoch wird bei Anwendung dieser Methodik ein vermeidbarer Bewertungsfehler in Kauf genommen.

- Ein weiterer Ermessensspielraum ergibt sich aus der Auslegung der Vorgabe zur Glättung der in die SVENSSON-Gleichung einfließenden Parameter über einen 3-Monats-Zeitraum. Aufgrund der Tatsache, dass die entsprechenden Parameter tagesgenau zur Verfügung stehen, können statt der abgeschlossenen drei Monate vor dem Bewertungsstichtag auch die Daten bis zum Bewertungsstichtag zur Durchschnittsbildung herangezogen werden. Auf diese Weise werden aktuellere Entwicklungen einbezogen und der Unternehmenswert spiegelt somit die tatsächlichen Verhältnisse am Bewertungsstichtag besser wider.

- Die MRP kann grundsätzlich anhand eigener Studien ermittelt oder anhand der vom IDW S 1 vorgegebenen Bandbreite festgelegt werden. Wird eine eigene Studie zur Höhe der MRP durchgeführt, ergeben sich für den Bewertenden Ermessensspielräume in Hinblick auf die Wahl des Betrachtungszeitraumes, des Marktportfolios sowie der Art der Durchschnittsbildung. Je nach Ausgestaltung dieser Parameter ergeben sich deutlich voneinander abweichende MRP.

  Wird stattdessen auf die vom IDW vorgegebene Bandbreite zurückgegriffen, besteht der Ermessensspielraum für den Bewetenden darin, welchen Wert innerhalb der Bandbreite er wählt. Es konnte gezeigt werden, dass sich zwischen der Wahl von oberer und unterer Grenze der Bandbreite um ca. 15 % voneinander abweichende Unternehmenswerte ergeben.

- Bei der Bestimmung des Beta-Faktors treten erhebliche Ermessensspielräume für den Bewertenden auf. Da der Beta-Faktor nahezu ausnahmslos anhand einer Regression historischer Kapitalmarktdaten ermittelt wird, müssen ein Referenzindex, ein Beobachtungszeitraum und ein Renditeintervall festgelegt werden. Schon bei separater Betrachtung dieser Parameter konnte ein deutlicher Effekt auf den ermittelten Unternehmeswert gezeigt werden. Eine Kombination verschiedener Parameterkonstellationen ermöglicht die Ermittlung von Beta-Faktoren, die nahezu komplett verschiedene Risikoeinschätzungen des zu bewertenden Unternehmens widerspiegeln.

- Kann der Beta-Faktor nicht anhand der Kapitalmarktdaten des Bewertungsobjektes bestimmt werden, wird meist eine Peer Group vergleichbarer börsennotierter Unternehmen herangezogen. An dieser Stelle liegt es im Ermessen des Bewertenden, nach welchen Kriterien die Unternehmen für die Peer Group ausgewählt werden. Hierbei zeigte sich, dass in der Literatur zahlreiche Kriterien aufgeführt werden, aber bislang kein systematisches Konzept zur Ableitung einer Peer Group besteht. In diesem Zusammenhang bleibt auch offen, wie viele Unternehmen eine Peer Group enthalten sollte.
- Weicht die durchschnittliche historische Kapitalstruktur der Peer Group-Unternehmen von der künftig geplanten Kapitalstruktur des Bewertungsobjektes ab, ist der ermittelte Beta-Faktor entsprechend anzupassen. Hierbei bestehen für den Bewertenden Ermessensspielräume bei den zugrunde gelegten Annahme der Anpassungsformeln. Zum einen muss entschieden werden, ob eine autonome oder eine wertorientierte Finanzierungspolitik zugrunde gelegt wird. Zum anderen kann angenommen werden, dass das Fremdkapital einem Ausfallrisiko unterliegt und somit risikobehaftet ist. Vor allem bei Einbezug eines Debt Beta-Faktors konnte anhand der Beispielrechnungen gezeigt werden, dass sich stark voneinander abweichende Unternehmenswerte ergeben.

Anschließend wurden die identifizierten Ermessensspielräume anhand von Experteninterviews empirisch untersucht. Zentrale Fragestellung der Untersuchung war, wie die Ermessensspielräume bei der Ermittlung des Kapitalisierungszinssatzes in der Praxis der Unternehmensbewertung ausgefüllt werden, durch welche Faktoren die Entscheidung für oder gegen eine Methode zu deren Ausfüllung beeinflusst wird und welche Vorgehensweise bei abweichenden Fällen angewendet wird. Dazu wurden insgesamt elf Interviews mit Experten im Bereich der Unternehmensbewertung nahezu aller in Deutschland überregional tätigen WP-Gesellschaften geführt und mittels der qualitativen Inhaltsanalyse ausgewertet.

- Die Ergebnisse dieser Untersuchung zeigen, dass sich bei der praktischen Ermittlung des Kapitalisierungszinssatzes für objektivierte Zwecke, bedingt durch die Vorgaben des IDW S 1, in vielen Punkten eine einheitliche Vorgehensweise etabliert hat. Dies trifft beispielsweise auf die Verwendung der SVENSSON-Methode zur Ermittlung des BZS, die Methodik zur Bestimmung der Anschlussverzinsung oder die Verwendung eines barwertäquivalenten BZS zur Kapitalisierung der finanziellen Überschüsse zu. Zur Ermittlung der MRP wird ebenfalls nahezu ausschließlich auf den Mittelwert der vom IDW S 1 empfohlenen Bandbreite zurückgegriffen.

- Dennoch zeigen die Ergebnisse der empirischen Studie auch, dass die vorhandenen Ermessensspielräume vor allem bezüglich detaillierter Fragestellungen zur Ermittlung des Kapitalisierungszinssatzes uneinheitlich ausgefüllt werden. So wird z. B. der Zeitraum für die vom IDW S 1 vorgesehene Glättung der Daten der ZSK von den befragten WP-Gesellschaften unterschiedlich ausgelegt oder es wird eine abweichende Ermittlung der Anschlussverzinsung vorgenommen.
- Die größten Unterschiede in der Ausfüllung der Ermessensspielräume zwischen den einzelnen WP-Gesellschaften konnten bei der Bestimmung des Beta-Faktors identifiziert werden. Aufgrund fehlender Vorgaben des IDW S 1 zu dessen Ermittlung hat sich hierbei kein einheitliches Vorgehen in der Praxis etablieren können. Während bei der Festlegung des Referenzindex noch mehrheitlich der jeweils breiteste lokale Index des Bewertungsobjektes bzw. des jeweiligen Peer Group-Unternehmens gewählt wird, ist bei der Bestimmung des Beobachtungszeitraumes und des Renditeintervalls keine einheitliche Vorgehensweise der befragten Unternehmen festzustellen. Bei der Auswahl der Vergleichsunternehmen bei einer Peer Group-Analyse werden als zentrale Kriterien die Branche, das Geschäftsmodell und weitere Risikotreiber genannt, indes ist in keinem befragten Unternehmen eine strukturierte oder institutionalisierte Ermittlung vergleichbarer Unternehmen vorhanden. Aufgrund der Schwierigkeiten, einen objektiv nachvollziehbaren Debt Beta-Faktor aus Kapitalmarktdaten zu ermitteln, wird dieser meist vereinfachend nicht in die entsprechenden Formeln zur Anpassung des Beta-Faktors einbezogen. Hiervon wird i. d. R. nur dann abgewichen, wenn das Bewertungsobjekt eine branchenunübliche Verschuldung aufweist.
- In vielen der geführten Interviews wurden als weitere Einflussfaktoren zur Ausfüllung der Ermessensspielräume der Adressatenbezug und die am Markt für Unternehmensbewertungen übliche Vorgehensweise hervorgehoben. Dadurch solle eine weitgehende Vereinheitlichung und Standardisierung der Sachverhalte erreicht werden, die zusätzliche Sicherheit und Vertrauen in das Bewertungsgutachten sicherstellen sollen.

Aus den Ergebnissen der theoretischen und empirischen Untersuchung der Ermessensspielräume bei der Ermittlung des Kapitalisierungszinssatzes für objektivierte Zwecke wurden anschließend Empfehlungen entwickelt, die über Vorgaben des IDW S 1 hinausgehen. Diese verfolgen das Ziel, den Grad der Objektivierung der Bewertung weiter zu erhöhen. Die wesentlichen Empfehlungen bezüglich der analysierten Ermessensspielräume werden im Folgenden dargestellt:

- Zum einen wurden Empfehlungen entwickelt, welche die aktuellen Vorgaben des IDW S 1 präzisieren, um eine einheitliche Vorgehensweise bei der Ermittlung des Kapitalisierungszinssatzes sicherzustellen und darüber hinaus Unsicherheiten bei der praktischen Umsetzung der Vorgaben ausschließen. Beispiele hierfür sind die ausschließliche Verwendung von Daten der Deutschen Bundesbank zur Ermittlung des BZS, der Einbezug der Daten bis zum Bewertungsstichtag bei der Glättung der in die SVENSSON-Gleichung einfließenden Parameter und die Verwendung der mittels der SVENSSON-Methode ermittelten, laufzeitspezifischen Spot Rates zur Diskontierung der finanziellen Überschüsse in der Detailplanungsphase. Zur Bestimmung der MRP sollte, statt einer Bandbreite möglicher Werte, künftig lediglich ein exakter Wert als Vorgabe für die Höhe der MRP angeben werden.
- Zum anderen wurden Empfehlungen entwickelt, welche die aktuellen Vorgaben des IDW S 1 ergänzen, um die Ermessensspielräume bei der Ermittlung des Kapitalisierungszinssatzes noch weiter einzugrenzen. Diese beziehen sich weitgehend auf die Bestimmung des Beta-Faktors, da im IDW S 1 kaum Vorgaben zu dessen Ermittlung vorhanden sind. So wird beispielsweise empfohlen, nachprüfbare Kriterien zu formulieren, anhand derer die Auswahl geeigneter Peer Group-Unternehmen zu geschehen hat. Weiterhin sollten künftig verpflichtend alle die Höhe des Beta-Faktors beeinflussenden Entscheidungen im Bewertungsgutachten angeben und erläutert werden, um die Ermittlung des Beta-Faktors für den Bewertungsadressaten nachvollziehbar und transparent zu gestalten. Dies umfasst im Wesentlichen eine detaillierte Darstellung der bei der Regressionsanalyse festzulegenden Parameter des Referenzindex, des Beobachtungszeitraumes und des Renditeintervalls sowie eine genaue Beschreibung der angewendeten Kriterien zur Ermittlung einer Peer Group.

Zusammenfassend ist festzustellen, dass sich trotz detaillierter Vorgaben des IDW S 1 zur Ermittlung des Kapitalisierungszinssatzes für objektivierte Zwecke zahlreiche Ermessensspielräume für den Bewertenden ergeben. Diese wurden zunächst theoretisch analysiert und anschließend auf deren Ausfüllung in der Praxis der Unternehmensbewertung anhand von Experteninterviews untersucht. Hierbei zeigte sich, dass durch die Vorgaben des IDW S 1 hinsichtlich der beiden Parameter BZS und MRP eine weitgehende Standardisierung der Bewertungspraxis festzustellen ist. Lediglich bei der Bestimmung des Beta-Faktors weichen die Vorgehensweisen der befragten WP-Gesellschaften deutlich voneinander ab.

Um die in der Praxis der Unternehmensbewertung angewendeten Verfahren und Methoden zur Ermittlung der Parameter des Kapitalisierungszinssatzes im Sinne einer weiteren Objektivierung stärker zu vereinheitlichen, wurden aus den Ergebnissen der theoretischen und empirischen Analysen der Ermessensspielräume des IDW S 1 Empfehlungen formuliert. Diese konkretisieren sowohl auf der Bewertungs- als auch auf der Abbildungsebene die bestehenden Regelungen des IDW S 1. Somit können diese, ohne das gutachterliche Ermessen bei der Bestimmung eines angemessenen Kapitalisierungszinssatzes einzuschränken, dazu beitragen, die Akzeptanz des objektivierten Unternehmenswertes nach IDW S 1 und des korrespondierenden Bewertungsgutachtens sowohl in der Theorie als auch in der Praxis noch weiter zu erhöhen.

Anhang A

Interviewleitfaden

Interviewleitfaden	
Einleitende Frage	
1	Welches Modell wird zur Bestimmung des Kapitalisierungszinssatzes bei der Ermittlung objektivierter Unternehmenswerte nach IDW S 1 i. d. R. verwendet?
Fragen zum BZS	
2	Welche grundlegende Methodik wird zur Ermittlung des BZS verwendet?
3	Werden bei der Ermittlung des BZS historische Zinssätze oder Stichtagszinssätze verwendet?
4	Welche Methodik wird bei der Bestimmung der ZSK verwendet?
5	Welches Verfahren wird zur Ermittlung der Anschlussverzinsung verwendet?
6	Werden laufzeitspezifische Spot Rates oder ein barwertäquivalenter BZS zur Diskontierung der finanziellen Überschüsse herangezogen?
7	Wie werden die geforderte Durchschnittsbildung der Parameter der SVENSSON-Gleichung und die anschließende Rundung des BZS vorgenommen?
Fragen zur MRP	
8	Welche grundlegende Methodik wird zur Ermittlung der MRP verwendet?
9	Welcher Betrachtungszeitraum sollte zur Ableitung der MRP herangezogen werden?
10	Welches Marktportfolio sollte zur Ableitung der MRP herangezogen werden?
11	Welche Art der Durchschnittsbildung sollte zur Ableitung der MRP herangezogen werden?
Fragen zum Beta-Faktor	
12	Welche grundlegende Methodik wird zur Ermittlung des Beta-Faktors verwendet?
13	Welcher Referenzindex sollte zur Bestimmung des Beta-Faktors zugrunde gelegt werden?
14	Welcher Betrachtungszeitraum sollte zur Bestimmung des Beta-Faktors zugrunde gelegt werden?

Interviewleitfaden	
Fragen zum Beta-Faktor – Fortsetzung	
15	Welche Renditeintervalle sollten zur Bestimmung des Beta-Faktors herangezogen werden?
16	Welche (statistischen) Gütekriterien werden eingesetzt, um die Aussagefähigkeit des ermittelten Beta-Faktors einzuschätzen?
17	In welchen Fällen wird der Beta-Faktor anhand einer Peer Group-Analyse bestimmt?
18	Welche Kriterien muss ein Unternehmen erfüllen, um in die Peer Group aufgenommen zu werden?
19	Werden bei der Festlegung der Parameter Besonderheiten berücksichtigt, wenn der Beta-Faktor anhand einer Peer Group-Analyse bestimmt wird?
20	Wie wird die Anpassung des Beta-Faktors an die Kapitalstruktur des Bewertungsobjektes vorgenommen?
Abschlussfrage	
21	Möchten Sie noch weitere Punkte zur Bestimmung des Kapitalisierungszinssatzes bei der Ermittlung objektivierter Unternehmenswerte nach IDW S 1 ergänzen, die bislang nicht genannt wurden?

Tabelle A.1: Interviewleitfaden

Literaturverzeichnis

ADERS, CHRISTIAN/SCHRÖDER, JAKOB (2004), Konsistente Ermittlung des Fortführungswertes bei nominellem Wachstum, in: RICHTER, FRANK/TIMMRECK, CHRISTIAN (Hrsg.): Unternehmensbewertung – Moderne Instrumente und Lösungsansätze, Stuttgart 2004, S. 99–116.

ADERS, CHRISTIAN/WAGNER, MARC (2004), Kapitalkosten in der Bewertungspraxis: Zu hoch für die „New Economy" und zu niedrig für die „Old Economy": Eine kritische Analyse impliziter Annahmen zu Debt Beta, Wachstum und der Sicherheit von Tax Shields, in: FB 2004 Heft 1, S. 30–42.

AEPPLI, JÜRG/GASSER, LUCIANO/GUTZWILLER, EVELINE/TETTENBORN, ANNETTE (2011), Empirisches wissenschaftliches Arbeiten, 2. Aufl., Bad Heilbrunn 2011.

ALBRECHT, THOMAS (2004), Überlegungen zu Endwertermittlung und Wachstumsabschlag, in: FB 2004 Heft 11, S. 732–740.

ALFORD, ANDREW W. (1992), The Effect of the Set of Comparable Firms on the Accuracy of the Price-Earnings Valuation Method, in: Journal of Accounting Research 1992 Heft 30, S. 94–108.

ARBEITSKREIS „FINANZIERUNG" DER SCHMALENBACH-GESELLSCHAFT (1996), Wertorientierte Unternehmenssteuerung mit differenzierten Kapitalkosten, in: zfbf 1996 Heft 6, S. 543–578.

ARBEITSKREIS UNTERNEHMENSBEWERTUNG (AKU) DES IDW (1987), Erhebung wesentlicher Grundlagen und qualifizierter Daten für eine Unternehmensbewertung (Interner Erhebungsbogen), Düsseldorf 1987.

ARBEITSKREIS UNTERNEHMENSBEWERTUNG (AKU) DES IDW (1997), 57. bis 61. Sitzung des Arbeitskreises Unternehmensbewertung, in: FN-IDW 1997 Heft 1-2, S. 33–34.

ARBEITSKREIS UNTERNEHMENSBEWERTUNG (AKU) DES IDW (2003), 75. Sitzung des AKU: Basiszinssatz als Bestandteil des Kapitalisierungszinssatzes im Rahmen der Unternehmensbewertung, in: FN-IDW 2003 Heft 1-2, S. 26.

ARBEITSKREIS UNTERNEHMENSBEWERTUNG (AKU) DES IDW (2005a), 84. Sitzung des AKU: Eckdaten zur Bestimmung des Kapitalisierungszinssatzes im Rahmen der Unternehmensbewertung, in: FN-IDW 2005 Heft 1-2, S. 70–71.

ARBEITSKREIS UNTERNEHMENSBEWERTUNG (AKU) DES IDW (2005b), Eckdaten zur Bestimmung des Kapitalsisierungszinssatzes bei der Unternehmensbewertung – Basiszinssatz, in: FN-IDW 2005 Heft 8, S. 555–556.

ATTESLANDER, PETER (2010), Methoden der empirischen Sozialforschung, 13. Aufl., Berlin 2010.

BACKHAUS, KLAUS/ERICHSON, BERND/PLINKE, WULFF/WEIBER, ROLF (2011), Multivariate Analysemethoden. Eine anwendungsorientierte Einführung, 13. Aufl., Heidelberg 2011.

BAETGE, JÖRG/KIRSCH, HANS-JÜRGEN/KOELEN, PETER/SCHULZ, ROLAND (2010), On the myth of size premiums in corporate valuation: some empirical evidence from the German stock market, in: The Journal of Applied Research in Accounting and Finance 2010 Heft 5, S. 2–15.

BAETGE, JÖRG/KIRSCH, HANS-JÜRGEN/THIELE, STEFAN (2004), Bilanzanalyse, 2. Aufl., Düsseldorf 2004.

BAETGE, JÖRG/KIRSCH, HANS-JÜRGEN/THIELE, STEFAN (2012), Bilanzen, 12. Aufl., Düsseldorf 2012.

BAETGE, JÖRG/KRAUSE, CLEMENS (1994), Die Berücksichtigung des Risikos bei der Unternehmensbewertung, in: BFuP 1994 Heft 5, S. 433–457.

BAETGE, JÖRG/NIEMEYER, KAI/KÜMMEL, JENS/SCHULZ, ROLAND (2012), Darstellung der Discounted Cashflow-Verfahren (DCF-Verfahren) mit Beispiel, in: PEEMÖLLER, VOLKER H. (Hrsg.): Praxishandbuch der Unternehmensbewertung, Herne 2012, S. 349–498.

BAETGE, JÖRG/SCHULZ, ROLAND/KLÖNNE, HENNER (2010), Size-Prämien in der österreichischen Unternehmensbewertung, in: KÖNIGSMAIER, HEINZ/RABEL, KLAUS (Hrsg.): Unternehmensbewertung. Theoretische Grundlagen – Praktische Anwendung. Festschrift für Gerwald Mandl zum 70. Geburtstag, Wien 2010, S. 47–62.

BALLWIESER, WOLFGANG (1981), Die Wahl des Kalkulationszinsfußes bei der Unternehmensbewertung unter Berücksichtigung von Risiko und Geldentwertung, in: BFuP 1981, S. 97–114.

BALLWIESER, WOLFGANG (1990), Unternehmensbewertung und Komplexitätsreduktion, 3. Aufl., Wiesbaden 1990.

BALLWIESER, WOLFGANG (1993), Methoden der Unternehmensbewertung, in: GEBHARDT, GÜNTHER/GERKE, WOLFGANG/STEINER, MANFRED (Hrsg.): Handbuch des Finanzmanagements. Instrumente und Märkte der Unternehmensfinanzierung, München 1993, S. 152–176.

BALLWIESER, WOLFGANG (1995), Aktuelle Apekte der Unternehmensbewertung, in: WPg 1995 Heft 4-5, S. 119–129.

BALLWIESER, WOLFGANG (1998), Unternehmensbewertung mit Discounted Cash Flow-Verfahren, in: WPg 1998 Heft 3, S. 81–92.

BALLWIESER, WOLFGANG (2002), Der Kalkulationszinsfuß in der Unternehmensbewertung: Komponenten und Ermittlungsprobleme, in: WPg 2002 Heft 14, S. 736–743.

BALLWIESER, WOLFGANG (2003), Zum risikolosen Zins für die Unternehmensbewertung, in: RICHTER, FRANK/SCHÜLER, ANDREAS/SCHWETZLER, BERNHARD (Hrsg.): Kapitalgeberansprüche, Marktwertorientierung und Unternehmenswert – Festschrift für Prof. Dr. Dr. h. c. Jochen Drukarczyk zum 65. Geburtstag, München 2003, S. 20–35.

BALLWIESER, WOLFGANG (2005), Die Ermittlung impliziter Eigenkapitalkosten aus Gewinnschätzungen und Aktienkursen: Ansatz und Probleme, in: SCHNEIDER, DIETER/RÜCKLE, DIETER/KÜPPER, HANS-ULRICH/WAGNER, FRANZ W. (Hrsg.): Kritisches zu Rechnungslegung und Unternehmensbesteuerung: Festschrift zur Vollendung des 65. Lebensjahres von Theodor Siegel, Berlin 2005, S. 321–337.

BALLWIESER, WOLFGANG (2008), Betriebswirtschaftliche (kapitalmarkttheoretische) Anforderungen an die Unternehmensbewertung, in: WPg 2008, S. 102–108.

BALLWIESER, WOLFGANG (2009a), Der Diskontierungszins der Wirtschaftsprüfer für die Unternehmensbewertung als Komplexitätsreduktion, in: LAITENBERGER, JÖRG/LÖFFLER, ANDREAS (Hrsg.): Finanzierungstheorie auf vollkommenen und unvollkommenen Kapitalmärkten, München 2009, S. 123–138.

BALLWIESER, WOLFGANG (2009b), Die Erfassung von Illiquidität bei der Unternehmensbewertung, in: SCHÄFER, KLAUS/BURGHOF, HANS-PETER/JOHANNIG, LUTZ/WAGNER, HANNES F./ RODT, SABINE (Hrsg.): Risikomanagement und kapitalmarktorientierte Finanzierung. Festschrift zum 65. Geburtstag von Bernd Rudolph, Frankfurt a. M. 2009, S. 283–300.

BALLWIESER, WOLFGANG (2011), Unternehmensbewertung: Prozeß, Methoden und Probleme, 3. Aufl., Stuttgart 2011.

BALLWIESER, WOLFGANG/LEUTHIER, RAINER (1986), Betriebswirtschaftliche Steuerberatung: Grundprinzipien, Verfahren und Probleme der Unternehmensbewertung (Teil 2), in: DStR 1986 Heft 18, S. 604–610.

BALZ, ULRICH/BORDEMANN, HEINZ-GERD (2007), Ermittlung von Eigenkapitalkosten zur Unternehmensbewertung mittelständischer Unternehmen mithilfe des CAPM, in: FB 2007 Heft 12, S. 737–743.

BARK, CHRISTINA (2011), Der Kapitalisierungszinssatz in der Unternehmensbewertung. Eine theoretische, praktische und empirische Analyse unter Berücksichtigung möglicher Interdependenzen, Wiesbaden 2011.

BARTHEL, CARL W. (2010), Unternehmenswert: Die International Valuation Standards, in: DStR 2010 Heft 39, S. 2003–2006.

BARTHOLDY, JAN/PEARE, PAULA (2001), The Relative Efficiency of Beta Estimates, Working Paper, Aarhus 2001.

BASSEMIR, MORITZ/GEBHARDT, GÜNTHER/LEYH, SASCHA (2012), Der Basiszinssatz in der Praxis der Unternehmensbewertung: Quantifizierung eines systematischen Bewertungsfehlers, in: zfbf 2012 Heft 64, S. 655–678.

BASSEMIR, MORITZ/GEBHARDT, GÜNTHER/RUFFING, PATRICIA (2012), Zur Diskussion um die (Nicht-)Berücksichtigung der Finanz- und Schuldenkrisen bei der Ermittlung der Kapitalkosten, in: WPg 2012 Heft 16, S. 882–892.

BAUER, JÖRG (1981), Grundlagen einer handels- und steuerrechtlichen Rechnungspolitik der Unternehmung, Wiesbaden 1981.

BAUSCH, ANDREAS (2000), Die Multiplikator-Methode – Ein betriebswirtschaftlich sinnvolles Instrument zur Unternehmenswert- und Kaufpreisfindung in Akquisitionsprozessen? –, in: FB 2000 Heft 7-8, S. 448–459.

BEAVER, WILLIAM/KETTLER, PAUL/SCHOLES, MYRON (1970), The Association between Market Determined and Accounting Determined Risk Measures, in: The Accounting Review 1970, S. 654–682.

BECK, PETER (1996), Unternehmensbewertung bei Akquisitionen. Methoden – Anwendungen – Probleme, Wiesbaden 1996.

BECKER, THOMAS (2000), Historische versus fundamentale Betafaktoren: Theoretische Grundlagen und empirische Ermittlungsverfahren, Stuttgart 2000.

BECKMANN, CHRISTOPH/MEISTER, JAN M./MEITNER, MATTHIAS (2003), Das Multiplikatorverfahren in der kapitalmarktorientierten Unternehmensbewertungspraxis, in: FB 2003 Heft 2, S. 103–105.

BEHRENDT, WOLFGANG/BAUMUNK, HENRIK (2001), Discounted-Cash-Flow-Verfahren: Wie erhält man objektivierte Diskontierungszinssätze? in: Immobilien Zeitung 2001 Heft 12, S. 11.

BEHRINGER, STEFAN (2007), Cash-flow und Unternehmensbeurteilung. Berechnungen und Anwendungsfelder für die Finanzanalyse, 10. Aufl., Berlin 2010.

BEHRINGER, STEFAN (2012), Unternehmensbewertung der Mittel- und Kleinbetriebe. Betriebswirtschaftliche Verfahrensweisen, 5. Aufl., Berlin 2012.

BERGER, KATRIN/KNOLL, LEONHARD (2009), Objektivierte Unternehmensbewertung und internationale Bewertungsstandards, in: BP 2009, S. 2–11.

BERNARDO, ANTONIO E./CHOWDHRY, BHAGWAN/GOYAL, AMIT (2007), Growth Options, Beta, and the Cost of Capital, in: Financial Management 2007 Heft 36, S. 5–17.

BERNER, CHRISTIAN/ROJAHN, JOACHIM/KIEL, OLAF/DREIMANN, MICHAEL (2005), Die Berücksichtigung des unternehmensindividuellen Risikos in der Unternehmensbewertung, in: FB 2005, S. 711–718.

BETZER, ANDRÉ/THIELE, STEFAN/BUDZINSKI, ALEXANDER (2011), Der Börsenkurs als Grundlage der Abfindungsbemessung. Überlegungen aus ökonomischer Sicht, in: Kölner Schrift zum Wirtschaftsrecht 2011 Heft 4, S. 426–431.

BEYER, SVEN (2006), Unternehmensbewertung – Neufassung des IDW S 1 bringt Kapitalmarktdaten in den Fokus, in: GoingPublic 2006, S. 8–9.

BEYER, SVEN/GAAR, ANDREAS (2005), Neufassung des IDW S 1 „Grundsätze zur Durchführung von Unternehmensbewertungen", in: FB 2005 Heft 4, S. 240–251.

BHOJRAJ, SANJEEV/LEE, CHARLES M. C. (2002), Who Is My Peer? A Valuation-Based Approach to the Selection of Comparable Firms, in: Journal of Accounting Research 2002 Heft 2, S. 407–439.

BIENER, HERBERT (1987), Die Möglichkeiten und Grenzen berufsständischer Empfehlungen zur Rechnungslegung, in: HAVERMANN, HANS (Hrsg.): Bilanz- und Konzernrecht. Festschrift zum 65. Geburtstag von Dr. Dr. h. c. Reinhard Goerdeler, Düsseldorf 1987, S. 45–60.

BIMBERG, LOTHAR H. (1993), Langfristige Renditeberechnung zur Ermittlung von Risikoprämien, 2. Auflage. Frankfurt a. M. 1993.

BLACK, FISCHER (1972), Capital Market Equilibrium with Restricted Borrowing, in: The Journal of Business 1972 Heft 3, S. 444–455.

BLACK, FISCHER (1993), Beta and Return, in: The Journal of Portfolio Management 1993, S. 8–14.

BLACK, FISCHER/JENSEN, MICHAEL C./SCHOLES, MYRON (1972), The Capital Asset Pricing Model: Some Empirical Tests, Working Paper, Chicago 1972.

BLASCHKE, TORSTEN (2009), Cash-flow im Jahresabschluss als Basis der Unternehmensbewertung, in: SCHACHT, ULRICH/FACKLER, MATTHIAS (Hrsg.): Praxishandbuch Unternehmensbewertung, 2. Aufl., Wiesbaden 2009, S. 81–106.

BLUME, MARSHALL E. (1974), Unbiased Estimators of Long-Run Expected Rates of Return, in: Journal of the American Statistical Association 1974, S. 634–638.

BÖCKING, HANS-JOACHIM/NOWAK, KARSTEN (1998), Der Beitrag der Discounted Cash Flow-Verfahren zur Lösung der Typisierungsproblematik bei Unternehmensbewertungen, in: DB 1998 Heft 14, S. 685–690.

BOGNER, ALEXANDER/MENZ, WOLFGANG (2009), Das theoriegenerierende Experteninterview. Erkenntnisinteresse, Wissensformen und Interaktion, in: BOGNER, ALEXANDER/LITTIG, BEATE/ MENZ, WOLFGANG (Hrsg.): Experteninterviews. Theorien, Methoden, Anwendungsfelder, 3. Aufl., Wiesbaden 2009, S. 33–70.

BREALEY, RICHARD A./MYERS, STEWART C./ALLEN, FRANKLIN (2010), Principles of Corporate Finance, New York 2010.

BRENNAN, MICHAEL J. (1970), Taxes, Market Valuation and Corporate Financial Policy, in: National Tax Journal 1970, S. 417–427.

BRÖSEL, GERRIT (2003), Objektiv gibt es nur subjektive Unternehmenswerte, in: UM 2003 Heft 4, S. 130–134.

BRÖSEL, GERRIT/HAUTTMANN, RICHARD (2007a), Einsatz von Unternehmensbewertungsverfahren zur Bestimmung von Konzessionsgrenzen sowie in Verhandlungssituationen – Eine empirische Analyse (Teil I) –, in: FB 2007 Heft 4, S. 223–238.

BRÖSEL, GERRIT/HAUTTMANN, RICHARD (2007b), Einsatz von Unternehmensbewertungsverfahren zur Bestimmung von Konzessionsgrenzen sowie in Verhandlungssituationen – Eine empirische Analyse (Teil II) –, in: FB 2007 Heft 5, S. 293–309.

BRÜCHLE, CHRISTIAN/ERHARDT, OLAF/NOWAK, ERICH (2008), Konzerneinfluss und Entkopplung vom Marktrisiko – Eine empirische Analyse der Betafaktoren bei faktischen und Vertragskonzernen, in: ZfB 2008, S. 455–475.

BUCHNER, ROBERT/ENGLERT, JOACHIM (1994), Die Bewertung von Unternehmen auf der Basis des Unternehmensvergleichs, in: BB 1994 Heft 23, S. 1573–1580.

CASTEDELLO, MARC/DAVIDSON, RON/SCHLUMBERGER, ERIK (2004), Unternehmensbewertung bei Halbeinkünfteverfahren und unsicheren Steuervorteilen – ein praktikabler Ansatz –, in: FB 2004 Heft 5, S. 369–376.

CHANG, ERIC C./PINEGAR, J. MICHAEL/RAVICHANDRAN, RAVI (1995), European day-of-the-week effects, beta asymmetries and international herding, in: European Financial Management 1995 Heft 2, S. 173–200.

CHENG, C. S. AGNES/MCNAMARA, RAY (2000), The Valuation Accuracy of the Price-Earnings and Price-Book Benchmark Valuation Methods, in: Review of Quantitative Finance and Accounting 2000 Heft 15, S. 349–370.

CHERIDITO, YVES/HADEWICZ, TOMMY (2001), Marktorientierte Unternehmensbewertung. Die wichtigsten Aspekte der immer stärker verbreiteten Bewertungsmethode mittels Market Multiples, in: ST 2001 Heft 4, S. 321–330.

COENENBERG, ADOLF G./SCHULTZE, WOLFGANG (2002), Das Multiplikator-Verfahren in der Unternehmensbewertung: Konzeption und Kritik, in: FB 2002 Heft 12, S. 697–703.

COHEN, KALMAN J./HAWAWINI, GABRIEL A./MAIER, STEVEN F./SCHWARTZ, ROBERT/ WHITCOMB, DAVID K. (1983), Estimating and Adjusting for the Intervalling-Effect Bias in Beta, in: Management Science 1983 Heft 29, S. 135–148.

COOPER, IAN (1996), Arithmetical vs. geometric mean Estimators: Setting dicount rates for capital budgeting, in: European Financial Management 1996 Heft 2, S. 157–167.

COOPER, IAN/CORDEIRO, LEONARDO (2008), Optimal Equity Valuation Using Multiples: The Number of Comparable Firms, Working Paper, London 2008.

CREUTZMANN, ANDREAS (2005), Grundsätze ordnungsmäßiger Berichterstattung bei Unternehmensbewertungen, in: BP 2005, S. 2–5.

DAMODARAN, ASWATH (2002), Investment Valuation. Tools and Techniques for Determining the Value of Any Asset, 3. Aufl., New York 2012.

DAMODARAN, ASWATH (2008), What is the Riskfree Rate? A Search for the Basic Building Block, Working Paper, New York 2008.

DAMODARAN, ASWATH (2010), The Dark Side of Valuation. Valuing Young, Distressed, and Complex Businesses, 2. Aufl., New Jersey 2010.

DANKENBRING, HENNING/MISSONG, MARTIN (1997), GARCH-Effekte auf dem deutschen Aktienmarkt, in: ZfB 1997 Heft 3, S. 311–331.

DASKE, HOLGER/GEBHARDT, GÜNTHER (2006), Zukunftsorientierte Bestimmung von Risikoprämien und Eigenkapitalkosten für die Unternehmensbewertung, in: zfbf 2006 Heft 58, S. 530–551.

DASKE, HOLGER/GEBHARDT, GÜNTHER/KLEIN, STEFAN (2006), Estimating the Expected Cost of Equity Capital Using Analysts' Consensus Forecast, in: Schmalenbachs Business Review 2006 Heft 1, S. 2–36.

DASKE, HOLGER/WIESENBACH, KAI (2005), Praktische Probleme der zukunftsorientierten Schätzung von Eigenkapitalkosten am deutschen Kapitalmarkt, in: FB 2005 Heft 6, S. 407–419.

DAUSEND, FLORIAN/SCHMITT, DIRK (2011), Implizite Schätzung der Marktrisikoprämie nach Steuern für den deutschen Kapitalmarkt, in: CFB 2011 Heft 8, S. 459–469.

DETERT, KARSTEN (2008), Bilanzpolitisches Verhalten bei der Umstellung der Rechnungslegung von HGB auf IFRS. Eine empirische Untersuchung deutscher Unternehmen, Frankfurt a. M. 2008.

DEUTSCHE BUNDESBANK (HRSG.) (1997), Monatsbericht Oktober 1997: Schätzung von Zinsstrukturkurven, Frankfurt a. M. 1997.

DEUTSCHE BUNDESBANK (HRSG.) (2012), Kapitalmarktstatistik Mai 2012. Statistisches Beiheft 2 zum Monatsbericht, Frankfurt a. M. 2012.

DEUTSCHES AKTIENINSTITUT (HRSG.) (2004), Aktie versus Rente. Aktuelle Renditevergleiche zwischen Aktie und festverzinslichen Wertpapieren, Frankfurt a. M. 2004.

DIEDRICH, RALF (2003), Die Sicherheitsäquivalentmethode der Unternehmensbewertung: Ein (auch) entscheidungstheoretisch wohlbegründbares Verfahren. Anmerkungen zu dem Beitrag von Wolfgang Kürsten in der zfbf (März 2002, S. 128-144), in: zfbf 2003 Heft 55, S. 281–286.

DIEDRICH, RALF/STIER, CAROLIN (2013), Zur Berücksichtigung einer realisationsorientierten Kursgewinnbesteuerung bei der Unternehmensbewertung – Anmerkungen zum Haltedauerproblem, in: WPg 2013 Heft 1, S. 29–36.

DITTMANN, INGOLF/WEINER, CHRISTIAN (2005), Selecting Comparables for the Valuation of European Firms. Working Paper, Berlin 2005.

DORFLEITNER, GREGOR (2002), Stetige versus diskrete Renditen. Überlegungen zur richtigen Verwendung beider Begriffe in Theorie und Praxis, in: Kredit und Kapital 2002 Heft 2, S. 216–241.

DÖRNER, WOLFGANG (1983), Grundsätze zur Durchführung von Unternehmensbewertungen, in: WPg 1983, S. 549–554.

DÖRSCHELL, ANDREAS/FRANKEN, LARS (2005), Rückwirkende Anwendung des neuen IDW-Standards zur Durchführung von Unternehmensbewertungen, in: DB 2005 Heft 42, S. 2257–2258.

DÖRSCHELL, ANDREAS/FRANKEN, LARS/SCHULTE, JÖRN (2006), Praktische Probleme bei der Ermittlung der Kapitalkosten bei Unternehmensbewertungen, in: BP 2006, S. 2–7.

DÖRSCHELL, ANDREAS/FRANKEN, LARS/SCHULTE, JÖRN (2012), Der Kapitalisierungszinssatz in der Unternehmensbewertung. Praxisgerechte Ableitung unter Verwendung von Kapitalmarktdaten, 2. Aufl., Düsseldorf 2012.

DÖRSCHELL, ANDREAS/FRANKEN, LARS/SCHULTE, JÖRN/BRÜTTING, CHRISTIAN (2008), Ableitung CAPM-basierter Risikozuschläge bei der Unternehmensbewertung – eine kritische Anlayse ausgewählter Problemkreise im Rahmen von IDW S 1 i. d. F. 2008, in: WPg 2008 Heft 27, S. 1152–1162.

DOYLE, JOHN R./CHEN, CATHERINE H. (2009), The wandering weekday effect in major stock markets, in: Journal of Banking & Finance 2009, S. 1388–1399.

DRAPER, PAUL/PAUDYAL, KRISHNA (1955), Empirical Irregularities in the Estimation of Beta: The Impact of Alternative Estimation Assumptions and Procedures, in: Journal of Business Finance & Accounting 1995, S. 157–177.

DRUKARCZYK, JOCHEN/SCHÜLER, ANDREAS (2009), Unternehmensbewertung, 6. Aufl., München 2009.

DVFA EXPERT GROUP „CORPORATE TRANSACTIONS AND VALUATION“ (2012), Die Best Practice Empfehlungen der DVFA zur Unternehmensbewertung, in: CFB 2012 Heft 1, S. 43–50.

DVFA-KOMMISSION STANDARDS FÜR RESEARCHBERICHTE (2005), DVFA-Leitfaden für Unternehmensbewertungen im Aktienresearch, Frankfurt a. M. 2005.

DVFA METHODEN-KOMMISSION EXPERTENGRUPPE VALUATION (2005), Stellungnahme zu den Grundsätzen zur Durchführung von Unternehmensbewertungen (IDW ES 1 n.F.), in: FB 2005 Heft 9, S. 558–560.

EBNER, MARKUS/NEUMANN, THORSTEN (2005), Time-Varying Beta of German Stock Returns, in: Financial Markets and Portfolio Management 2005, S. 19–46.

ERHARDT, OLAF/NOWAK, ERICH (2005), Viel Lärm um Nichts? Zur (Ir)Relevanz der Risikoprämie für die Unternehmensbewertung im Rahmen von Squeeze-outs, in: AG 2005, S. 3–8.

ERNST, DIETMAR/AMANN, THORSTEN/GROSSMANN, MICHAEL/LUMP, DIETLINDE F. (2012), Internationale Unternehmensbewertung. Ein Praxisleitfaden, München 2012.

ERNST, DIETMAR/GLEISSNER, WERNER (2012), Damodarans Länderrisikoprämie – Eine Ergänzung zur Kritik von Kruschwitz/Löffler/Mandl aus realwissenschaftlicher Perspektive, in: WPg 2012 Heft 23, S. 1252–1264.

ERNST, DIETMAR/HÄCKER, JOACHIM (2011), Applied International Corporate Finance, 2. Aufl., München 2011.

ERNST, DIETMAR/SCHNEIDER, SONJA/THIELEN, BJOERN (2012), Unternehmensbewertungen erstellen und verstehen: Ein Praxisleitfaden, 5. Aufl., München 2012.

FABOZZI, FRANK J. (2012), The Structure of Interest Rates, in: FABOZZI, FRANK J. (Hrsg.): The Handbook of Fixed Income Securities, 8. Aufl., New York 2012, S. 169–190.

FACHAUSSCHUSS UNTERNEHMENSBEWERTUNG UND BETRIEBESWIRTSCHAFT (FAUB) DES IDW (2012), Hinweise des FAUB zur Berücksichtigung der Finanzmarktkrise bei der Ermittlung des Kapitalisierungszinssatzes in der Unternehmensbewertung, in: FN-IDW 2012 Heft 10, S. 568–569.

FACHAUSSCHUSS UNTERNEHMENSBEWERTUNG UND BETRIEBSWIRTSCHAFT (FAUB) DES IDW (2008), Ergänzende Hinweise des FAUB zur Bestimmung des Basiszinssatzes im Rahmen objektivierter Unternehmensbewertung, in: FN-IDW 2008 Heft 11, S. 490–491.

FACHAUSSCHUSS UNTERNEHMENSBEWERTUNG UND BETRIEBSWIRTSCHAFT (FAUB) DES IDW (2009), Auswirkungen der Finanz- und Konjunkturkrise auf Unternehmensbewertungen, in: FN-IDW 2009 Heft 12, S. 696–698.

FAHRMEIR, LUDWIG/KÜNSTLER, RITA/PIGEOT, IRIS/TUTZ, GERHARD (2010), Statistik. Der Weg zur Datenanalyse, 7. Aufl., Heidelberg 2010.

FAMA, EUGENE F. (1977), Risk-adjusted Discount Rates and Capital Budgeting Under Uncertainty, in: Journal of Financial Economics 1977 Heft 5, S. 3–24.

FAMA, EUGENE F./FRENCH, KENNETH R. (1988), Permanent and Temporary Components of Stock Prices, in: Journal of Political Economy 1988 Heft 2, S. 246–273.

FERNANDEZ, PABLO (2006), Levered and unlevered beta, Working Paper, Barcelona 2006.

FISCHER-WINKELMANN, WOLF F. (2003), IDW Standard: Grundsätze zur Durchführung von Unternehmensbewertungen (IDW S 1) – in aere aedificatus! in: FISCHER-WINKELMANN, WOLF F. (Hrsg.): MC – Management-Consulting & Controlling, Hamburg 2003, S. 79–162.

FISCHER-WINKELMANN, WOLF F. (2006), „Weiterentwicklung" der Grundsätze ordnungsmäßiger Unternehmensbewertung IDW S 1 = IDW ES 1 n. F.? in: BFuP 2006 Heft 2, S. 158–179.

FISCHER-WINKELMANN, WOLF F. (2009), Sollen impliziert Können – Grundsätze ordnungsmäßiger Unternehmensbewertung einmal anders, in: BFuP 2009 Heft 4, S. 343–359.

FISCHER-WINKELMANN, WOLF F./BUSCH, KAI (2009), Die praktische Anwendung der verschiedenen Unternehmensbewertungsverfahren – Empirische Unteruschung im steuerberatenden Berufsstand – 1. allgemeiner Teil zur Bewertungspraxis –, in: FB 2009 Heft 11, S. 635–656.

FLICK, UWE (2011), Qualitative Sozialforschung. Eine Einführung, 4. Aufl., Reinbek 2011.

FRANKEN, LARS/SCHULTE, JÖRN (2010), Beurteilung der Eignung von Betafaktoren mittels R^2 und t-Test: Ein Irrweg? – Auch eine Replik zu Knoll, WPg 2010, S. 1106-1109, in: WPg 2010 Heft 22, S. 1110–1116.

FRANTZMANN, HANS-JÖRG (1990), Zur Messung des Risikos deutscher Aktien, in: zfbf 1990 Heft 1, S. 67–83.

FRIEBERTSHÄUSER, BARBARA/LANGER, ANTJE (2010), Interviewformen und Interviewpraxis, in: FRIEBERTSHÄUSER, BARBARA/LANGER, ANTJE/PRENGEL, ANNEDORE (Hrsg.): Handbuch Qualitative Forschungsmethoden in der Erziehungswissenschaft, Weinheim 2010, S. 437–456.

FRIEDRICHS, JÜRGEN (1990), Methoden empirischer Sozalforschung, 14. Aufl., Opladen 1990.

FROSCHAUER, ULRIKE/LUEGER, MANFRED (2003), Das qualitative Interview. Zur Praxis interpretativer Analyse sozialer Systeme, Wien 2003.

FRÜHLING, VOLKER (2004), Sensitivitätsanalyse zum Barwertmodell der Unternehmensbewertung, in: FB 2004 Heft 11, S. 741–746.

FRÜHLING, VOLKER (2009), Unternehmensbewertung und ewige Rente, in: FB 2009 Heft 4, S. 200–203.

FULLER, RUSSELL J./KERR, HALBERT S. (1981), Estimating the Divisional Cost of Capital: An Analysis of the Pure-Play Technique, in: The Journal of Finance 1981 Heft 5, S. 997–1009.

GEBHARDT, GÜNTHER/DASKE, HOLGER (2005), Kapitalmarktorientierte Bestimmung von risikofreien Zinssätzen für die Unternehmensbewertung, in: WPg 2005 Heft 12, S. 649–655.

GEBHARDT, WILLIAM R./LEE, CHARLES M. C./SWAMINATHAN, BHASKARAN (2001), Toward an Implied Cost of Capital, in: Journal of Accounting Research 2001 Heft 39, S. 135–176.

GILLI, MANFRED/GROSSE, STEFAN/SCHUMANN, ENRICO (2010), Calibrating the Nelson-Siegel-Svensson model, Working Paper, Gießen 2010.

GLÄSER, JOCHEN/LAUDEL, GRIT (2010), Experteninterviews und qualitative Inhaltsanalyse als Instrumente rekonstruierender Untersuchungen, 4. Aufl., Wiesbaden 2010.

GLEISSNER, WERNER/IHLAU, SUSANN (2012), Die Berücksichtigung von Risiken von nicht börsennotierten Unternehmen und KMU im Kontext der Unternehmensbewertung, in: CFB 2012 Heft 6, S. 312–318.

GLEISSNER, WERNER/WOLFRUM, MARCO (2008), Simulationsbasierte Bewertung und Exit Preis-Schätzung bei PE-Gesellschaften, in: Mergers & Acquisitions 2008 Heft 7, S. 343–350.

GOEHR, MICHAEL A./WENDE, VOLKER (2004), Praxisorientierte Ermittlung des Kapitalisierungszinses in der Unternehmensbewertung, in: UM 2004 Heft 8, S. 285–291.

GONEDES, NICHOLAS J. (1973), Evidence on the Information Content of Accounting Numbers: Accounting-Based and Market-Based Estimates of Systematic Risk, in: Journal of Financial and Quantitative Analysis 1973, S. 407–443.

GORDEN, RAYMOND L. (1975), Interviewing. Strategies, Techniques and Tactics, Homewood 1975.

GORDON, MYRON J. (1959), Dividends, Earnings, and Stock Prices, in: The Review of Economics and Statistics 1959 Heft 41, S. 99–105.

GORNY, CHRISTIAN/ROSENBAUM, DIRK (2002), Zur Verwendung kapitalmarktbasierter Risikozuschläge in phasenorientierten Unternehmensbewertungsmodellen, in: FB 2002 Heft 9, S. 486–489.

GÖTZ, ALEXANDER/DEISTER, BENJAMIN (2011), Unternehmensbewertung im Lichte der Abgeltungssteuer – alte Probleme, neue Lösungen, in: WPg 2011 Heft 1, S. 25–31.

GRABOWSKI, ROGER J./KING, DAVID W. (1995), The Size Effect and Equity Returns, in: Business Valuation Review 1995, S. 69–71.

GRABOWSKI, ROGER J./KING, DAVID W. (1996), New Evidence on Size Effects and Rates of Return, in: Business Valuation Review 1996, S. 103–115.

GRABOWSKI, ROGER J./KING, DAVID W. (1997), Size-Effects and Equity Returns: An Update, in: Business Valuation Review 1997, S. 22–26.

GRÖGER, HANS-CHRISTIAN (2007), Mehrperiodiges Nachsteuer-CAPM mit Thesaurierung, in: ZfB 2007 Heft 12, S. 1263–1291.

GROSSFELD, BERNHARD (2002), Unternehmens- und Anteilsbewertung im Gesellschaftsrecht, 4. Aufl., Köln 2002.

GROSSFELD, BERNHARD (2012), Recht der Unternehmensbewertung, 7. Aufl., Köln 2012.

GROSSFELD, BERNHARD/STÖVER, RÜDIGER (2004), Ermittlung des Betafaktors in der Unternehmensbewertung: Anleitung zum „Do it yourself", in: BB 2004 Heft 51/52, S. 2799–2809.

GROSSFELD, BERNHARD/STÖVER, RÜDIGER/TÖNNES, ACHIM (2005), Neue Unternehmensbewertung, in: BB-Spezial 7 2005 Heft 30, S. 2–13.

GROTTKE, MARTIN (1998), Untersuchung der Stabilität der Schätzung von Betafaktoren des CAPM – Ein Vergleich der KQ- mit robusten Methoden, Working Paper, Nürnberg 1998.

GUAY, WAYNE/KOTHARI, S. P./SHU, SUSAN (2005), Properties of Implied Cost of Capital Using Analysts' Forecasts, Working Paper, Massachusetts 2005.

HACHMEISTER, DIRK (2000), Der Discounted Cash Flow als Maß der Unternehmenswertsteigerung, 4. Aufl., Frankfurt a. M. 2000.

HACHMEISTER, DIRK (2006), Diskontierung unsicherer Zahlungsströme: Methodische Anmerkungen zur Bestimmung risikoangepasster Kapitalkosten, in: Zeitschrift für Controlling & Management 2006, S. 143–149.

HACHMEISTER, DIRK/KÜHNLE, BENJAMIN/LAMPENIUS, NIKLAS (2009), Unternehmensbewertung in Squeeze-Out-Fällen: eine empirische Analyse, in: WPg 2009 Heft 24, S. 1234–1246.

HACHMEISTER, DIRK/RUTHARDT, FREDERIK/LAMPENIUS, NIKLAS (2011a), Unternehmensbewertung im Spiegel der neueren gesellschaftsrechtlichen Rechtsprechung – Berücksichtigung des Risikos, Risikozuschlags und persönlicher Steuern, in: WPg 2011 Heft 17, S. 829–839.

HACHMEISTER, DIRK/RUTHARDT, FREDERIK/LAMPENIUS, NIKLAS (2011b), Unternehmensbewertung im Spiegel der neueren gesellschaftsrechtlichen Rechtsprechung – Bewertungsverfahren, Ertragsprognose, Basiszinssatz und Wachstumsabschlag, in: WPg 2011 Heft 11, S. 519–530.

HAGEMEISTER, MEIKE/KEMPF, ALEXANDER (2010), CAPM und erwartete Renditen: Eine Untersuchung auf Basis der Erwartung von Marktteilnehmern, in: DBW 2010 Heft 2, S. 145–164.

HAHN, GUNTHER/THIESSEN, FRIEDRICH (2011), Risikomaße in der Krise. Der Nutzen guter und weniger guter Risikomaße, in: Wirtschaftswissenschaftliches Studium 2011 Heft 12, S. 627–635.

HAMADA, ROBERT S. (1972), The Effect of the Firm's Capital Structure on the Systematic Risk of Common Stocks, in: The Journal of Finance 1972 Heft 2, S. 435–452.

HARRIS, ROBERT S./PRINGLE, JOHN J. (1985), Risk-Adjusted Discount Rates – Extensions from the Average-Risk Case, in: The Journal of Financial Research 1985 Heft 3, S. 237–244.

HAUGEN, ROBERT A. (2001), Modern Investment Theory, 5. Aufl., New Jersey 2001.

HAUPTFACHAUSSCHUSS (HFA) DES IDW (1999), Berichterstattung über Sitzungen: 170. Sitzung des HFA, in: FN-IDW 1999 Heft 12, S. 552–553.

HAUPTFACHAUSSCHUSS (HFA) DES IDW (2000), Berichterstattung über Sitzungen: 171. Sitzung des HFA, in: FN-IDW 2000 Heft 4, S. 171–174.

HÄUSER, KARL/ROSENSTOCK, ADOLF/VORWERK, THOMAS/SEUM, ANDREAS (1985), Aktienrendite und Renditenparadoxie: 1964 bis 1983 in der Bundesrepublik Deutschland, Frankfurt a. M. 1985.

HAYN, MARC (2003), Bewertung junger Unternehmen, 3. Aufl., Herne 2003.

HAYN, MARC/LAAS, TIM (2012), Internationale Unternehmensbewertung im Kontext der Standard Setter, in: PEEMÖLLER, VOLKER H. (Hrsg.): Praxishandbuch der Unternehmensbewertung, Herne 2012, S. 129–160.

HELBLING, CARL (1998), Unternehmensbewertung und Steuern. Unternehmensbewertung in Theorie und Praxis, insbesondere die Berücksichtigung der Steuern aufgrund der Verhältnisse in der Schweiz und in Deutschland, 9. Aufl., Düsseldorf 1998.

HELFFERICH, CORNELIA (2011), Die Qualität qualitativer Daten, 4. Aufl., Wiesbaden 2011.

HENSELMANN, KLAUS (1999), Unternehmensrechnungen und Unternehmenswert. Ein situativer Ansatz, Aachen 1999.

HENSELMANN, KLAUS (2001), Fallstudie Unternehmensbewertung: Restwert und Diskontierung (Teil III), in: Der Steuerberater 2001 Heft 10, S. 385–389.

HENSELMANN, KLAUS (2006), Häufige Fehler in Unternehmensbewertungen, in: BP 2006, S. 2–7.

HENSELMANN, KLAUS/BARTH, THOMAS (2009a), „Übliche Bewertungsmethoden“ – Eine empirische Erhebung für Deutschland, in: BP 2009, S. 9–13.

HENSELMANN, KLAUS/BARTH, THOMAS (2009b), Unternehmensbewertung in Deutschland – Empirie zur Bewertungspraxis, Norderstedt 2009.

HERING, THOMAS (2006), Unternehmensbewertung, 2. Aufl., München 2006.

HERZIG, NORBERT (2007), Reform der Unternehmensbesteuerung, in: WPg 2007 Heft 1, S. 7–14.

HETZEL, HEIKO (1988), Stichtagszins oder zukünftiger Zins zur Ertragswertermittlung im Rahmen der modernen Unternehmensbewertung? in: BB 1988 Heft 11, S. 725–728.

HILL, NED C./STONE, BERNELL K. (1980), Accounting Betas, Systematic Operating Risk, and Financial Leverage: A Risk-Composition Approach to the Determinants of Systemetic Risk, in: Journal of Financial and Quantitative Analysis 1980 Heft 3, S. 595–637.

HOCK, THOMAS (2005), Diskussionsbericht, in: AG, Sonderheft Fair Valuations – Moderne Grundsätze zur Durchführung von Unternehmensbewertungen 2005, S. 34–39.

HOFFMANN, STEFFEN/NIPPEL, PETER (2012), Die Abgeltungsteuer auf Kursgewinne und der Steuerstundungseffekt in der Unternehmensbewertung, in: ZfB 2012 Heft 82, S. 1311–1336.

HOMMEL, MICHAEL/PAULY, DENISE/NAGELSCHMITT, SABINE (2007), IDW ES 1 – Neuerungen beim objektivierten Unternehmenswert, in: BB 2007 Heft 50, S. 2728–2732.

HUSMANN, SVEN/STEPHAN, ANDREAS (2007), On Estimating an Asset's Implicit Beta, in: The Journal of Futures Markets 2007 Heft 10, S. 961–979.

HÜTTCHE, TOBIAS (2012), Zur Praxis der Unternehmensbewertung in der Schweiz. Stand der Bewertungslehre und Umsetzung, in: ST 2012 Heft 4, S. 208–212.

IDW (1983), Stellungnahme HFA 2/1983: Grundsätze zur Durchführung von Unternehmensbewertungen, in: WPg 1983 Heft 16, S. 468–480.

IDW (1997), Stellungnahme HFA 6/1997: Besonderheiten der Bewertung kleiner und mittlerer Unternehmen, in: WPg 1997 Heft 1, S. 26–29.

IDW (2000), IDW Standard: Grundsätze zur Durchführung von Unternehmensbewertungen (IDW S 1 i. d. F. 2000), in: WPg 2000 Heft 17, S. 825–842.

IDW (2005a), IDW Standard: Grundsätze zur Durchführung von Unternehmensbewertungen (IDW S 1 i. d. F. 2005), in: WPg 2005 Heft 23, S. 1303–1327.

IDW (2005b), Satzung des Instituts der Wirtschaftsprüfer in Deutschland e. V. Düsseldorf 2005.

IDW (2008), IDW-Standard: Grundsätze zur Durchführung von Unternehmensbewertungen (IDW S 1 i. d. F. 2008), in: WPg Supplement 3/2008, S. 68–89.

IDW (2012a), Auswirkungen der aktuellen Kapitalmarktsituation auf die Ermittlung des Kapitalisierungszinssatzes, Düsseldorf 2012.

IDW (2012b), Fragen und Antworten zur praktischen Anwendung des IDW Standards: Grundsätze zur Durchführung von Unternehmensbewertungen (IDW S 1 i. d. F. 2008), in: FN-IDW 2012 Heft 5, S. 323–327.

IDW (2012c), WP Handbuch 2012 – Wirtschaftsprüfung, Rechnungslegung, Beratung, Band I, 14. Aufl., Düsseldorf 2012.

IDW (2014), WP Handbuch 2014 – Wirtschaftsprüfung, Rechnungslegung, Beratung, Band II, 14. Aufl., Düsseldorf 2014.

IHLAU, SUSANN/DUSCHA, HENDRIK (2012), Hinweise zur Anwendung von IDW S 1 bei der Bewertung von KMU, in: WPg 2012 Heft 9, S. 489–499.

IHLAU, SUSANN/GÖDECKE, STEFFEN (2012), M&A-Transaktionen in volatilen Märkten, in: Bilanz und Betriebswirtschaft 2012 Heft 14, S. 887–892.

INDRO, DANIEL C./LEE, WAYNE Y. (1997), Biases in Arithmetic and Geometric Averages as Estimates of Long-Run Expected Returns and Risk Premia, in: Financial Management 1997 Heft 26, S. 81–90.

INTERNATIONAL VALUATION STANDARDS COUNCIL (HRSG.) (2011), International Valuation Standards (IVS), London 2011.

JAECKEL, ULF (1988), Zur Bestimmung des Basiszinsfußes bei der Ertragswertermittlung, in: BFuP 1988 Heft 6, S. 553–563.

JONAS, MARTIN (1995), Unternehmensbewertung. Zur Anwendung der Discounted-Cash-flow-Methode in Deutschland, in: BFuP 1995 Heft 1, S. 83–98.

JONAS, MARTIN (2008a), Besonderheiten der Unternehmensbewertung bei kleinen und mittleren Unternehmen, in: WPg Sonderheft 2008, S. 117–122.

JONAS, MARTIN (2008b), Relevanz persönlicher Steuern? – Mittelbare und unmittelbare Typisierung der Einkommensteuer in der Unternehmensbewertung, in: WPg 2008 Heft 17, S. 826–833.

JONAS, MARTIN (2009), Unternehmensbewertung in der Krise, in: FB 2009 Heft 10, S. 541–546.

JONAS, MARTIN (2011), Die Bewertung mittelständischer Unternehmen – Vereinfachungen und Abweichungen, in: WPg 2011 Heft 7, S. 299–309.

JONAS, MARTIN/WIELAND-BLÖSE, HEIKE/SCHIFFARTH, STEFANIE (2005), Basiszinssatz in der Unternehmensbewertung, in: FB 2005 Heft 10, S. 647–653.

KEMPER, THOMAS/RAGU, BASTIAN/RÜTHERS, TORBEN (2012), Eigenkapitalkosten in der Finanzkrise, in: DB 2012 Heft 12, S. 645–650.

KERN, CHRISTIAN/MÖLLS, SASCHA H. (2010), Ableitung CAPM-basierter Betafaktoren aus einer Peergroup-Analyse: Eine kritische Betrachtung alternativer Verfahrensweisen, in: CFB 2010 Heft 7, S. 440–448.

KEUPER, FRANK/DJUKANOV, VLADIMIR (2008), Das Konzept des Betafaktors und die Nutzung als akzeptierter Manipulationsfaktor in der Unternehmensbewertung, in: HERING, THOMAS/ KLINGELHÖFER, HEINZ E./KOCH, WOLFGANG (Hrsg.): Unternehmenswert und Rechnungswesen, Wiesbaden 2008, S. 55–75.

KNABE, MATTHIAS (2012), Die Berücksichtigung von Insolvenzrisiken in der Unternehmensbewertung, Lohmar 2012.

KNIEST, WOLFGANG (2005), Quasi-risikolose Zinssätze in der Unternehmensbewertung, in: BP 2005 Heft 1, S. 9–12.

KNOLL, LEONHARD (2005a), Die Ermittlung des Beta-Faktors im CAPM bei aktienrechtlichen Zwangsabfindungen, in: UM 2005 Heft 6, S. 174–178.

KNOLL, LEONHARD (2005b), Wachstum und Ausschüttungsverhalten in der ewigen Rente: Probleme des IDW ES 1 n.F.? – Anmerkungen zu Schwetzler, WPg 2005, S. 601 ff., und Wiese, WPg 2005, S. 617 ff. –, in: WPg 2005 Heft 20, S. 1120–1125.

KNOLL, LEONHARD (2006a), Basiszins und Zinsstruktur: Anmerkungen zu einer methodischen Neuausrichtung des IDW, in: Wirtschaftswissenschaftliches Studium 2006 Heft 9, S. 525–528.

KNOLL, LEONHARD (2006b), Risikozuschlag und objektivierter Unternehmenswert im aktienrechtlichen Spruchverfahren: Einmal CAPM und zurück? in: Zeitschrift für Steuern & Recht 2006 Heft 22, S. 468–477.

KNOLL, LEONHARD (2007), Der Risikozuschlag in der Unternehmensbewertung: Was erscheint plausibel? in: DStR 2007 Heft 24, S. 1053–1058.

KNOLL, LEONHARD (2008), Standpunkte zum CAPM – Beta-Faktor: Wider die Peer-Grouperitis, in: BP 2008 Heft 2, S. 13–14.

KNOLL, LEONHARD (2010), Äquivalenz zwischen signifikanten Werten des Betafaktors und des Bestimmtheitsmaßes – Anmerkungen zu Döschell/Franken/Schulte/ Brütting, WPg 2008, S. 1152-1162 –, in: WPg 2010 Heft 22, S. 1106–1109.

KNOLL, LEONHARD/DEININGER, CLAUS (2004), Der Basiszins der Unternehmensbewertung zwischen theoretisch Wünschenswertem und praktisch Machbarem, in: ZBB 2004 Heft 5, S. 371–381.

KNOLL, LEONHARD/EHRHARDT, JAN/BOHNET, FLORIAN (2007), Kleines Beta – kleines Bestimmtheitsmaß: großes Problem? in: CFO aktuell, S. 210–213.

KNÜSEL, DANIEL (1992), Unternehmensbewertung in der Schweiz, in: ST 1992 Heft 6, S. 309–314.

KNÜSEL, DANIEL (1994), Die Anwendung der Discounted Cash Flow-Methode zur Unternehmensbewertung, Winterthur 1994.

KOELEN, PETER (2009), Investitionstheoretische Bewertungskalküle in der IFRS-Rechnungslegung, Lohmar 2009.

KOHL, THORSTEN/SCHILLING, DIRK (2006), Grundsätze objektivierter Unternehmensbewertung. Würdigung unter besonderer Berücksichtigung eines OFD-Leitfadens, in: Steuern und Bilanzen 2006 Heft 14, S. 539–545.

KOHL, THORSTEN/SCHILLING, DIRK (2007), Grundsätze objektivierter Unternehmensbewertung im Sinne des IDW S 1 n. F. – Zeitpunkt der erstmaligen Anwendung bei steuerlichen Bewertungsanlässen –, in: WPg 2007 Heft 2, S. 70–76.

KOHL, THORSTEN/SCHULTE, JÖRN (2000), Ertragswertverfahren und DCF-Verfahren – Ein Überblick vor dem Hintergrund der Anforderungen des IDW S 1 –, in: WPg 2008 Heft 23/24, S. 1147–1164.

KOLLER, TIM/GOEDHART, MARC/WESSELS, DAVID (2010), Valuation. Measuring and Managing the Value of Companies, 5. Aufl., Hoboken 2010.

KÖNIG, ECKARD/BENTLER, ANNETTE (2010), Konzepte und Arbeitsschritte im qualitativen Forschungsprozess, in: FRIEBERTSHÄUSER, BARBARA/LANGER, ANTJE/PRENGEL, ANNEDORE (Hrsg.): Handbuch Qualitative Forschungsmethoden in der Erziehungswissenschaft, Weinheim 2010, S. 173–182.

KORTH, MICHAEL (1992), Unternehmensbewertung im Spannungsfeld zwischen betriebswirtschaftlicher Unternehmenswertermittlung, Marktpreisabgeltung und Rechtsprechung. Eine Bestandsaufnahme für die Praxis, in: BB 1992, Beilage 19 zu Heft 33, S. 1–14.

KOZIKOWSKI, MICHAEL/DIRSCHERL, GERTRAUD/KELLER, GÜNTHER (2005), Implikationen der Weiterentwicklung der Grundsätze zur Durchführung von Unternehmensbewertungen – Auswirkungen auf den objektivierten Unternehmenswert und die Beteiligungsbewertung –, in: UM 2005 Heft 3, S. 69–74.

KROLLE, SIGRID/SCHMITT, GÜNTER/SCHWETZLER, BERNHARD (2005), Multiplikatorverfahren in der Unternehmensbewertung, Stuttgart 2005.

KRUSCHWITZ, LUTZ (2011), Investitionsrechnung, 13. Aufl., München 2011.

KRUSCHWITZ, LUTZ/HUSMANN, SVEN (2012), Finanzierung und Investition, 7. Aufl., München 2012.

KRUSCHWITZ, LUTZ/LODOWICKS, ARND/LÖFFLER, ANDREAS (2005), Zur Bewertung insolvenzbedrohter Unternehmen, in: DBW 2005, S. 221–236.

KRUSCHWITZ, LUTZ/LÖFFLER, ANDREAS (2003), DCF = APV + (FTE & TCF & WACC)? in: RICHTER, FRANK/SCHÜLER, ANDREAS/SCHWETZLER, BERNHARD (Hrsg.): Kapitalgeberansprüche, Marktwertorientierung und Unternehmenswert – Festschrift für Prof. Dr. Dr. h. c. Jochen Drukarczyk zum 65. Geburtstag, München 2003, S. 235–253.

KRUSCHWITZ, LUTZ/LÖFFLER, ANDREAS (2008), Kapitalkosten aus theoretischer und praktischer Perspektive, in: WPg 2008 Heft 17, S. 803–810.

KRUSCHWITZ, LUTZ/LÖFFLER, ANDREAS/LORENZ, DANIELA (2011), Unlevering und Relevering – Modigliani/Miller versus Miles/Ezzell, in: WPg 2011 Heft 14, S. 672–678.

KRUSCHWITZ, LUTZ/LÖFFLER, ANDREAS/LORENZ, DANIELA (2012), Zum Unlevering und Relevering von Betafaktoren: Stellungnahme zu Meitner/Streitferdt, WPg 2012, S. 1037-1047 – Zugleich Grundsatzüberlegungen zu Kapitalkostendefinitionen, in: WPg 2012 Heft 19, S. 1049–1052.

KRUSCHWITZ, LUTZ/LÖFFLER, ANDREAS/MANDL, GERWALD (2011), Damodarans Country Risk Premium – und was davon zu halten ist, in: WPg 2011 Heft 4, S. 167–176.

KRUSCHWITZ, LUTZ/LORENZ, DANIELA (2012), Eine Anmerkung zur Unternehmensbewertung bei autonomer und wertorientierter Verschuldung, in: CFB 2012 Heft 2, S. 94–96.

KRUSCHWITZ, LUTZ/MILDE, HELLMUTH (1996), Geschäftsrisiko, Finanzierungsrisiko und Kapitalkosten, in: zfbf 1996 Heft 12, S. 1115–1133.

KUCKARTZ, UDO (2012), Qualitative Inhaltsanalyse. Methoden, Praxis, Computerunterstützung, Weinheim 2012.

KUHNER, CHRISTOPH/MALTRY, HELMUT (2006), Unternehmensbewertung, Berlin 2006.

KÜRSTEN, WOLFGANG (2002), „Unternehmensbewertung unter Unsicherheit", oder: Theoriedefizit einer künstlichen Diskussion über Sicherheitsäquivalent- und Risikozuschlagsmethode. Anmerkungen (nicht nur) zu dem Beitrag von Bernhard Schwetzler in der zfbf (August 2000, S. 469-486), in: zfbf 2002 Heft 54, S. 128–144.

KÜRSTEN, WOLFGANG (2003), Grenzen und Reformbedarfe der Sicherheitsäquivalentmethode in der (traditionellen) Unternehmensbewertung. Erwiderung auf die Anmerkungen von Ralf Diedrich und Jörg Wiese in der zfbf, in: zfbf 2003 Heft 55, S. 306–314.

KUSSMAUL, HEINZ/LUTZ, RICHARD (1993), Instrumente der Bilanzpolitik. Systematisierungsmöglichkeiten und Bewertungskriterien, in: Wirtschaftswissenschaftliches Studium 1993 Heft 8, S. 399–403.

LAMPENIUS, NIKLAS/OBERMAIER, ROBERT/SCHÜLER, ANDREAS (2008), Der Einfluss stichtags- und laufzeitäquivalenter Basiszinssätze auf den Unternehmenswert: eine empirische Untersuchung, in: ZBB 2008 Heft 4, S. 245–254.

LANGER, ANTJE (2010), Transkribieren – Grundlagen und Regeln, in: FRIEBERTSHÄUSER, BARBARA/LANGER, ANTJE/PRENGEL, ANNEDORE (Hrsg.): Handbuch Qualitative Forschungsmethoden in der Erziehungswissenschaft, Weinheim 2010, S. 515–528.

LEFFSON, ULRICH (1987), Die Grundsätze ordnungsmäßiger Buchführung, 7. Aufl., Düsseldorf 1987.

LENZ, SUSANNE (2006), Gesellschaftsrechtliches Spruchverfahren: Die Rückwirkung geänderter Grundsätze zur Unternehmensbewertung auf den Bewertungsstichtag – Zugleich Besprechung der Beschlüsse des BayObLG vom 28.10.2005 und des LG Bremen vom 18.02.2002 –, in: WPg 2006 Heft 18, S. 1160–1167.

LINTNER, JOHN (1965), The Valuation of Risk Assets and the Selection of Risky Investments in Stock Portfolios and Capital Budgets, in: The Review of Economics and Statistics 1965 Heft 1, S. 13–37.

LITZENBERGER, ROBERT H./RAMASWAMY, KRISHNA (1979), The Effect of Personal Taxes and Dividends on Capital Asset Prices, in: Journal of Financial Economics 1979 Heft 7, S. 163–195.

LO, ANDREW W./MACKINLAY, A. CRAIG (1988), Stock Market Prices Do Not Follow Random Walks: Evidence from a Simple Specification Test, in: The Review of Financial Studies 1988 Heft 1, S. 41–66.

LOBE, SEBASTIAN (2006), Unternehmensbewertung und Terminal Value: Operative Planung, Steuern und Kapitalstruktur, Frankfurt a. M. 2006.

LOBE, SEBASTIAN (2010), Lebensdauer von Firmen und ewige Rente: Ein Widerspruch? in: CFB 2010 Heft 3, S. 179–182.

LOCHNER, DANIEL (2011), Die Bestimmung der Marktrisikoprämie auf Grundlage empirischer Studien im Spruchverfahren, in: AG 2011 Heft 19, S. 692–696.

LÖFFLER, ANDREAS (2007), Was kann die Wirtschaftswissenschaft für die Unternehmensbewertung (nicht) leisten? in: WPg 2007 Heft 19, S. 808–811.

LORSON, PETER C./GELTINGER, ANDREAS/HORN, CHRISTIAN/SCHÜNEMANN, ANIKA (2012), Berücksichtigung der Fungibilität bei Unternehmensbewertungen nach IDW S 1 – Eine empirische Analyse, in: DStR 2012 Heft 32, S. 1621–1627.

LÜNEDONK GMBH (HRSG.) (2011), Lünedonk-Liste 2011, Kaufbeuren 2011.

LÜTKESCHÜMER, GERRIT (2012), Die Berücksichtigung von Finanzierungsrisiken bei der Ermittlung von Eigenkapitalkosten in der Unternehmensbewertung, Lohmar 2012.

MAI, JAN M. (2006), Mehrperiodige Bewertung mit dem Tax-CAPM und Kapitalkostenkonzept, in: ZfB 2006 Heft 12, S. 1225–1253.

MAIER, DAVID A. (2001), Der Betafaktor in der Unternehmensbewertung, in: FB 2001 Heft 5, S. 298–302.

MANDELBROT, BENOIT (1963), The Variation of Certain Speculative Prices, in: Journal of Business 1963, S. 394–419.

MANDL, GERWALD/RABEL, KLAUS (2003), Unternehmensbewertung: Eine praxisorientierte Einführung, Wien 2003.

MANDL, GERWALD/RABEL, KLAUS (2012), Methoden der Unternehmensbewertung (Überblick), in: PEEMÖLLER, VOLKER H. (Hrsg.): Praxishandbuch der Unternehmensbewertung, Herne 2012, S. 49–92.

MARETTEK, ALEXANDER (1976), Ermessensspielräume bei der Bestimmung wichtiger aktienrechtlicher Wertansätze, in: Wirtschaftswissenschaftliches Studium 1976 Heft 11, S. 515–520.

MARKOWITZ, HARRY (1952), Portfolio Selection, in: The Journal of Finance 1952 Heft 1, S. 77–91.

MATSCHKE, MANFRED J./BRÖSEL, GERRIT (2013), Unternehmensbewertung. Funktionen – Methoden – Grundsätze, 4. Aufl., Wiesbaden 2013.

MAYER, HORST OTTO (2008), Interview und schriftliche Befragung. Entwicklung, Durchführung und Auswertung, 4. Aufl., München 2008.

MAYRING, PHILIPP (2002), Einführung in die qualitative Sozialforschung: Eine Anleitung zu qualitativem Denken, 5. Aufl., Weinheim 2002.

MAYRING, PHILIPP (2010), Qualitative Inhaltsanalyse. Grundlagen und Techniken, 11. Aufl., Weinheim 2010.

MAYRING, PHILIPP/BRUNNER, EVA (2010), Qualitative Inhaltsanalyse, in: FRIEBERTSHÄUSER, BARBARA/LANGER, ANTJE/PRENGEL, ANNEDORE (Hrsg.): Handbuch Qualitative Forschungsmethoden in der Erziehungswissenschaft, Weinheim 2010, S. 323–334.

MEINERT, CARSTEN (2011), Neuere Entwicklungen in der Unternehmensbewertung (Teil II), in: DB 2011 Heft 44, S. 2455–2460.

MEITNER, MATTHIAS (2008), Die Berücksichtigung von Inflation in der Unternehmensbewertung – Terminal-Value-Überlegungen (nicht nur) zu IDW ES 1 i. d. F. 2007, in: WPg 2008 Heft 6, S. 248–255.

MEITNER, MATTHIAS/STREITFERDT, FELIX (2012a), Die Bestimmung des Betafaktors, in: PEEMÖLLER, VOLKER H. (Hrsg.): Praxishandbuch der Unternehmensbewertung, Herne 2012, S. 511–575.

MEITNER, MATTHIAS/STREITFERDT, FELIX (2012b), Zum Unlevering und Relevering von Betafaktoren – Stellungnahme zu Kruschwitz/Löffler/Lorenz, WPg 2011, S. 672, in: WPg 2012 Heft 19, S. 1037–1047.

MERKENS, HANS (2010), Auswahlverfahren, Sampling, Fallkonstruktion, in: FLICK, UWE/ KARDORFF, ERNST VON/STEINKE, INES (Hrsg.): Qualitative Forschung. Ein Handbuch, 8. Aufl., Reinbek 2010, S. 286–299.

MERTEN, KLAUS/RUHRMANN, GEORG (1982), Die Entwicklung der inhaltsanalytischen Methode, in: Kölner Zeitschrift für Soziologie und Sozialpsychologie 1982 Heft 34, S. 969–716.

METZ, VOLKER (2007), Der Kapitalisierungszinssatz bei der Unternehmensbewertung – Basiszinssatz und Risikozuschlag aus betriebswirtschaftlicher Sicht und aus Sicht der Rechtsprechung, Wiesbaden 2007.

MEUSER, MICHAEL/NAGEL, ULRIKE (2009), ExpertInneninterviews – vielfach erprobt, wenig bedacht. Ein Beitrag zur qualitativen Methodendiskussion, in: BOGNER, ALEXANDER/LITTIG, BEATE/MENZ, WOLFGANG (Hrsg.): Experteninterviews. Theorien, Methoden, Anwendungsfelder, 3. Aufl., Wiesbaden 2009, S. 71–94.

MEUSER, MICHAEL/NAGEL, ULRIKE (2010), Experteninterviews – wissenssoziologische Voraussetzungen und methodische Durchführung, in: FRIEBERTSHÄUSER, BARBARA/LANGER, ANTJE/PRENGEL, ANNEDORE (Hrsg.): Handbuch Qualitative Forschungsmethoden in der Erziehungswissenschaft, Weinheim 2010, S. 457–472.

MICHALAKIS, STAVROS (2002), Unternehmensbewertung und Mittelstand, in: M&A Review 2002 Heft 12, S. 622–626.

MIEG, HARALD A./BRUNNER, BEAT (2004), Experteninterviews. Reflexionen zur Methodologie und Erhebungstechnik, in: Swiss Journal of Sociology 2004 Heft 2, S. 199–222.

MILES, JAMES A./EZZELL, JOHN R. (1980), The Weighted Average Cost of Capital, Perfect Capital Markets, and Project Life: A Clarification, in: The Journal of Financial and Quantitative Analysis 1980 Heft 3, S. 719–730.

MODIGLIANI, FRANCO/MILLER, MERTON H. (1958), The Cost of Capital, Corporate Finance and the Theory of Investment, in: The American Economic Review 1958 Heft 3, S. 261–297.

MOSER, ULRICH/AUGE-DICKHUT, STEFANIE (2003), Unternehmensbewertung: Der Informationsgehalt von Marktpreisabschätzungen auf Basis von Vergleichsverfahren, in: FB 2003 Heft 1, S. 10–22.

MOSSIN, JAN (1966), Equilibrium in a Capital Asset Market, in: Econometrica 1966 Heft 4, S. 768–783.

MOXTER, ADOLF (1983), Grundsätze ordnungsmäßiger Unternehmensbewertung, 2. Aufl., Wiesbaden 1983.

MUNKERT, MICHAEL (2005), Der Kapitalisierungszinssatz in der Unternehmensbewertung – Theorie, Gutachtenpraxis und Rechtsprechung in Spruchverfahren, Wiesbaden 2005.

NAUMANN, KLAUS-PETER (2002), Verlautbarungen des IDW, in: BALLWIESER, WOLFGANG/ COENENBERG, ADOLF G./WYSOCKI, KLAUS VON (Hrsg.): Handwörterbuch der Rechnungslegung und Prüfung, Stuttgart 2002, Sp. 2492–2499.

NAUMANN, KLAUS-PETER (2003), Das IDW als Berufsorganisation für den gesamten Wirtschaftsprüferberuf, in: WPg 2003 Heft 1-2, S. 25–35.

NELSON, CHARLES R./SIEGEL, ANDREW F. (1987), Parsimonious Modeling of Yield Curves, in: Journal of Business 1987 Heft 60, S. 473–489.

NESTLER, ANKE (2012), Bewertungen von KMU: Aktuelle Hinweise des IDW zur praktischen Anwendung des IDW S1, in: BB 2012 Heft 20, S. 1271–1275.

NICKLAS, JÖRG (2008), Vergleich nationaler und internationaler Standards der Unternehmensbewertung. Ein kontingenztheoretischer Ansatz, Aachen 2008.

NOWAK, KARSTEN (2003), Marktorientierte Unternehmensbewertung – Discounted Cash Flow, Realoption, Economic Value Added und der Direct Comparison Approach, 2. Aufl., Wiesbaden 2003.

OBERMAIER, ROBERT (2005), Unternehmensbewertung, Basiszinssatz und Zinsstruktur: Kapitalmarktorientierte Bestimmung des risikolosen Basiszinssatzes bei nicht-flacher Zinsstruktur, Regensburg 2005.

OBERMAIER, ROBERT (2006), Marktzinsorientierte Bestimmung des Basiszinssatzes in der Unternehmensbewertung, in: FB 2006 Heft 7-8, S. 472–479.

OBERMAIER, ROBERT (2008), Die kapitalmarktorientierte Bestimmung des Basiszinssatzes für die Unternehmensbewertung: the Good, the Bad and the Ugly, in: FB 2008 Heft 7-8, S. 493–507.

OLBRICH, MICHAEL/RAPP, DAVID (2012), Wider die Anwendung der DVFA-Empfehlungen in der gerichtlichen Abfindungspraxis, in: CFB 2012 Heft 5, S. 233–236.

OSWALD, HANS (2010), Was heißt qualitativ forschen? Warnungen, Fehlerquellen, Möglichkeiten, in: FRIEBERTSHÄUSER, BARBARA/LANGER, ANTJE/PRENGEL, ANNEDORE (Hrsg.): Handbuch Qualitative Forschungsmethoden in der Erziehungswissenschaft, Weinheim 2010, S. 183–204.

PANKOKE, TIM/PETERSMEIER, KERSTIN (2009), Der Zinssatz in der Unternehmensbewertung, in: SCHACHT, ULRICH/FACKLER, MATTHIAS (Hrsg.): Praxishandbuch Unternehmensbewertung, Wiesbaden 2009, S. 107–138.

PAWELZIK, KAI U. (2010), Die Entwicklung der Konzepte zur Unternehmensbewertung bei inflations- und thesaurierungsbedingtem Wachstum, in: WPg 2010 Heft 19, S. 964–977.

PAWELZIK, KAI U. (2012a), Explizites und implizites Fremdkapital bei der Unternehmensbewertung, in: WPg 2012 Heft 17, S. 936–950.

PAWELZIK, KAI U. (2012b), Taugen die International Valuation Standards (IVS) zur Unternehmensbewertung als Vorbild für den IDW S 1? in: DB 2012 Heft 34, S. 1882–1888.

PEEMÖLLER, VOLKER H. (2001), Grundsätze der Unternehmensbewertung – Anmerkung zum Standard IDW S 1, in: DStR 2001 Heft 33, S. 1401–1408.

PEEMÖLLER, VOLKER H. (2003), Bilanzanalyse und Bilanzpolitik. Einführung in die Grundlagen, 3. Aufl., Wiesbaden 2003.

PEEMÖLLER, VOLKER H. (2005), Grundsätze zur Durchführung von Unternehmensbewertungen (IDW ES 1 n. F.), in: UM 2005 Heft 2, S. 56–58.

PEEMÖLLER, VOLKER H./BECKMANN, CHRISTOPH/MEITNER, MATTHIAS (2005), Einsatz eines Nachsteuer-CAPM bei der Bestimmung objektivierter Unternehmenswerte: eine Kritische Analyse des IDW ES 1 n. F. in: BB 2005, S. 90–96.

PEEMÖLLER, VOLKER H./BÖMELBURG, PETER/DENKMANN, ANDREAS (1994), Unternehmensbewertung in Deutschland – Eine empirische Erhebung –, in: WPg 1994 Heft 22, S. 741–749.

PEEMÖLLER, VOLKER H./KUNOWSKI, STEFAN (2012), Ertragswertverfahren nach IDW, in: PEEMÖLLER, VOLKER H. (Hrsg.): Praxishandbuch der Unternehmensbewertung, Herne 2012, S. 275–348.

PEEMÖLLER, VOLKER H./KUNOWSKI, STEFAN/HILLERS, JENS (1999), Ermittlung des Kapitalisierungszinssatzes für internationale Mergers & Acquisitions bei Anwendung des Discounted Cash Flow-Verfahrens (Entity-Ansatz) – eine empirische Erhebung –, in: WPg 1999 Heft 16, S. 621–630.

PEEMÖLLER, VOLKER H./MEISTER, JAN M./BECKMANN, CHRISTOPH (2002), Der Multiplikatoransatz als eigenständiges Verfahren in der Unternehmensbewertung, in: FB 2002 Heft 4, S. 197–209.

PEEMÖLLER, VOLKER H./MEYER-PRIES, LARS (1995), Unternehmensbewertung in Deutschland – Ergebnisse einer Umfrage bei dem steuerberatenden Berufsstand –, in: DStR 1995, S. 1202–1208.

PERRIDON, LOUIS/STEINER, MANFRED/RATHGEBER, ANDREAS (2012), Finanzwirtschaft der Unternehmung, 16. Aufl., München 2012.

PFENNIG, MICHAEL (1993), Zur fundamentalen Erklärung der Beta-Faktoren am deutschen Aktienmarkt, Frankfurt a. M. 1993.

PFLEGER, GÜNTER (1991), Die neue Praxis der Bilanzpolitik. Strategien und Gestaltungsmöglichkeiten im handels- und steuerrechtlichen Jahresabschluß, 4. Aufl., Freiburg im Breisgau 1991.

PILTZ, DETLEF J. (1994), Die Unternehmensbewertung in der Rechtsprechung, 3. Aufl., Düsseldorf 1994.

POOTEN, HOLGER (1999), Grundsätze ordnungsmäßiger Unternehmensbewertung. Ermittlung und Inhalt aus Käufersicht, Büren 1999.

POTERBA, JAMES M./SUMMERS, LAWRENCE H. (1988), Mean Reversion in Stock Prices. Evidence and Implications, in: Journal of Financial Economics 1988 Heft 22, S. 27–59.

PRIETZE, OLIVER/WALKER, ANDREAS (1995), Der Kapitalisierungszinsfuß im Rahmen der Unternehmensbewertung. Eine empirische Analyse, in: DBW 1995 Heft 2, S. 199–211.

RÄNSCH, ULRICH (1984), Die Bewertung von Unternehmen als Problem der Rechtswissenschaften. Zur Bestimmung der angemessenen Abfindung für ausscheidende Kapitalgesellschafter, in: AG 1984 Heft 8, S. 202–213.

RAPP, DAVID (2013), „Eigenkapitalkosten" in der (Sinn-)Krise – ein grundsätzlicher Beitrag zur gegenwärtigen Diskussion, in: DB 2013 Heft 8, S. 359–362.

RATHAUSKY, UWE (2008), Squeeze-out in Deutschland. Empirisch-ökonomische Analyse im Spannungsfeld zwischen Unternehmenswert und Minderheitsaktionärspartizipation, Baden-Baden 2008.

RAUSCH, BENJAMIN (2008), Unternehmensbewertung mit zukunftsorientierten Eigenkapitalkostensätzen. Möglichkeiten und Grenzen der Schätzung von Eigenkapitalkostensätzen ohne Verwendung historischer Renditen, Wiesbaden 2008.

REBIEN, AXEL (2007), Kapitalkosten in der Unternehmensbewertung – Auswahl und Einsatz von Ermittlungsmethoden zur sachgerechten Ableitung von Risikokosten unter Berücksichtigung fundamentaler Faktoren, Aachen 2007.

REESE, RAIMO (2007), Schätzung von Eigenkapitalkosten für die Unternehmensbewertung, Frankfurt a. M. 2007.

REESE, RAIMO/WIESE, JÖRG (2007), Die kapitalmarktorientierte Ermittlung des Basiszinses für die Unternehmensbewertung, in: ZBB 2007, S. 38–52.

REILLY, FRANK J./WRIGHT, DAVID J. (1988), A comparison of published betas, in: Journal of Portfolio Management 1988 Heft 3, S. 64–69.

REIMANN, THOMAS A. (2009), Entscheidungen mit Ermessen und Beurteilungsspielräumen im Abschlussprüferrecht. Eine Untersuchung des Abschlussprüferermessens unter besonderer Berücksichtigung seiner öffentlichen Funktion im internationalen Kontext, Hamburg 2009.

RICHTER, FRANK (1998), Unternehmensbewertung bei variablem Verschuldungsgrad, in: ZBB 1998 Heft 6, S. 379–389.

RÖDER, KLAUS/MÜLLER, SARAH (2001), Mehrperiodige Anwendung des CAPM im Rahmen von DCF-Verfahren, in: FB 2001 Heft 4, S. 225–233.

ROLL, RICHARD (1977), A Critique of the Asset Pricing Theory's Tests, in: Journal of Financial Economics 1977 Heft 4, S. 129–176.

RUDOLPH, BERND/ZIMMERMANN, PETER (2002), Alternative Verfahren zur Ermittlung und zum Einsatz von Betafaktoren, in: KLEEBERG, JOCHEN M./REHKUGLER, HEINZ (Hrsg.): Handbuch Portfoliomanagement, Bad Soden 2002, S. 435–458.

RUES, BEATE/REDECKER, BEATE/KOCH, EVELYN/WALLRAFF, UTA/SIMPSON, ADRIAN P. (2009), Phonetische Transkription des Deutschen und Gespräche analysieren: Ein Arbeitsbuch, 2. Aufl., Tübingen 2009.

RUIZ VARGAS, SANTIAGO DE/ZOLLNER, THOMAS (2010), Einfluss der Finanzkrise auf Parameter der Unternehmensbewertung, in: BP 2010, S. 2–12.

RUTHARDT, FREDERIK/HACHMEISTER, DIRK (2011), Zur Frage der rückwirkenden Anwendung von Bewertungsstandards – Analyse und Würdigung der Rechtsprechung zur Unternehmensbewertung, in: WPg 2011 Heft 8, S. 351–359.

RUTHARDT, FREDERIK/HACHMEISTER, DIRK (2012), Das Stichtagsprinzip in der Unternehmensbewertung – Grundlegende Anmerkungen und Würdigung der jüngeren Rechtsprechung in Spruchverfahren, in: WPg 2012 Heft 8, S. 451–459.

SALOMONS, ROELOF (2008), A Theoretical and Practical Perspective on the Equity Risk Premium, in: Journal of Economic Surveys 2008 Heft 2, S. 299–329.

SAUR, GERHARD/TSCHÖPEL, ANDREAS/WIESE, JÖRG/WILLERSHAUSEN, TIMO (2011), Finanzieller Überschuss und Wachstumsabschlag im Kalkül der ewigen Rente – Ein Beitrag zur Umsetzung aktueller Erkenntnisse in die Praxis der Unternehmensbewertung, in: WPg 2011 Heft 21, S. 1017–1026.

SCHACHT, ULRICH/FACKLER, MATTHIAS (2009a), Discounted-Cash-flow-Verfahren, in: SCHACHT, ULRICH/FACKLER, MATTHIAS (Hrsg.): Praxishandbuch Unternehmensbewertung, 2. Aufl., Wiesbaden 2009, S. 205–232.

SCHACHT, ULRICH/FACKLER, MATTHIAS (2009b), Unternehmensbewertung auf Basis von Multiplikatoren, in: SCHACHT, ULRICH/FACKLER, MATTHIAS (Hrsg.): Praxishandbuch Unternehmensbewertung, 2. Aufl., Wiesbaden 2009, S. 255–280.

SCHICH, SEBASTIAN T. (1997), Schätzung der deutschen Zinsstrukturkurve, Diskussionspapier 4/97, Volkswirtschaftliche Forschungsgruppe der Deutschen Bundesbank, Frankfurt a. M. 1997.

SCHILDBACH, THOMAS (1996), Zum Charakter des Bernoulli-Nutzens, in: BFuP 1996, S. 585–614.

SCHMIDT, CHRISTIANE (2010), Auswertungstechniken für Leitfadeninterviews, in: FRIEBERTSHÄUSER, BARBARA/LANGER, ANTJE/PRENGEL, ANNEDORE (Hrsg.): Handbuch Qualitative Forschungsmethoden in der Erziehungswissenschaft, Weinheim 2010, S. 473–514.

SCHMIDT, JOHANNES G. (1995), Die Discounted Cash-flow-Methode – nur eine kleine Abwandlung der Ertragswertmethode? in: zfbf 1995 Heft 12, S. 1088–1118.

SCHNELL, RAINER/HILL, PAUL B./ESSER, ELKE (2011), Methoden der empirischen Sozialforschung, 9. Aufl., München 2011.

SCHOLES, MYRON/WILLIAMS, JOSEPH (1977), Estimating Betas from Nonsynchronus Data, in: Journal of Financial Economics 1977, S. 309–327.

SCHRUFF, WIENAND (2006), Die Rolle des Hauptfachausschusses (HFA) des IDW – Standortbestimmung und Ausblick anlässlich der 200. Sitzung –, in: WPg 2006 Heft 1-2, S. 1–8.

SCHRUFF, WIENAND (2013), Zur Facharbeit des Hauptfachausschusses (HFA) des IDW, in: WPg 2013 Heft 3, S. 117–124.

SCHULTE, JÖRN/FRANKEN, LARS/KOELEN, PETER/LEHMANN, DOMINIK (2010), Konsequenzen einer (Nicht-)Berücksichtigung von Debt Beta in der Bewertungspraxis, in: BP 2010 Heft 4, S. 13–21.

SCHULTE, JÖRN/KÖLLER, GEORG/DOMINIK, LEHMANN/LUKSCH, FELIX (2011), Ausgewählte Praxishinweise zur Ableitung des Basiszinssatzes, in: BP 2011 Heft 2, S. 14–22.

SCHULTE, JÖRN/KÖLLER, GEORG/LUKSCH, FELIX (2012), Eignung des Börsenkurses und des Ertragswerts als Methoden zur Ermittlung von Unternehmenswerten für die Bestimmung eines angemessenen Umtauschverhältnisses bei (Konzern-)Verschmelzungen, in: WPg 2012 Heft 7, S. 380–395.

SCHULTZE, WOLFGANG (2003), Methoden der Unternehmensbewertung: Gemeinsamkeiten, Unterschiede, Perspektiven, 2. Aufl., Düsseldorf 2003.

SCHULZ, ROLAND (2009), Größenabhängige Risikoanpassungen in der Unternehmensbewertung, Düsseldorf 2009.

SCHWETZLER, BERNHARD (1996a), Zinsänderungen und Unternehmensbewertung: Zum Problem der angemessenen Barabfindung nach § 305 AktG, in: DB 1996 Heft 39, S. 1961–1966.

SCHWETZLER, BERNHARD (1996b), Zinsänderungsrisiko und Unternehmensbewertung: Das Basiszinsfuß-Problem bei der Ertragswertermittlung, in: ZfB 1996 Heft 9, S. 1081–1101.

SCHWETZLER, BERNHARD (2000), Unternehmensbewertung unter Unsicherheit – Sicherheitsäquivalent- oder Risikozuschlagsmethode? in: zfbf 2000 Heft 52, S. 469–486.

SCHWETZLER, BERNHARD (2002), Das Ende des Ertragswertverfahrens? Replik zu den Anmerkungen von Wolfgang Kürsten zu meinem Beitrag in der zfbf (August 2000, S. 469-486, in: zfbf 2002 Heft 54, S. 145–158.

SCHWETZLER, BERNHARD (2008), Konsistente Nominalrechnung in der Unternehmensbewertung: Eine Replik zur Stellungnahme von Meitner, in: BP 2008 Heft 1, S. 15–19.

SCHWETZLER, BERNHARD/ADERS, CHRISTIAN/ADOLFF, JOHANNES (2012), Zur Anwendung der DVFA-Best-Pratice-Empfehlungen Unternehmensbewertung in der gerichtlichen Abfindungspraxis, in: CFB 2012 Heft 5, S. 237–241.

SCHWETZLER, BERNHARD/ARNOLD, SVEN (2012), Multiples und Beta-Faktoren für deutsche Branchen, in: CFB 2012 Heft 6, S. 319–321.

SEPPELFRICKE, PETER (2012), Handbuch Aktien- und Unternehmensbewertung. Bewertungsverfahren, Unternehmensanalyse, Erfolgsprognose, 4. Aufl., Stuttgart 2012.

SHARPE, WILLIAM F. (1964), Capital Asset Prices: A Theory of Market Equilibrium Under Conditions of Risk, in: The Journal of Finance 1964 Heft 3, S. 425–442.

SHARPE, WILLIAM F. (1977), The CAPM: A „Multi-Beta Interpretation“, in: LEVY, HAIM/SARNAT, MARSHALL (Hrsg.): Financial Decision Making under Uncertainty, New York 1977, S. 127–135.

SIEPE, GÜNTER (1984a), Die Bemessung des Kapitalisierungszinsfußes bei der Unternehmensbewertung in Zeiten fortgeschrittener Geldentwertung (I), in: DB 1984 Heft 33, S. 1689–1695.

SIEPE, GÜNTER (1984b), Die Bemessung des Kapitalisierungszinsfußes bei der Unternehmensbewertung in Zeiten fortgeschrittener Geldentwertung (II), in: DB 1984 Heft 34, S. 1737–1741.

SIEPE, GÜNTER (1998), Kapitalisierungszinssatz und Unternehmensbewertung, in: WPg 1998, S. 325–338.

SIEPE, GÜNTER/DÖRSCHELL, ANDREAS/SCHULTE, JÖRN (2000), Der neue IDW Standard: Grundsätze zur Durchführung von Unternehmensbewertungen (IDW S 1), in: WPg 2000 Heft 19, S. 946–960.

SPREMANN, KLAUS/ERNST, DIETMAR (2011), Unternehmensbewertung. Grundlagen und Praxis, 2. Aufl., München 2011.

STEHLE, RICHARD (2004), Die Festlegung der Risikoprämie von Aktien im Rahmen der Schätzung des Wertes von börsennotierten Kapitalgesellschaften, in: WPg 2004 Heft 17, S. 906–927.

STEINER, MANFRED/BAUER, CHRISTOPH (1992), Die fundamentale Analyse und Prognose des Marktrisikos deutscher Aktien, in: zfbf 1992 Heft 4, S. 347–368.

STEINER, MANFRED/KLEEBERG, JOCHEN M. (1991), Zum Problem der Indexauswahl im Rahmen der wissenschaftlich-empirischen Anwendung des Capital Asset Pricing Model, in: DBW 1991, S. 171–182.

STEINKE, INES (1999), Kriterien qualitativer Forschung: Ansätze zur Bewertung qualitativ-empirischer Sozialforschung, Weinheim 1999.

STEINKE, INES (2010), Gütekriterien qualitativer Forschung, in: FLICK, UWE/KARDORFF, ERNST VON/STEINKE, INES (Hrsg.): Qualitative Forschung: Ein Handbuch, 8. Aufl., Reinbek 2010, S. 319–331.

STELLBRINK, JÖRN (2005), Der Restwert in der Unternehmensbewertung, Düsseldorf 2005.

STELLBRINK, JÖRN/BRÜCKNER, CARSTEN (2011), Beta-Schätzung: Schätzzeitraum und Renditeintervall unter statistischen Gesichtspunkten, in: BP 2011 Heft 3, S. 2–9.

SUCKUT, STEFAN (1992), Unternehmensbewertung für internationale Akquisitionen. Verfahren und Einsatz, Wiesbaden 1992.

SUNDARESAN, SURESH M. (2009), Fixed Income Markets and their Derivatives, 3. Aufl., London 2009.

SVENSSON, LARS E. O. (1994), Estimating and Interpretating Forward Interest Rates: Sweden 1992-1994, Working Paper, Stockholm 1994.

SVENSSON, LARS E. O. (1995), Estimating Forward Interest Rates with the Extended Nelson & Siegel Method, in: Quaterly Review, Sveriges Riksbank 1995 Heft 3, S. 13–26.

THIELE, DIRK/CREMERS, HEINZ/ROBÉ, SOPHIE (2000), Beta als Risikomaß – eine Untersuchung am europäischen Aktienmarkt, Arbeitsbericht Nr. 19 der Frankfurter Hochschule für Bankwirtschaft, Frankfurt 2000.

THOMAS, ROBERT J. (1993), Interviewing Important People in Big Companies, in: Journal of Contemporary Ethnography 1993 Heft 22, S. 80–96.

TIMMRECK, CHRISTIAN (2002), β-Faktoren – Anwendungsprobleme und Lösungsansätze, in: FB 2002 Heft 5, S. 300–307.

TINZ, OLIVER (2010), Die Abbildung von Wachstum in der Unternehmensbewertung. Eine theoretische und empirische Analyse der Möglichkeiten und Grenzen einer objektivierten und transparenten Abbildung von Wachstum nach IDW S 1, Lohmar 2010.

TOBIN, JAMES (1958), Liquidity Preference as Behaviour Towards Risk, in: The Review of Economic Studies 1958 Heft 2, S. 65–86.

TRINCZEK, RAINER (2009), Wie befrage ich Manager? Methodische und methodologische Aspekte des Experteninterviews als qualitativer Methode empirischer Sozialforschung, in: BOGNER, ALEXANDER/LITTIG, BEATE/MENZ, WOLFGANG (Hrsg.): Experteninterviews. Theorien, Methoden, Anwendungsfelder, 3. Aufl., Wiesbaden 2009, S. 225–238.

TSCHÖPEL, ANDREAS/WIESE, JÖRG/WILLERSHAUSEN, TIMO (2010a), Unternehmensbewertung und Wachstum bei Inflation, persönlicher Besteuerung und Verschuldung (Teil 1), in: WPg 2010 Heft 7, S. 349–357.

TSCHÖPEL, ANDREAS/WIESE, JÖRG/WILLERSHAUSEN, TIMO (2010b), Unternehmensbewertung und Wachstum bei Inflation, persönlicher Besteuerung und Verschuldung (Teil 2), in: WPg 2010 Heft 8, S. 405–412.

ULSCHMID, CHRISTOPH (1994), Empirische Validierung von Kapitalmarktmodellen. Untersuchungen zum CAPM und zur APT für den deutschen Aktienmarkt, Frankfurt a. M. 1994.

VEIT, KLAUS-RÜDIGER (2002), Bilanzpolitik, München 2002.

WAGNER, WOLFGANG/JONAS, MARTIN/BALLWIESER, WOLFGANG/TSCHÖPEL, ANDREAS (2004), Weiterentwicklung der Grundsätze zur Durchführung von Unternehmensbewertungen (IDW S 1), in: WPg 2004 Heft 17, S. 889–898.

WAGNER, WOLFGANG/JONAS, MARTIN/BALLWIESER, WOLFGANG/TSCHÖPEL, ANDREAS (2006), Unternehmensbewertung in der Praxis – Empfehlungen und Hinweise zur Anwendung von IDW S 1, in: WPg 2006 Heft 16, S. 1005–1028.

WAGNER, WOLFGANG/SAUR, GERHARD/WILLERSHAUSEN, TIMO (2008), Zur Anwendung der Neuerungen der Unternehmensbewertungsgrundsätze des IDW S 1 i. d. F. 2008 in der Praxis, in: WPg 2008 Heft 16, S. 731–747.

WASMANN, DIRK/GAYK, THORSTEN (2005), SEEG und IDW ES 1 n. F.: Neues im Spruchverfahren, in: BB 2005 Heft 18, S. 955–957.

WATRIN, CHRISTOPH/STAHLBERG, GERNOT/KAPPENBERG, CHRISTOPH (2011), Der Einfluss des Wochentags auf den Betafaktor – Eine empirische Analyse anhand ausgewählter Kapitalmärkte, in: CFB 2011 Heft 3, S. 176–194.

WATRIN, CHRISTOPH/STÖVER, RÜDIGER (2011), Einfluss des Tax Shields auf die Renditeforderung der Eigenkapitalgeber und die Gearing Formel, in: Steuer und Wirtschaft 2011 Heft 1, S. 60–74.

WATRIN, CHRISTOPH/STÖVER, RÜDIGER (2012), Gibt es Alternativen zur DAX-basierten Schätzung von Marktrisikoprämie, Betafaktor und Risikozuschlag? in: CFB 2012 Heft 3, S. 119–129.

WENGER, EKKEHARD (2003), Der unerwünscht niedrige Basiszins als Störfaktor bei der Ausbootung von Minderheiten, in: RICHTER, FRANK/SCHÜLER, ANDREAS/SCHWETZLER, BERNHARD (Hrsg.): Kapitalgeberansprüche, Marktwertorientierung und Unternehmenswert - Festschrift für Prof. Dr. Dr. h. c. Jochen Drukarczyk zum 65. Geburtstag, München 2003, S. 476–495.

WENGER, EKKEHARD (2005), Verzinsungsparameter in der Unternehmensbewertung – Betrachtungen aus theoretischer und empirischer Sicht, in: AG 2005, S. 9–19.

WENZEL, KLAUS/HOFFMANN, ANDREAS (2008), Unternehmensbewertung nach IDW ES 1 i. d. F. 2007 (Entwurfsfassung). Bewertung einer Kapitalgesellschaft unter Berücksichtigung der Unternehmensteuerreform 2008, in: Buchführung, Bilanzierung, Kostenrechnung 2008 Heft 4, S. 193–208.

WIDMANN, BERND/SCHIESZL, SVEN/JEROMIN, AXEL (2003), Der Kapitalisierungszinssatz in der praktischen Unternehmensbewertung, in: FB 2003 Heft 12, S. 800–810.

WIESE, JÖRG (2003), Zur theoretischen Fundierung der Sicherheitsäquivalentmethode und des Begriffs der Risikoauflösung bei der Unternehmensbewertung. Anmerkungen zu dem Beitrag von Wolfgang Kürsten in der zfbf (März 2002, S. 128-144), in: zfbf 2003 Heft 55, S. 287–305.

WIESE, JÖRG (2004), Unternehmensbewertung mit dem Nachsteuer-CAPM?, Working Paper, München 2004.

WIESE, JÖRG (2006a), DCF-Verfahren bei Wachstum, Teilausschüttung und persönlicher Besteuerung, Working Paper, München 2006.

WIESE, JÖRG (2006b), Komponenten des Zinsfußes in Unternehmensbewertungskalkülen – Theoretische Grundlagen und Konsistenz, Frankfurt a. M. 2006.

WIESE, JÖRG (2007), Unternehmensbewertung und Abgeltungssteuer, in: WPg 2007 Heft 9, S. 368–375.

WIESE, JÖRG/GAMPENRIEDER, PETER (2007), Kapitalmarktorientierte Bestimmung des Basiszinses. Möglichkeiten und Grenzen, in: ST 2007 Heft 6-7, S. 442–448.

WIESE, JÖRG/GAMPENRIEDER, PETER (2008), Marktorientierte Ableitung des Basiszinses mit Bundesbank- und EZB-Daten, in: BB 2008 Heft 32, S. 1722–1726.

WILHELM, JOCHEN (2001), Zinsstruktur, in: GERKE, WOLFGANG/STEINER, MANFRED (Hrsg.): Handwörterbuch des Bank- und Finanzwesens, Stuttgart 2001, Sp. 2357–2366.

WINKELMANN, MICHAEL (1981), Indexwahl und Performance Messung, in: GÖPPL, HERMANN/HENN, RUDOLF (Hrsg.): Geld, Banken und Versicherungen, Königstein im Taunus 1981, S. 475–487.

WÖHE, GÜNTER (1992), Bilanzierung und Bilanzpolitik. Betriebswirtschaftlich – Handelsrechtlich – Steuerrechtlich, 8. Aufl., München 1992.

WOLLNY, CHRISTOPH (2012), Der objektivierte Unternehmenswert. Unternehmensbewertung bei gesetzlichen und vertraglichen Bewertungsanlässen, Herne 2012.

WÜSTEMANN, JENS (2010), BB-Rechtsprechungsreport Unternehmensbewertung 2009/10, in: BB 2010 Heft 28-29, S. 1715–1720.

WÜSTEMANN, JENS (2012), BB-Rechtsprechungsreport Unternehmensbewertung 2011/12, in: BB 2012 Heft 27-28, S. 1719–1724.

YIN, ROBERT K. (2008), Case Study Research – Design and Methods, 4. Aufl., Beverly Hills 2008.

ZEIDLER, GERNOT W./SCHÖNINGER, STEFAN/TSCHÖPEL, ANDREAS (2008), Auswirkungen der Unternehmensteuerreform 2008 auf Unternehmensbewertungskalküle, in: FB 2008 Heft 4, S. 276–288.

ZEIDLER, GERNOT W./TSCHÖPEL, ANDREAS/BERTRAM, INGO (2012), Kapitalkosten in Zeiten der Finanz- und Schuldenkrise – Überlegungen zu empirischen Kapitalmarktparametern in Unternehmensbewertungskalkülen –, in: CFB 2012 Heft 2, S. 70–80.

ZIESEMER, STEFAN (2002), Rechnungslegungspolitik in IAS-Abschlüssen und Möglichkeiten ihrer Neutralisierung, Düsseldorf 2002.

ZIMMERMANN, JOCHEN/MESER, MICHAEL (2013), Kapitalkosten in der Krise – Krise der Kapitalkosten? – CAPM und Barwertmodelle im Langzeitvergleich, in: CFB 2013 Heft 1, S. 3–9.

ZIMMERMANN, PETER (1997), Schätzungen und Prognose von Betawerten: Eine Untersuchung am deutschen Aktienmarkt, München 1997.

ZWIRNER, CHRISTIAN/REINHOLDT, AGO (2009), Auswirkungen der Finanz(markt)krise auf die Unternehmensbewertung, in: Zeitschrift für Internationale Rechnungslegung 2009 Heft 4, S. 139–141.